《环境经济核算丛书》编委会

“十一五”国家重点图书出版规划

环 境 经 济 核 算 丛 书

环境污染成本评估理论与方法

Pollution Damage Cost Assessment: Theories and Methodologies

过孝民 於 方 赵 越 著

中国环境科学出版社·北京

图书在版编目（CIP）数据

环境污染成本评估理论与方法/过孝民，於方，赵越著.
北京：中国环境科学出版社，2009.7
（“十一五”国家重点图书出版规划　环境经济核算丛书）
ISBN 978-7-5111-0043-6

Ⅰ. 环…　Ⅱ. ①过…②於…③赵…　Ⅲ. 环境污染—价值—评估　Ⅳ. X5

中国版本图书馆 CIP 数据核字（2009）第 125415 号

策　　划　陈金华
责任编辑　陈金华
责任校对　刘凤霞
封面设计　龙文视觉

出版发行　中国环境科学出版社
（100062　北京崇文区广渠门内大街 16 号）
网　　址：http://www.cesp.com.cn
联系电话：010-67112765（总编室）
发行热线：010-67125803
印　　刷　北京中科印刷有限公司
经　　销　各地新华书店
版　　次　2009 年 7 月第 1 版
印　　次　2009 年 7 月第 1 次印刷
开　　本　787×960　1/16
印　　张　18
字　　数　250 千字
定　　价　50.00 元

以科学和宽容的态度对待“绿色 GDP”核算

（代总序）

自 1978 年中国改革开放 30 年来，中国的 GDP 以平均每年 9.8% 的高速度增长，中国创造了现代世界经济发展的奇迹。但是，西方近 200 年工业化产生的环境问题也在中国近 20 年期间集中爆发了出来，环境污染正在损耗中国经济社会赖以发展的环境资源家底，社会经济的可持续发展面临着前所未有的压力。严峻的生态环境形势给我们敲起了警钟：模仿西方工业化的模式，靠拼资源、牺牲环境发展经济的老路是走不通的。在这种形势下，中国政府高屋建瓴、审时度势，提出了坚持以人为本、全面、协调、可持续的科学发展观，以科学发展观统领社会经济发展，走可持续发展道路。

（一）

实施科学发展亟待解决的一个关键问题是，如何从科学发展观的角度，对人类社会经济发展的历史轨迹、经济增长的本质及其质量做出科学的评价？国内生产总值（GDP）作为国民经济核算体系（SNA）中最重要的总量指标，被世界各国普遍采用以衡量国家或地区经济发展总体水平，然而传统的国民经济核算体系，特别是作为主要指标的 GDP 已经不能如实、全面地反映人类社会经济活动对自然资源的消耗和生态环境的恶化状况，这样必然会导致经济发展陷入高耗能、高污染、高浪费的粗放型发展误区，从而对人类社会的可持续发展产生负面影响。为此，1970 年代以来，一些国外学者开始研究修改传统的国民经济核算体系，提出了绿色 GDP 核算、绿色国民经济核算、综合环境经济核算。一些国家和政府组织逐步开展了绿色 GDP 账户体系的研究和试算工作，并取得了一定的进展。在这期间，中国学者也作了一些开拓性的基础性研究。

中国在政府层面上开展绿色 GDP 核算有其强烈的政治需求。这也是中国独特的社会政治制度、干部考核制度和经济发展模式所决定的。胡锦涛总书记在 2004 年中央人口资源环境工作座谈会上就指出:“要研究绿色国民经济核算方法，探索将发展过程中的资源消耗、环境损失和环境效益纳入经济发展水平的评价体系，建立和维护人与自然相对平衡的关系。”2005 年，国务院《关于落实科学发展观加强环境保护的决定》中也强调指出:“要加快推进绿色国民经济核算体系的研究，建立科学评价发展与环境保护成果的机制，完善经济发展评价体系，将环境保护纳入地方政府和领导干部考核的重要内容。”2007 年，胡锦涛总书记在中国共产党的十七大报告中又指出，我国社会经济发展中面临的突出问题就是“经济增长的资源环境代价过大”。所有这些都说明了开展绿色 GDP 核算的现实需求，要求有关部门和研究机构从区域和行业出发，从定量货币化的角度去核算发展的资源环境代价，告诉政府和老百姓“过大”资源环境代价究竟有多大。

在这样一个历史背景下，原国家环保总局和国家统计局于 2004 年联合开展了“综合环境与经济核算（绿色 GDP）研究”项目。由环境保护部环境规划院、中国人民大学、环境保护部环境与经济政策研究中心、中国环境监测总站等单位组成的研究队伍承担了这一研究项目。2004 年 6 月 24 日，原国家环保总局和国家统计局在杭州联合召开了“建立中国绿色国民经济核算体系”国际研讨会，国内外近 200 位官员和专家参加了研讨会，这是中国绿色 GDP 核算研究的一个重要里程碑。2005 年，原国家环保总局和国家统计局启动并开展了 10 个省市区的绿色 GDP 核算研究试点和环境污染损失的调查。此后，绿色 GDP 成了当时中国媒体一个脍炙人口的新词和热点议题。如果你用谷歌和百度引擎搜索“Green GDP”和“绿色 GDP”，就可以迅速分别找到 106 万篇和 207 万篇相关网页。这些数字足以证明社会各界对绿色 GDP 的关注和期望。

（二）

2006 年 9 月 7 日，原国家环保总局和国家统计局两个部门首次发布了中国第一份《中国绿色国民经济核算研究报告 2004》，这也是国际上第一个由政府部门发布的绿色 GDP 核算报告，标志着中国的绿色国民经济核算研究取得了阶段性和突破性的成果。2006 年 9 月 19 日，全国人大环境与资源委员会还专门听取了项目组关于绿色 GDP 核算成果的汇报。目前，以环境保护部环境规划院为代表的技术组已经完成了 2004 年到 2007 年期间共四年的全国环境经济核算研究报告。在这期间，世界银行援助中国开展了“建立中国绿色国民经济核算体系”项目，加拿大和挪威等国家相继与国家统计局开展了中国资源环境经济核算合作项目。中国的许多学者、研究机构、高等学校也开展了相应的研究，新闻媒体也对绿色 GDP 倍加关注，出现了大量有关绿色 GDP 的研究论文和评论，成为了近几年的一个社会焦点和环境经济热点，但也有一些媒体对绿色 GDP 核算给予了过度的炒作和过高的期望。总体来看，在有关政府部门和研究机构的共同努力下，中国绿色国民经济核算研究取得了可喜的成果，同时，这项开创性的研究实践也得到了国际社会的高度评价。在第一份《中国绿色国民经济核算研究报告 2004》发布之际，国外主要报刊都对中国绿色 GDP 核算报告发布进行了报道。国际社会普遍认为，中国开展绿色 GDP 核算试点是最大发展中国家在这个领域进行的有益尝试，也表现了中国敢于承担环境责任的大国形象，敢于面对问题、解决问题的勇气和决心。

但是，2004 年度中国绿色 GDP 核算研究报告的成功发布以及后续 2005 年度研究报告的发布“流产”激起了国内外对中国绿色 GDP 项目的热烈喝彩，也受到了一些官员和专家的质疑。一些官员对绿色 GDP 避而不谈甚至“谈绿色变”，认为绿色 GDP 的说法很不科学，也没有国际标准和通用的方法。特别是 2007 年年初环境保护部门与统计部门的纷争似乎表明，中国绿色 GDP 核算项目已经“寿终正寝”。但是，现实的情况是绿色 GDP 核算研究没有“夭折”，国家统计局正在尝试建立中国资源环境核算体系，在短期，可以填补绿色核算的缺位，在长期，则可以为未来实施绿色核算奠定基础。

从概念的角度看，绿色 GDP 的确是媒体、社会的一种简化称呼。绿色 GDP 核算不等于绿色国民经济核算。绿色国民经济核算提供的政策信息要远多于绿色 GDP 本身包涵的信息。科学的、专业的说法应该称作“绿色国民经济核算”或者国际上所称的“综合环境与经济核算”。但我们对公众没有必要去苛求这种概念的差异，公众喜欢叫“绿色 GDP”没有什么不好。这就像老百姓一般都习惯叫 GDP 一样，而没有必要让老百姓去理解“国民经济核算体系”。在国际层面，联合国统计署分别于 1993 年、2000 年和 2003 年发布了《综合环境与经济核算(简称 SEEA)》三个版本。这些指南专门讨论了绿色 GDP 的问题。因此，《环境经济核算丛书》(以下简称《丛书》) 也没有严格区分绿色 GDP 核算、绿色国民经济核算、资源环境经济核算的概念差异。

绿色 GDP 的定义不是唯一的。根据我们的理解，本《丛书》所指的绿色 GDP 核算或绿色国民经济核算是一种在现有国民核算体系基础上，扣除资源消耗和环境成本后的 GDP 核算这样一种新的核算体系。绿色 GDP 可以一定程度上反映一个国家或者地区真实经济福利水平，也能比较全面地反映经济活动的资源和环境代价。我们的绿色 GDP 核算项目提出的中国绿色国民经济核算框架，包括资源经济核算、环境经济核算两大部分。资源经济核算包括矿物资源、水资源、森林资源、耕地资源、草地资源等等。环境核算主要是环境污染和生态破坏成本核算。这两个部分在传统的 GDP 里扣除之后，就得到我们所称的绿色 GDP。很显然，我们目前所做的核算仅仅是环境污染经济核算，而且是一个非常狭义的、附加很多条件的绿色 GDP 核算。即使这样，它在反映经济活动的资源和环境代价方面，仍然发挥着重要作用。很显然，这种狭义的绿色 GDP 是 GDP 的补充，是依附于现实中的 GDP 指标的。因此，如果有一天，全国都实现了绿色经济和可持续发展，地方政府政绩考核也不再使用 GDP，那么即使这种非常狭义的绿色 GDP 也都将失去其现实意义。那时，绿色 GDP 将是真正地“寿终正寝”，离开我们的 GDP 而去。

（三）

从科学的意义上讲，我们目前开展的绿色 GDP 核算研究最后得到的仅仅是一个“经环境污染调整后的 GDP”，是一个局部的、有诸多限制条件的绿色 GDP，是一个仅考虑环境污染扣减的绿色 GDP，与完整的绿色 GDP 还有相当的距离。严格意义上，现有的绿色 GDP 核算只是提出了两个主要指标：一是经虚拟治理成本扣减的 GDP，或者是 GDP 的污染扣减指数；二是环境污染损失占 GDP 的比例。而且，我们第一步核算出来的环境污染损失还不完整，还未包括生态破坏损失、地下水污染损失、土壤污染损失等内容。完全意义上的绿色 GDP 是一项全新的、涉及多部门的工作，既包括资源核算，又包括环境核算，只能由国家统计局组织有关资源和环保部门经过长期的努力才能得到，是一个理想的、长期的核算目标。因此，我们要用一种宽容的、发展的眼光去看待绿色 GDP 核算，也希望大家以宽容的态度对待我们的“绿色 GDP”概念。

由于环境统计数据的可得性、时间的限制、剂量反应关系的缺乏等原因，目前发布的 2004 年度的狭义绿色 GDP 核算和环境污染经济核算还没有包括多项损失核算，如生态破坏损失、土壤和地下水污染损失、噪声和辐射等物理污染损失成本、污染造成的休闲娱乐损失、室内空气污染对人体健康造成的损失、臭氧对人体健康的影响损失、大气污染造成的林业损失，水污染对人体健康造成的损失技术方法有缺陷，基础数据也不支持等。这些缺项需要在下一步的研究工作中继续完善。这也是一种我们应该遵循的不断探索研究和不断进步完善的科学态度。但是，即使有这样多的损失缺项核算，已有的非常狭窄的绿色 GDP 核算结果已经展示给我们一个发人深省的环境代价图景，2004 年狭义的环境污染损失已经达到 5118 亿元，占到全国 GDP 的 3.05%。尽管 2004－2007 年环境污染损失占 GDP 的比例在 3%左右，但环境污染经济损失绝对量依然在逐年上升，表明全国环境污染恶化的趋势没有得到根本控制。

作为新的核算体系来说，中国的绿色 GDP 核算体系建立还刚刚开始。除环境污染核算、森林资源核算和水资源核算取得一定成果外，其他部门核算研究还相对滞后，环境核算中的生态破坏核算也刚刚起步。但需要强调的是，这只是一个探索性的研究项目。既然是研究项目，本身就决定它是探索性的，没有必要非得等到国际上设立一个明确的标准，我们再来开展完整的绿色 GDP 核算。如果有了国际标准，我们就不需要研究了，而是实施操作的问题了。绿色 GDP 核算的启动实施，虽面临着许多技术、观念和制度方面的障碍，但没有这样的核算指标，我们就无法全面衡量我们的真实发展水平，我们就无法用科学的基础数据来支撑可持续发展的战略决策，我们就无法实现对整个社会的综合统筹与协调发展。因此，无论有多少困难和阻力，我们都应当继续研究探索，逐步建立起符合中国国情的绿色 GDP 核算体系。

（四）

《中国绿色国民经济核算研究报告 2004》是迄今为止唯一一次以政府部门名义公开发布的绿色 GDP 核算研究报告。考虑到目前开展的核算研究与完整的绿色 GDP 核算还有相当的差距，为了科学客观和正确引导起见，从 2005 年开始我们把报告名称调整为《中国环境经济核算研究报告》。到目前为止，2005 年、2006 年、2007 年度《中国环境经济核算研究报告》都已经完成，但我们都没有公开发表。这一点也证明了，尽管在制度层面上建立绿色 GDP 核算是一个非常艰巨的任务，但从技术层面看，狭义的绿色 GDP 是可以核算的，至少从研究层面看是可以计算的。之所以至今未能公布最新的研究报告，很大原因在于环境保护部门和统计部门在发布内容、发布方式乃至话语权方面都存在着较大分歧，同时也遇到一些地方的阻力。目前开展的绿色 GDP 核算中有两个重要概念，一个是“虚拟治理成本”，一个是“环境污染损失”。这两个概念与 SEEA 关于绿色 GDP 的核算思路是一致的。虚拟治理成本是指把排放到环境中的污染假设“全部”进行治理所需的成本，这些成本可以用产品市场价格给予货币化，可以作为中间消耗从 GDP 中扣减，因此我们称虚拟治理成本占 GDP 的百分点为 GDP 的污染扣减指数。这是统计部门和环保部门都能够接受的一个概念。而环境污染损失是指排放到环境中的所有污染造成环境质量下降所带来的人体健康、经济活动和生态质量等方面的损失，然后通过环境价值特定核算方法得到的货币化损失值，通常要比虚拟治理成本高。由于对环境损失核算方法的认识存在分歧，我们就没有在 GDP 中扣减污染损失，我们叫它为污染损失占 GDP 的比例。这是一种相对比较科学的、认真的做法，也是一种技术方法上的权衡。

中国绿色 GDP 核算研究报告发布的历程证明，在中国真正全面落实科学发展观并非易事。这样一个政府部门指导下的绿色 GDP 核算研究报告的发布都遇到了来自地方政府的阻力。2006 年第一次发布的绿色 GDP 核算研究报告中，并没有提供全国 31 个分省核算数据，而只是概括性地列出了东、中、西部的核算情况。这种做法对引导地方充分认识经济发展的资源环境代价起不到什么作用。但是，我们的绿色 GDP 核算是一种自下而上的核算，有各地区和各行业的核算结果。地方对公布全国 31 个省市区的研究核算结果比较敏感。2006 年底，参加绿色 GDP 核算试点的 10 个省市的核算试点工作全部通过了两个部门的验收，但只有两个省市公布了绿色 GDP 核算的研究成果，个别试点省市还曾向原国家环保总局和统计局正式发函，要求不要公布分省的核算结果。地方政府的这种态度变化以及部门的意见分歧使得绿色 GDP 核算研究报告的发布最终陷入了僵局。目前，许多地方仍然唯 GDP 至上，在这种观念支配下，要在政府层面上继续开展绿色 GDP 核算，甚至建立绿色 GDP 考核指标体系，其阻力之大是可想而知的。

（五）

中国有自己的国情，现在开展的绿色 GDP 核算研究则恰恰是符合中国目前的国情的。尽管目前的绿色 GDP 核算研究，无论在核算框架、技术方法还是核算数据支持和制度安排方面，都存在这样和那样的众多问题，但是要特别强调的是这是新生事物，因此请大家要以包容的、宽容的、科学的态度去对待绿色 GDP 核算研究。尽管我们受到了一些压力，但我们依然在继续探索绿色 GDP 的核算，到目前为止也没有停止过研究。更让我们欣慰的是，这项研究在得到了全社会关注的同时，也得到了社会的认可和肯定。绿色 GDP 核算研究小组获得了 2006 年绿色中国年度人物特别奖，“中国绿色国民经济核算体系研究”项目成果也获得了 2008 度国家环境科学技术二等奖。近几年，一些省市（如四川、深圳等）也继续开展了绿色 GDP 和环境经济核算研究。社会层面上还依然有许多官员和学者在继续呼唤绿色 GDP。

开展绿色国民经济核算研究工作是一项得民心、顺民意、合潮流的系统工程。我们不能认为国际上没有核算标准，我们就裹足不前了。不能认为绿色 GDP 核算会影响地方政府的形象，我们就不公开绿色 GDP 核算的报告。我们应该鼓励大胆探索研究，让中国在建立绿色国民经济核算“国际标准”方面做出贡献。2007 年 7 月，中国青年报社会调查中心与腾讯网新闻中心联合实施的一项公众调查表明：96.4%的公众仍坚持认为“我国有必要进行绿色 GDP 核算”，85.2%的人表示自己所在地“牺牲环境换取 GDP 增长”的现象普遍，79.6%的人认为“绿色 GDP 核算有助于扭转地方政府‘唯 GDP’的政绩观”。调查对于“国际上还没有政府公布绿色 GDP 核算数据的先例，中国也不宜公布”和“绿色 GDP 核算理论和方法都尚不成熟，不宜对外发布”的说法，分别仅有 4.4%和 6.7%的人表示认同。2008 年《小康》杂志开展的一项调查表明，90%的公众认为为了制约地方政府用环境换取 GDP 的冲动，应该公开发布绿色 GDP 核算报告。

但是，无论从绿色 GDP 核算制度和体系角度看，还是从核算方法和基础角度看，近期把绿色 GDP 指标作为地方政府政绩考核指标都是不可能的，而且以政府平台发布核算报告也具有一定的局限性。如果把绿色 GDP 核算交给地方政府部门核算，与一些地方的虚假 GDP 核算一样，也会出现虚假的绿色 GDP 核算。因此，建议下一步的绿色 GDP 核算或环境经济核算研究报告以研究单位的研究报告方式出版发行，这既能起到一定的补充作用，也是一种比较稳妥、严谨客观、相对科学的做法。这样既可以排除地方政府部门的干扰，保证研究核算结果的公平公正，也能在一定程度上减轻地方政府部门的压力。经过一定时间的研究探索和全面的试点完善，再把绿色 GDP 核算纳入地方政府的官员政绩考核体系中。大家知道，现有的国民经济核算体系也是经过 20 多年摸索才建立起来的，GDP 核算结果也经常受到质疑，仍处于不断的继续完善之中。同样，绿色 GDP 核算体系的建立也需要一个很长的时间，或许是 20 年甚至 30 年更长的时间。总之，我们都要以科学的、宽容的态度去对待绿色 GDP 核算研究。

（六）

开展绿色 GDP 核算的意义和作用是一个具有争议性的话题。不管如何，绿色 GDP 核算报告发布造成这么大的震动，成为当年地方政府如此敏感的话题，本身就证明绿色 GDP 核算是有用的。绿色 GDP 核算触及到了一些地方官员的痛处，让他们有所顾忌他们的发展模式，这样我们的目的实际上就达到了一半。有触痛说明绿色 GDP 核算研究就还有点用。绿色 GDP 意味着观念的深刻转变，意味着科学发展观的一种衡量尺度。如果一旦能够真正实施绿色 GDP 考核，人们心中的发展内涵与衡量标准就要随之改变，同时由于扣除环境损失成本，也会使一些地区的经济增长“业绩”大大下降。我们认为，通过发布这样的年度绿色 GDP 核算报告，必定会激励各级领导干部在发展经济的同时顾及到环境问题、生态问题和资源问题。不论他们是主动顾忌，还是被动顾忌，只要有所顾忌就好。而且，我们相信随着研究工作的持续开展，他们的观念会从被动顾忌转向主动顾忌，从主动顾忌到主动选择，从而最终促进资源节约和环境友好型社会的发展。

全国以及 10 个省市的核算试点表明，开展绿色 GDP 核算和环境经济核算对于落实科学发展观、促进环境与经济的科学决策具有重要的意义，具体表现在：一是通过核算引导树立科学发展观。通过绿色 GDP 核算，促使地方政府充分认识经济增长的巨大环境代价，引导地方政府部门从追求短期利益向追求社会经济长远利益发展。根据环境保护部环境规划院 2007 年对全国近 100 个市长的调查，有 95.6%的官员认为建立绿色 GDP 核算体系能够促进地方政府落实科学发展观，有 67.6%的官员认为绿色 GDP 可以作为地方政府的绩效考核指标。二是通过核算展示污染经济全景，了解经济增长的资源环境代价。通过实物量核算展示环境污染全景图，让政府找出环境污染的“主要制造者”和污染排放的“重灾区”，对未来环境污染治理重点、污染物总量控制和重点污染源监测体系建设给予确认；通过环境污染价值量核算衡量各行业和地区的虚拟治理成本，明确各部门和地区的环境污染治理缺口和环保投资需求。三是为制定环境政策提供依据。通过各部门和地区的虚拟治理成本核算得到不同污染物的治理费用，通过各地区的污染损失核算揭示经济发展造成的环境污染代价，对于开展环境污染费用效益分析、建立环境与经济综合决策支持系统具有积极的现实意义。核算的衍生成果可以为环境税收、生态补偿、区域发展定位、产业结构调整、产业污染控制政策制定以及公众环境权益的维护等提供科学依据。

正因为如此，绿色 GDP 的研究核算工作才更有坚持的必要。任何重大改革创新，倘若遇有这样那样执行的困难，就放弃正确的大方向而改弦更张，甚至削足适履，那么，整个经济社会发展非但不能进步，相反还会因循守旧而倒退。因此，我们不能以一种功利的态度对待绿色 GDP 核算，不能对绿色 GDP 核算的应用操之过急，更不能简单地认为绿色 GDP 考核就等同于体现科学发展观的政绩考核制度。为了更加科学起见，我们从 2007 年开始，环境经济核算课题组扩展了核算内容，把森林、草地、湿地、土地荒漠化和矿产开发等生态破坏损失的核算纳入环境经济核算体系，把环境主题下的狭义绿色 GDP 核算称为环境经济核算。可能的情况下，准备陆续出版年度《中国环境经济核算研究报告》。同时，国家发改委与环境保护部、国家林业局等部门，从 2009 年开始着手建立中国资源环境统计指标体系。我们也开始探索环境绩效管理和评估制度，运用多种手段来评价国家和地方的社会经济与环境发展的可持续性。

（七）

绿色 GDP 核算是一项繁杂的系统工程，涉及国土资源、水利、林业、环境、海洋、农业、卫生、建设、统计等多个部门，部门之间的协调合作机制亟待建立。多个部门共同开展工作，合作得好，可以发挥各部门的优势；合作不好，难免相互掣肘，工作就难以开展，甚至阻碍这项工作的开展。环境核算需要环保部门与统计部门的合作，森林资源核算需要林业部门与统计部门的合作，矿产资源核算则需国土资源部门与统计部门合作。

绿色 GDP 是具有探索性和创新性的难事，需要统计部门对资源环境核算体系框架的把关，建立相应的核算制度和统计体系。因此，在推进中国的绿色 GDP 核算以及资源环境经济核算领域，统计部门是责无旁贷的“总设计师”。统计部门应在资源、环境部门的支持下，在现有 GDP 核算的基础上设立卫星账户，勇敢地在传统 GDP 上做“减法”，核算出传统发展模式和经济增长的资源环境代价，用资源环境核算去展示和衡量科学发展观的落实度。我们欣喜地看到，尽管国家统计部门对绿色 GDP 核算有不同的看法，但没有放弃建立资源环境核算体系的目标，一直致力于建立中国的资源环境经济核算体系。特别是最近两年，国家统计局与国家林业局、水利部、国土资源部联合开展了森林资源核算、水资源核算、矿产资源核算等项目，取得了一些资源部门核算的阶段性成果。目前，水利部门和林业部门已经分别完成了水资源和森林资源核算研究，取得了很好的核算成果。

中国资源环境核算体系制定工作也在进展之中。正如国家统计局马建堂局长在一次《中国资源环境核算体系》专家咨询会议上指出的那样，国家统计局高度重视资源环境核算工作，认为建立资源环境核算是国家从以经济建设为中心转向科学发展的必然选择，统计部门要把资源环境核算作为统计部门学习实践科学发展观的切入点，把资源环境核算作为统计部门落实科学发展观的重要举措，把资源环境核算作为统计部门实践科学发展观的重要标尺，尽快出台《中国资源环境核算体系》和资源环境评价指标体系，逐步规范资源环境核算工作，把资源环境核算最终纳入地方党政领导科学发展的考核体系中。马建堂局长还指出，建立资源环境核算体系是一项非常困难和艰巨的工作，是一项前无古人之事，是一项具有挑战性的工作，不能因为困难而不往前推，不能因为困难而不抓紧做，要边干边发现边试算，要试中搞、干中学。国家统计局正在牵头建立中国资源环境核算体系，根据“通行、开放”的原则，与联合国的 SEEA 接轨，与政府部门的需求和国家科学发展观的需求接轨。建议国家统计局责无旁贷地组织牵头开展这项工作，必要时在统计部门的机构设置方面做出调整，以适应全面落实科学发展观和建立资源环境核算体系的需要。

（八）

绿色 GDP 核算研究是一项复杂的系统政策工程。在取得目前已有成果的过程中，许多官员和专家做出了积极的贡献。通常的做法是，出版这样一套《丛书》要邀请那些对该项研究做出贡献的官员和专家组成一个丛书指导委员会和顾问委员会。限于观点分歧、责任分担、操作程序等限制原因，我们不得不放弃这样一种传统的做法。但是，我们依然十分感谢这些官员和专家的贡献。在这些官员中，前国家统计局李德水局长和国家统计局现任马建堂局长和许宪春副局长对推动绿色 GDP 核算研究做出了积极的贡献。环境保护部潘岳副部长是绿色 GDP 的倡议者，对传播绿色 GDP 理念和推动核算研究做出了独特的贡献。毫无疑问，没有这些政府部门的领导、指导和支持，中国的绿色 GDP 核算研究就不可能取得目前的进展。正是由于国家统计局的不懈努力，中国的资源环境核算研究才得以继续前进。在此，我们要特别感谢原国家环保总局王玉庆副局长，原国家环保局张坤民副局长，环境保护部周建副部长、万本太总工程师、舒庆司长、赵英民司长、杨朝飞司长、赵建中副巡视员、刘启风巡视员、陈斌巡视员、洪亚雄副司长、尤艳馨副司长、罗毅副司长、刘志全副司长、岳瑞生副司长、陈尚芹副司长、房志处长、李春红处长、贾金虎处长、孙荣庆调研员、刘春艳女士、陈默女士、陈超先生，环境保护部环境规划院邹首民院长，中国环境监测总站魏山峰站长、朱建平副站长，环境保护部外经办庄国泰主任、宋小智副主任、罗高来副主任、王新处长、谢永明高工等做出的贡献。我们要特别感谢国家统计局对绿色国民经济核算研究的有力支持，感谢彭志龙司长、魏贵祥司长、吴优处长、王益煊处长、曹克瑜处长、李锁强处长等对绿色国民经济核算项目的指导和支持。我们要特别感谢国家发改委解振华副主任、朱之鑫副主任、韩永文司长、年勇副司长和丛亮处长等对绿色国民经济核算项目的指导和支持。我们要特别感谢全国人大环境与资源委员会前主任委员毛如柏、叶如棠副主任委员、张文台副主任委员、冯之俊副主任委员以及许建民、陈宜瑜、姜云宝、倪岳峰等委员对绿色 GDP 核算项目的支持和关注。我们要感谢科技、国土资源、林业和水利等部门负责资源核算的官员，特别是科学技术部毕建忠处长、国土资源部唐正国处长和董北平处长、国家林业局徐信俭处长的指导。这些部门的资源核算工作给予了我们绿色 GDP 核算研究小组很大的精神鼓励和技术咨询。

我要特别感谢绿色 GDP 核算的研究小组，其中包括来自 10 个试点省市的研究人员。我们庆幸有这样一支跨部门、跨专业、跨思想的研究队伍，在前后近四年的时间开展了真实而富有效率的调查和研究。尽管我们有时相互也为核算技术问题争论得面红耳赤，但我们大家一起克服种种困难和压力，圆满完成了绿色 GDP 核算研究任务。我们要特别感谢参加绿色 GDP 核算试点研究的北京、天津、重庆、广东、浙江、安徽、四川、海南、辽宁、河北等 10 个省市区以及湖北省神农架林区的环保和统计部门的所有参加人员。他们与我们一样经历过欣喜、压力、辛酸和无奈。他们是中国开展绿色 GDP 核算研究的第一批勇敢的实践者和贡献者。尽管在此不能一一列出他们的名字，但正是他们出色的试点工作和创新贡献才使得中国的绿色 GDP 核算取得了这样丰富多彩的成果，为全国的绿色 GDP 核算提供了坚实的基础和技术方法的验证。

在绿色 GDP 核算研究项目过程中，始终有一批专家学者对绿色 GDP 核算研究给予了高度的关注和支持，他（她）们积极参与了核算体系框架、核算技术方法、核算研究报告等咨询、论证和指导工作，对我们的核算研究工作也给予了极大的鼓励。有些专家对绿色 GDP 核算提出了不同的、有益的、反对的意见，而且正是这些不同意见使得我们更加认真谨慎和保持头脑清醒，更加客观科学地去看待绿色 GDP 核算问题。毫无疑问，这些专家对绿色 GDP 核算的贡献不亚于那些完全支持绿色 GDP 核算的专家所给予的贡献。这两方面的专家主要有中国科学院牛文元教授、李文华院士和冯宗炜院士，中国环境科学研究院刘鸿亮院士和王文兴院士，环境保护部金鉴明院士，中国环境监测总站魏复盛院士和景立新研究员，中国林业科学研究院王涛院士，天则经济研究所茅于轼教授，中国社会科学院郑易生教授、齐建国研究员和潘家华教授，中共中央政策研究室郑新立研究员、谢义亚研究员和潘盛洲研究员，中共中央党校杨秋宝教授，国务院研究室宁吉喆教授和唐元研究员，国务院发展研究中心周宏春研究员和林家彬研究员，中国海洋石油总公司邱晓华研究员，中国人民大学环境学院马中教授和邹骥教授，北京大学萧灼基教授、叶文虎教授、刘伟教授、潘小川教授和张世秋教授，清华大学胡鞍钢教授、魏杰教授、齐晔教授和张天柱教授，国家宏观经济研究院曾澜研究员、张庆杰研究员和解三明研究员，环境保护部政策研究中心夏光研究员、任勇研究员和胡涛研究员，中国农业科学院姜文来研究员，中国科学院王毅研究员和石敏俊研究员，北京林业大学张颖教授，中国环境科学研究院曹洪法研究员、孙启宏研究员和韩明霞博士，中国林业科学研究院江泽慧教授、卢崎研究员和李智勇研究员，卫生部疾病预防控制中心白雪涛研究员，国家统计局统计科学研究所文兼武研究员，农业部环境监测科研所张耀民研究员，国家发改委国际合作中心杜平研究员，国家林业局经济发展研究中心戴广翠研究员，中国水利水电科学研究院甘泓研究员和陈韶君研究员，中国地质环境监测院董颖研究员，中华经济研究院萧代基教授，同济大学褚大建教授和蒋大和教授，北京师范大学杨志峰教授和毛显强教授，北京科技大学袁怀雨教授，北京市宣武区疾病预防控制中心蒋金花等。在此，我们要特别感谢这些专家的智慧点拨、专业指导以及中肯的意见。

中国绿色 GDP 核算研究得到了国际社会的高度关注。世界银行、联合国统计署、联合国环境署、联合国亚太经社会、经济合作与发展组织、欧洲环境局、亚洲开发银行、美国未来资源研究所、世界资源研究所等都积极支持中国绿色 GDP 核算的工作，核算技术组与加拿大、德国、挪威、日本、韩国、菲律宾、印度、巴西等国家的统计部门和环境部门开展了很好的交流与合作。在此，我们要特别感谢联合国统计署 Alfieri Alessandra 处长、联合国环境署 Abaza Hussein 处长和盛馥来博士、世界银行高级副行长林毅夫博士、世界银行谢剑博士、前世界银行驻中国代表处 Andres Liebenthal 主任、经济合作与发展组织 Brendan Gillespie 处长、欧洲环境局 Weber Jean-Louis 处长、挪威经济研究中心 Haakon Vennemo 研究员，美国未来资源研究所 Alan Krupnick 研究员、加拿大联邦统计署 Robert Smith 处长、联合国亚太统计研究所 A. C. Kulshreshtha 先生、2001 年诺贝尔经济学奖得主哥伦比亚大学 JosephE Stiglitz 教授、美国哥伦比亚大学 Perter Bartelmus 教授、加拿大阿尔伯特大学 Mark Anielski 教授、意大利 FEEM 研究中心 Giorgio Vicini 研究员、世界银行亚太地区部 Magda Lavei 主任、亚洲开发银行 Zhuang Jian 博士、美国环保协会杜丹德博士和张建宇博士等官员和专家的独特贡献。

中国环境科学出版社的陈金华女士对本《丛书》的出版付出了很大的心血，精心组织《丛书》选题和编辑工作，该《丛书》已选入《“十一五”国家重点图书出版规划》。同时，本《丛书》的出版得到了环境保护部环境规划院承担的国家“十五”科技攻关“中国绿色国民经济核算体系框架研究”课题、世界银行“建立中国绿色国民经济核算体系”项目以及财政部预算“中国环境经济核算与环境污染损失调查”等项目的资助。在此，对环境保护部环境规划院和中国环境科学出版社的支持表示感谢。最后，对本《丛书》中引用参考文献的所有作者表示感谢。

（九）

中国绿色 GDP 核算的研究和试点在规模和深度上是前所没有的。虽然许多国家在绿色核算领域已经做了不少工作，但是由于绿色核算在理论和技术上仍有不少问题没有解决，至今没有一个国家和地区建立了完整的绿色国民经济核算体系，只是个别国家和地区开展了案例性、局部性、阶段性的研究。本《丛书》是中国绿色 GDP 核算项目理论方法和试点实践的总结，不论在绿色核算的技术方法上，还是指导绿色核算实际操作上在国内都填补了空白，在国际层面上也具有一定的参考价值。

然而，我们必须清醒地认识到，绿色国民经济核算体系是一个十分复杂而崭新的系统工程，目前我们取得的成绩仅是绿色核算“万里长征”的第一步，在理论上、方法上和制度上还存在许多不足和难点需要我们去不断攻克。我们必须充分认识建立绿色国民经济核算体系的难度，科学严谨、脚踏实地、坚持不懈地去研究建立环境经济核算的核算体系和制度，最终为全面落实和贯彻科学发展观提供环境经济评价工具，为建立世界的绿色国民经济核算体系做出中国的贡献。

为了使得本《丛书》更加科学、客观、独立地反映绿色 GDP 核算研究成果，本《丛书》编辑时没有要求《丛书》每册的选题目标、概念术语、技术方法保持完全的一致性，而是允许《丛书》各册的具有相对独立性和相对可读性。下一步把环境经济核算的最新研究成果陆续加入到本《丛书》中，让更多的人了解并加入到探索中国环境经济核算的队伍中。由于时间限制和水平有限，本《丛书》难免有各种错误或不当之处，我们欢迎读者与我们联系（邮箱 wangjn@caep.org.cn），提出批评、给予指正。我们期望与大家一起以一种科学和宽容的态度去对待绿色 GDP 核算，与大家一起继续探索中国的绿色 GDP 核算体系，早日看到绿色 GDP 核算真正成为科学发展观的度量，早日看到体现科学发展观的绿色经济时代的到来。

王金南

2009 年 2 月 1 日

前言

环境问题的发生源于市场的失败——环境的外部不经济性，环境外部不经济性的产生又源于人们对环境价值的错误认识。传统的价值观认为只有商品才有价值，由于环境资源的公共性和在生产力不十分发达的情况下似乎空气和水是可以取之不尽、用之不竭的，因而传统经济学认为：环境没有价值，环境是免费商品。长期以来，传统的价值观统治着人们的思想，使人们形成了唯有 GDP 增长才是发展，只有 GDP 增长才是硬道理的理念。人类社会经济活动对生态环境的污染和破坏，影响和干扰人们正常的生产和生活，造成直接或间接的经济损失。例如，环境污染造成城乡居民的患病率和死亡率上升，增加了病死和患病人数，降低了社会生产力，加大了医药费支出；水环境质量恶化，造成水质性缺水，加剧了我国水资源短缺的严峻形势，制约了经济的发展；酸雨腐蚀建筑物表面材料，增加了更换和维护成本；等等。这些因环境恶化带来的损失是经济发展的代价，是评价经济发展，特别是评价社会的可持续发展不可或缺的部分。在我们兴高采烈地庆祝经济蓬勃发展的同时，应当清醒地认识到这个发展的巨大环境代价，重新审视经济发展的模式。我国政府早在 1970 年代就已经将环境保护定为基本国策，1992 年联合国在巴西里约热内卢峰会上确定了里约原则——可持续发展，也已经 10 多年了，可持续发展的理念已经广泛被世界各国所接受，我国政府也将可持续发展作为国家发展的基本战略，并且在 2004 年又提出了科学发展观的战略部署，建设包括人与自然和谐在内的和谐社会，但是中国经济增长方式的转变进展缓慢，目前中国的经济发展基本上仍然延续着高投入、高消耗、高污染的老路，经济的高速发展带来了巨大的环境成本，环境污染和资源消耗已经到了难以承受的地步。这不禁要使我们反思，问题的关键在哪里呢？

我们认为：根本原因在于传统的国民经济核算中没有纳入资源

的消耗和环境污染造成的经济损失，传统的GDP只反映了经济的增长，没有反映经济增长的成本，错误地评价了经济增长的成果。因而，我们必须转变传统的价值观，抛弃环境无价论，不仅要在观念上树立环境有价，而且要对环境的价值进行科学的评价，建立科学的绿色国民经济核算体系，使环境的价值和商品的价值一起纳入所有活动的决策中去。因此环境价值的评价和核算的重要意义就显而易见了。近年来，我国在努力推进国民经济核算体系的改革，开展了绿色国民经济核算的研究和试点工作，就是这一转变的一种体现。

我国环境污染经济损失计量的研究开始于1980年代初。回顾20来年我国环境污染经济损失计量研究的发展历程大体上可以分3个阶段。

第一阶段（1980年代初至1990年代初），探索、初步实践阶段：1980年代初我国学者提出了环境污染经济损失的概念，开始了探索性的研究，具有代表性的事件是1981年全国第一次环境经济学术讨论会。会上，著名经济学家于光远撰文《应该对环境进行计量》，呼吁开展污染经济损失的计算；郭勇闻、于国政发表了环境保护的经济效果分析和污染危害估价；朱济成、王百斌发表了水污染的经济损失研究；赵贵臣、何祥光、孙燕发表了某化工沥青焦炭企业生产环境污染损失初探，开始了探索性的研究。随后，环境污染经济损失的计量得到了环境学术界的重视。在我国开展的“六五”和“七五”环境攻关科研课题的一些案例研究中包括污染经济损失的计算，如唐可诗和曾北危的湘江流域环境污染经济损失预测研究等。1980年代中期，我国开展了“公元2000年环境预测和对策研究”，中国环境科学研究院过孝民、张慧勤在该项目中进行了我国环境污染和生态破坏经济损失计量研究。“公元2000年环境预测和对策研究”项目是全国性的课题，涉及除西藏、台湾、香港和澳门之外全国各省市区，参加人数超过1 000人。这个项目的学术活动在我国首次举办了环境污染和生态破坏经济损失计量培训班，介绍了有关概念和方法，不少省份都进行了各自的损失计算，形成了我国环境污染和生态破坏经济损失计算的第一个高潮。与此同时，发达国家环境经济学的研究著作和应用经验陆续介绍到我国，我国举办了一些有关内容的国际培训和研讨会，其中影响比较大的是1983年美国东西方中心梅纳德·哈弗斯密特、约翰·狄克逊等著作的《环境、自然系统和发展——经济评价指南》，此书1988年译成中文；1984年环境保护局与美国东西方中心举办的“国际环境费用效益分析研讨会”和 1989 年国家环境保护局与 WHO 举办的“国际环境经济评价培训班”。“公元 2000 年中国环境预测和对策研究”项目第一次提出了在国际流行的损失计量框架下计算的全国环境污染和生态破坏经济损失，发表了一系列论文，对之后的环境污染和生态破坏计量产生了深远影响。这一时期，发表过环境污染经济损失计量研究论文的学者还有徐寿波、刘文、葛吉琦、王黎华等。

第二阶段（1990 年代初至 2000 年），继续实践、总结经验阶段：中国环境污染经济损失的计量结果得到了政府有关部门的重视，多年来这些数据作为我国环境污染严重形势的一种表述，在许多重要报告或领导讲话中经常引用。不仅国内的研究机构和学者对这个课题感兴趣，国际的研究机构和学者也对此感兴趣，在 1990 年代中期的几年内就有 4～5 个对我国环境污染经济损失的研究成果，包括中国社会科学院环境与发展研究中心郑易生等完成的《九十年代环境与生态问题造成经济损失估算》、国家环境保护局环境与经济研究中心夏光完成的《中国环境污染损失的经济计量与研究》和孙炳彦的《世纪之交的中国污染损失估算、预测与思考》、世界银行的《碧水蓝天：展望 21 世纪的中国环境》和美国东西方中心的《中国的环境问题：经济损失的估计》等，出现了中国环境污染经济损失计算的第二个高潮。短短二三年内出现了好几个类似的研究，计算结果不尽相同，暴露了我国环境污染损失计量方面的问题。许多学者对此进行了回顾和评论，提出了改进的建议。这里值得提出的是 1997 年国家环境保护局环境与经济研究中心邀请国内的污染损失计量专家召开的“污染损失计量专家座谈会”，会议回顾和分析了我国环境污染损失计量方面的进展和存在的问题。夏光和郑易生在评价中国污染损失计量存在的问题时指出：我国环境污染经济损失计量研究，已取得的结果很有价值，但方法上还存在较多问题，相当多的工作是低水平重复，缺乏深入、系统的研究；提出了研究一套规范化的污染损失估算方法是必要的和可行的，建议在国家科技攻关计划中设立“全国环境污染经济损失规范化经济评估方法研究”项目。会后，国家环境保护局环境与经济研究中心孙炳彦起草了《中国污染损失估算方法学及其支持系统》的项目建议书。另外，值得庆幸的是，这一时期有一些国家重点攻关课题，建立了一系列我国自己的计量环境污染损失的重要暴露反应关系，并进行了专项的污染损失计算，为污染损失计算提供了科学依据，如国家科技攻关课题“国家“七五”攻关课题酸雨科学研究课题“和“酸沉降对生态环境的影响及其生态恢复”中提出了酸雨和 SO_2 污染对农作物、森林和材料危害的暴露反应关系及其经济损失计算等。

第三阶段（进入 21 世纪—），提高、规范和进一步发展阶段：随着环境评价和战略研究的发展，近年来在一些项目或战略环境影响评价中也开始计量环境外部费用，表明环境污染损失计量在认识环境问题和项目、计划、战略研究的环境影响评价中越来越受到学者们的重视。然而，这些研究都是在缺乏许多重要的暴露反应关系和暴露活动存量数据的条件下进行的粗略估算，污染经济损失计算的科学性不能令人满意。许多学者通过对我国环境污染经济损失计量发展历程的回顾和反思，认识到我国环境污染经济损失计量研究落后于环境影响评价和环境决策的需要，迫切需要提高科学性、规范性和建立现代化的信息支持系统。如果说，在 1980 年代至 1990 年代提出一个环境污染损失的粗略估计数字还有一定警示作用的话，到今天，这种粗略数据的作用就极其有限了。项目、计划、战略的环境影响评价、绿色 GDP 的计量对环境污染损失的计量要求更高了，要求环境污染损失计量有较高的科学性和可信度。特别是，2002 年我国颁布了《环境影响评价法》，要求经济发展计划、规划和发展战略都要进行环境影响评价，而环境效益分析是重要的评价工具。另外，通过 20 多年的努力，我国的环境科学基础研究和环境监测与统计取得了许多重大进展，为环境污染经济损失计量创造了较好的基础。无论从科学决策和环境经济学科对这个领域的需求而言，还是从完善我国环境污染经济损失计量的科学基础而言，条件都已经成熟。正因为如此，许多这一方面的专家都在为推动环境污染经济损失计量的深入发展而努力。中国社会科学院环境与发展研究中心出版了《环境影响的经济分析：理论、方法与实践》对中国环境破坏的经济损失计量又做了较深入的总结，在他们承担的《中国可持续发展评估报告：2002》将环境污染经济损失计量问题列为评估的重要内容。2001 年以来，国家环境保护总局在世界银行的支持下推进“中国环境污染经济损失模型”的研究，总结了国内与国际研究的成果，力图建立我国环境污染经济损失计量的规范和相应的信息支持系统，取得了可喜的进展；2004 年国家统计局和国家环境保护总局开展中国绿色国民经济核算研究，在以上研究的基础上，进一步实践和扩展了研究的范围；与此同时，中国人民大学环境学院和北京大学环境学院开展了“环境影响的经济评价项目”研究，在建设项目和规划环评的经济评价领域进行了有益的探索。在党中央提出科学发展观的大背景下，这些研究活动促进了环境污染经济损失计量研究的发展，迎来我国环境污染经济损失计量研究的新时代。

本书是在这样的历史背景下形成的，作为绿色国民经济核算方法论的重要组成部分，希望对推动我国绿色国民经济核算和环境价值评估的发展有一定参考价值。

环境污染经济损失或称环境污染成本的计量，涉及学科相当广泛，本书的撰写得到众多同行的大力支持，在此我们要特别感谢在“中国环境污染经济损失模型”项目中与我们通力合作或做出重要贡献的北京大学医学部潘小川教授，农业部环境监测科研所张耀民教授，环境保护部朱建平副司长，中国环境监测总站景立新研究员，中国环境科学研究院王文兴院士、曹洪法研究员、张衍燊博士、韩明霞博士，中国科学院生态中心冯宗炜院士，环境保护部政策研究中心周国梅研究员、周军工程师、李华友副研究员，济南市环境信息中心王东海高级工程师，中国社会科学院的郑易生教授和张晓研究员，以及世界银行 Nygard Jostein 博士和 Tamer Rabie 博士，前世界银行驻中国代表处 Andres Liebenthal 主任，挪威经济研究中心 Haakon Vennemo 研究员，美国马里兰大学 Maureen Cropper 教授，挪威奥斯陆大学国际气候与环境变化研究中心 Aunan Kristin 研究员和 Hans Martin 教授，美国未来资源研究所 Alan Krupnick 研究员、Sandra Hoffmann 研究员和国际专家 Bjorn Larsen 研究员。本书的撰写引用了大量参考文献，在此对参考文献的作者一并表示感谢。同时，还要感谢中国环境科学出版社陈金华女士为本书出版所付出的辛勤劳动。

目录

第1章 总　论

1.1 环境污染损失价值量核算的意义

1.1.1 估算环境污染损失的价值是环境保护纳入经济决策的需要

经济活动是人类的主要活动。人们对经济问题的决策都要算经济账——投入产出，经济活动的投入是资金，产出是金钱，都用货币价值来衡量，投入产出的比较很容易。但对环境问题的决策，投入的是资金，产出的却是环境质量的改善，投入和产出不能直接比较，给决策分析带来了困难。对环境价值的评估就是用货币价值来衡量环境的价值，估算环境污染的经济损失就是用货币来计量污染的危害，环境保护活动的投入是资金，产出是环境质量的改善，其效益就是污染损失的减少，这样就便于进行投入（费用）与产出（效益）的比较，有利于将环境保护纳入经济决策。目前中国的经济发展十分迅速，在今后相当长的时间也将保持较高的发展速度，但是发展模式的转变还不尽如人意，对环境的压力也在加大。在这个时候，认识高速发展的环境成本，就更加重要了，能够促使我们清醒地审视我们的发展质量，审视国家的可持续发展战略和结构调整实施得如何？国家的高速发展是否摆脱了以牺牲环境为代价的发展模式？这对国家经济发展的宏观调控十分重要。

1.1.2 污染经济损失是绿色 GDP 和真实储蓄率的重要组成部分

可持续发展理论认为，传统的 GDP 仅计量了经济的产出，忽略了经济增长同时发生的资源存量和环境质量的变化，绿色 GDP 和真实储蓄率从 GDP 中扣除了环境污染损失和自然资源损耗，是描述可持续发展程度的重要指标。

绿色 GDP＝GDP－环境污染损失－自然资源损耗

真实储蓄 ＝GDP－消费+教育投入－环境污染损失－自然资源损耗

计算绿色 GDP 和真实储蓄率不可缺少环境质量变化的价值估算。而污染经济损失计算就是环境质量变化的价值计算。

1.1.3 污染经济损失估算是环境影响评价的重要组成部分

经济决策的主要方法是费用-效益分析。为了进行环境项目的投资决策分析，环境经济学提出了环境费用效益分析方法，将环境质量改善的经济效益（即污染经济损失的减少）与投入的资金进行比较分析，以确定项目的科学性。环境费用效益分析是环境经济决策的基本科学方法，在发达国家的环境决策和环境影响评价中得到了广泛的应用。早在 1970 年代美国联邦政府（卡特任总统时期）就规定所有对环境有影响的项目，在环境影响评价中必须进行环境费用效益分析；美国将环境影响的经济分析纳入了环境立法的程序中，例如美国的《清洁空气法》就有相当详细的环境费用效益分析报告。世界银行也将对环境影响的经济分析作为环境影响评价的重要组成部分，并指出“应当尽可能地对环境成本与效益进行量化，并在可行的情况下赋予经济价值”。环境影响评价涉及面十分广泛，从建设项目到战略研究、计划规划、法律、标准、技术和政策，在实施可持续发展战略中具有十分重要的作用。

1.1.4 为确定环境问题的优先次序提供依据

通常我们习惯于用环境质量来比较环境污染的程度，使人们形成了一个概念：控制污染就是控制环境质量的恶化、改善环境质量，治理污染就是削减污染物。其实这只是表面现象，或者说只是中间目标，污染控制或污染治理的根本目的是减少污染的危害。控制污染就是控制危害，治理污染就是治理危害，这才是问题的实质。确定污染控制的优先次序也要比较污染危害程度，如地方 A 污染比较严重，但是人烟稀少，也没有敏感生态系统，污染危害就比较小；地方 B 污染虽然不很严重，但是人口比较集中，存在着敏感生态系统，污染危害可能会比较大，当然污染治理的优先次序 B 地应排在 A 地前面。问题是污染危害用什么指标来衡量呢？不同环境要素的污染危害如何比较？污染造成的经济损失是衡量优先次序的最好指标。因此，各环境要素的污染经济损失计量、比较和排序是确定污染控制的优先次序的科学方法。

综上所述，不管在微观水平上对具体项目的可行性评估，开展环境影响评价；还是在宏观水平上衡量我们社会的真实可持续发展水平，建立绿色 GDP 核算体系，指导可持续发展的战略决策，环境资源价值核算都具有十分重要的意义。

1.2 环境污染损失价值核算的技术难点

显而易见，在可持续发展理念框架下，环境价值核算具有十分重要的意义，但是我们也不能忽视环境价值核算的技术难点。环境价值核算的技术难点源于它本身的特性。

（1）环境质量的非市场特性。一种物品或服务的价值是人们享用它的支付意愿，通常体现在它的市场价格上，然而环境质量是没有市场价格的，或很难直接在市场上给它定价。环境质量的价值必须从其他间接的途径进行评价。

（2）环境资源的公共物品特性。环境资源，如空气、河流、湖泊的质量，没有明确的产权特征，属于准公共物品，或者具有很强的公共物品特性。环境资源不同于私人物品，具有供给普遍性，如一个人呼吸了清洁的空气，不会减少或影响其他人呼吸清洁空气的数量；同时又具有消费的非排他性，如任何人呼吸了清洁空气，不会排除其他人呼吸清洁空气。公共物品的特性使人们往往会产生对环境资源“免费搭车”的意识，在表达对环境资源的支付意愿时产生障碍，这是环境资源难以市场定价的重要原因。

（3）环境功能的多样性。环境资源的价值体现在它的功能上，然而环境资源及其功能是多种多样的，并且人类对环境资源功能的了解十分有限，因而加大了对环境资源价值评价的难度。如在森林资源的价值评价中涉及森林对生物多样性的保护价值，酸雨危害中涉及对历史遗迹的破坏，这些价值的评估非常困难，水环境资源价值中的某些部分评价起来比较容易，如生活和工业国家的水资源价值，但是水环境资源的功能几乎涉及所有的人类活动，要想全面定量评价也是困难的。

（4）环境质量与功能关系的复杂性。环境资源的价值不仅体现在它的数量上，还体现在它的质量上，不同质量的环境资源的功能往往有很大的差异，这些差异正是环境功能退化的价值损失。环境资源质量与其功能的关系就是它自身具有的“生产函数”，我们通常研究的环境污染程度与其受体危害程度的数量关系，即剂量反应关系，就是环境资源的一种“生产函数”。对环境资源的价值进行评价就必须掌握它的“生产函数”，需要开展大量的基础科学研究和实地调查。

1.3 环境污染损失的价值量核算——正在开拓发展的领域

从前面的分析，我们可以清醒地认识到环境价值核算，或者说绿色国民经济核算体系，具有十分重要的战略意义和学术价值，也具有相当大的难度，到目前为止世界上还没有一个国家就所有资源消耗成本和环境损失进行过完整的估算。但是不攻克环境价值核算的难关，不建立绿色 GDP 核算体系，我们就无法衡量我们的真实发展水平，就无法用科学的基础数据来支撑可持续发展的战略决策，我们就无法实现对整个社会的综合统筹与平衡发展，这是对当代环境经济学一个严峻的挑战。

目前，世界各国对这一领域的研究都十分重视，投入大量精力积极开展研究，这是一个具有挑战性、正在开拓发展的领域。因此，无论有多少困难，我们都应当加强这一领域的探索，从理论到实践，逐步完善环境价值核算的理论和方法，将环境价值纳入综合经济决策之中，逐步建立起符合中国国情的绿色 GDP 核算体系，为全世界的绿色 GDP 核算体系的发展作出贡献。

第 2 章 有关环境经济学的基本概念

2.1 财务分析和经济分析

通常，项目的可行性分析包括财务分析和经济分析。财务分析是根据国家现行财税制度和现行市场价格，分析测算项目的效益和费用，考察项目的获利能力、清偿能力和外汇效益等财务状况，以判断建设项目财务上的可行性。而项目的经济分析是从国家整体角度考察项目的效益和费用，用影子价格、影子工资、影子汇率和社会贴现率，计算分析项目给国民经济带来的效益和费用，以评价项目在国民经济中的经济合理性和宏观可行性。财务分析与经济分析的比较见表 2-1。

表 2-1　财务分析与经济分析的比较

项目	经济分析	财务分析
分析角度	国家	项目本身
分析目的	项目对国民经济的净效益，在国民经济中的经济合理性和宏观可行性	项目货币收支和赢利状况及贷款偿还能力
分析的主要参数	影子价格 影子汇率 社会贴现率	市场价格 官方汇率 基准收益率
价格因素	不变价格	考虑价格变动
分析内涵	直接和间接的费用和效益 （内部和外部效果）	直接费用和效益 （内部效果）
	包括对环境的影响	不包括对环境的影响
评价基准	经济净现值或经济内部收益率	财务净现值或财务内部收益率

经济分析与财务分析的重要区别表现在以下 4 个方面：

（1）分析的角度和目的不同。财务分析是从项目本身的货币收支和赢利状况及贷款偿力，分析项目本身在财务上的经济合理性。经济分析是从项目对国民经济的净效益，分析项目在国民经济中的经济合理性和宏观可行性。

（2）采用的价值尺度不同。财务分析采用的价值尺度是现行价格体系中的会计核算价格，而经济评价采用的价值尺度是剔除了失真因素后的影子价格。

（3）选择贴现率的依据不同。财务分析采用部门、行业的基准收益率（或项目占有资金的综合资金成本率）作为计算项目财务收益净现值时的贴现率。经济分析，由于它的价值尺度是影子价格，因而它是以社会贴现率为计算经济净现值时的贴现率。

（4）衡量费用和效益的范围不同。财务分析评估的费用和效益，都是指项目的直接费用和效益，而经济分析评估的费用和效益，包括直接效益和间接效益以及直接费用和间接费用，间接效益和费用统称为外部效果，项目对环境的影响就是一种重要的外部效果。因而项目的经济分析包括了项目对环境影响的总经济价值的分析，而不管涉及的经济价值在市场中得到反映与否。

通常，GDP 是以市场交易为前提的，属于财务分析范畴，而绿色 GDP 则属于经济分析的范畴。

2.2 价值的经济学概念

2.2.1 效用价值论

价值是经济学研究的核心，要理解环境价值，首先就要了解价值在经济学上的含义以及一般物品和服务的价值是如何确定的。

什么是价值？价值是如何确定的？效用价值论认为：人的欲望及满足是一切经济活动的出发点，物品/服务的效用是物品/服务能够满足人的欲望程度、满足人的需要的能力。价值则是人对物品/服务能满足人的欲望的主观估计，即人们对物品/服务提供的效用愿意支付的价格——支付意愿。物品/服务的效用来源于物品/服务的功能，是价值的源泉，人们从物品/服务得到的效用，如人们从食物和衣物中获得营养、感到温暖，得到的总效用是消费物品数量的函数。总效用随消费物品的数量的增加而增加，多消费一单位物品新增加效用的数量称为边际效用（marginal utility），但边际效用随着消费物品的增加呈递减趋势，达到一个最大值后总效用逐渐减小。这种消费物品/服务数量与得到的效用的函数关系称为效用函数（图 2-1）。边际效用递减规律是价值的一般规律，消费最后一个单位物品的效益决定物品的价格，即边际效益决定价值。

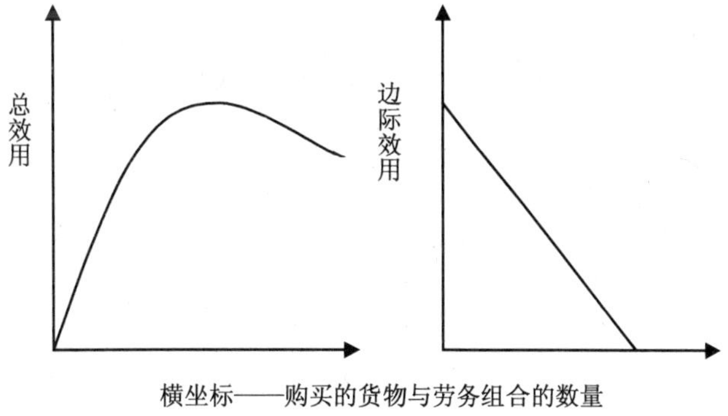

图 2-1　总效用和边际效用曲线

2.2.2 物品的稀缺性

从微观经济学来讲，经济学认为决定物品价值的另一个重要条件是物品的稀缺性。水是人们赖以生存的重要物品，但是由于供给的数量大，过去被认为是取之不尽的，因而价格低廉；而钻石对人们的生存而言无关紧要，但是由于稀缺而价格高昂，即所谓“物以稀为贵”。从宏观经济学来讲，萨缪尔森在他的《宏观经济学》一书中写道：经济学研究的是社会如何利用稀缺的资源以生产有价值的商品，并将它们分配给不同的个人。这个定义的背后隐含了经济学的两大核心思想，即物品是稀缺的，社会必须有效地利用它们的资源。事实上，正是因为稀缺性和追求效益的愿望，才使经济学成为一门最重要的学科。

2.2.3 需求与供给——价格决定

1970 年代以后，人们普遍认为效用价值主要表现为边际效用，物品的价值最终由效用性和稀缺性共同决定。20 世纪后随着西方经济价值理论的发展而出现了均衡价格的概念，均衡价格是指供给和需求价格相一致时的价格，如图 2-2 所示，*A* 为均衡点，*H* 为均衡价格（即价值），*SS'*为需求曲线，*dd'*为供给曲线。

效用在经济中起着重要作用。它是价值的物质承担者和表现形态，如果没有效用则物品也就没有价值；价值是基本流通过程的重要条件，取得最大效用是资本所有者所追求的；效用在社会及生产中起着重要的作用，社会再生产的目的是为了获得更多的符合人类所需要的物质；效用能引起市场价格的波动，通过供给与需求的关系来进行调节；社会对效用的需求是决定商品市场价值的前提条件。

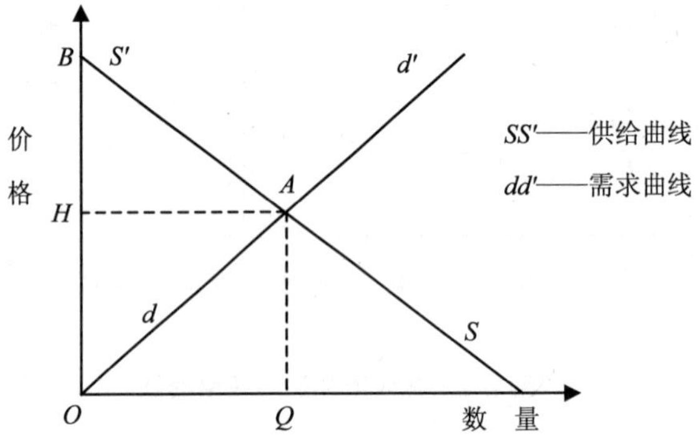

图 2-2 需求和供给的均衡——价格的决定

2.2.4 消费者剩余与社会福利

2.2.4.1 消费者剩余

个人消费的物品和服务是多种多样的，消费者根据自己的收入水平愿意支付一定数量的金钱以购买一定种类和数量的货物和劳务使自己获得最大的效用。根据需求曲线，个人消费各种货物和物品的总和为 *Q*，获得的效用为多边形 *OQAB* 的面积，即消费者的支付意愿等于获得的效用（多边形 *OQAB* 的面积），而实际支付的价格为矩形 *OQAH* 的面积，两者之差为消费者获得的消费者剩余（三角形 *ABH* 的面积），即消费者为了获得某种效用愿意为某种商品或服务所支付的最大数量与他实际支付的数量之差（图 2-2）。因此，消费者获得的总效益或总效用或福利等于购买这些物品和服务的市场价格加上消费者剩余。

2.2.4.2 个人福利与社会福利

个人福利是指个人从消费货物和服务中获得的效用，即个人从支付的货物和劳务中得到的欲望（需求）满意程度。而社会福利是所有个人福利的总和。

2.2.5 物品的可替代性理论

价值的经济学概念是以新古典福利经济学为基础的。福利经济学的基本假设是：经济活动的目的是为了增加社会中的个人福利，而且每个人能够正确地判断自己的福利状况。每个人的福利不仅来自于其所消费的私人物品以及政府提供的物品和服务，而且来自于资源-环境系统得到非市场性物品和服务，如健康、视觉享受、户外娱乐机会等。对环境的经济价值进行计量的理论依据就在于它们对人类福利的影响。

最初，计量个人福利变化的经济学原理只是用来解释在市场上进行交易的物品和服务的价格和质量变化。近 15 年来，这一理论已经开始用来解释诸如环境质量和健康之类的公共物品或其他的非市场性服务。该理论假设，人们对可供选择的物品集（包括各种各样的可在市场上交易的和不能在市场上交易的物品和服务）具有精确的偏好。同时假设这些偏好在该物品集中都有其替代性。如果在个人的物品集中有一种物品的数量减少，就会有其他某种物品的数量增加，以使这种变化不会导致个人福利的降低。换句话说，第二种物品数量的增加替代了第一种物品的数量减少。这种物品可替代性可以用一条曲线表述，经济学上称为无差异曲线。

无差异曲线表示对消费者提供相同效用或福利的两种物品或它们的不同数量的组合。如图 2-3 所示，假设现有两种物品 X 和 Y，它们有 a、b、c 3 种组合，从 a 到 b 再到 c，物品 Y 的数量逐渐减少，而物品 X 的数量逐渐增加，消费者从这 3 种组合获得的效用或福利是相同的，无差异曲线说明了物品之间具有效用的可替代性。正是由于这种可替代性，使我们可能从市场物品中选择非市场物品的替代物，以评估非市场物品的价值。可替代性理论是环境价值评估方法的重要理论依据。

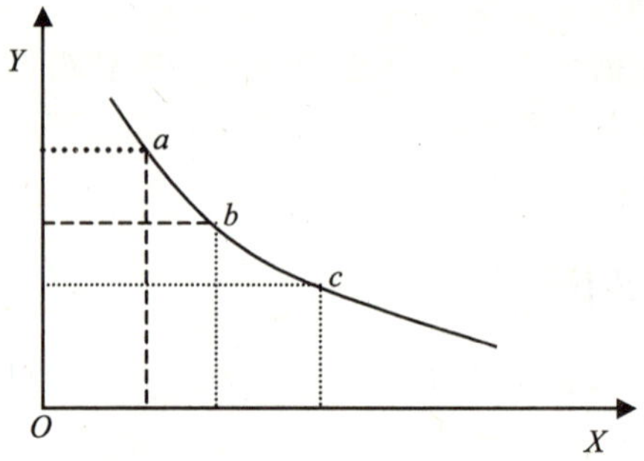

图 2-3　物品可替代的无差异曲线

2.2.6 环境的经济价值

传统经济学认为人（人的劳动力、知识和技能，即人力资本）使用工具（建筑物、机器、工具和基础设施，即人造资本）将原材料（自然资源）转化为有用的商品或服务而产生财富，自然资源只有通过人的劳动才能有价值，否则自然资源是无价的。环境经济学将自然资源（包括环境质量）看作一种与人造资本同等重要的资本形式，也是一种资本资产，自然资源是有价值的。大自然除了提供原材料，如矿物、燃料、淡水和木材等外，还提供了人类赖以生存的、具有重要价值的服务，吸收我们产生的废物，调节地球的能量平衡、全球气候、物质循环、大气圈和海洋中的化学分解，维持生物多样性，同时也提供了美学、精神、文化、科学和教育的机会。

虽然这些价值有的不能用市场价值来计量，但是个人和社会在一系列决策中不可避免地将其价值包含在内。人们在一个行动（计划、规划、战略、政策等）的决策过程中，往往要对决策的成本和效益加以比较，以决定是否值得，只有效益大于成本时，这个行动才是值得的，这就是成本效益分析。不幸的是，传统经济学将环境排除在分析的范围之外，将自然资源视为无价，相对于其他形式的资本，人们对生态系统不但了解得很肤浅，而且也极少对其进行监测。如果在活动的成本效益分析中不包括自然资源的价值，相应的决策必然导致错误的结论，从而导致对自然资源造成严重的破坏。在工业化大生产的过程中，生态系统正在快速地退化和耗竭。过去的经验证明，往往是在失去生态系统的服务之后，它的重要性才得到广泛重视。一系列环境问题的惨痛教训，使人们认识到人类发展的决策必须在经济、环境和社会这个大系统中进行，为了将自然资源纳入人们的行为决策，进行环境、经济和社会大系统的成本效益分析，必须对自然资源定价。

然而，对自然资源（生态资源）的价值评估是一个非常复杂的问题，直到目前为止，我们对自然资源（生态资源）价值的评估仍然没有得到很好地解决，对生态系统某些功能的评价仍然缺乏合理的方法，某些功能虽然有一些评价方法，但存在着较大的不确定性。尽管如此，对可计量的部分进行计量，对人们认识自然资源（生态资源）的价值，将其纳入我们的决策中，是十分必要的。

目前国际上比较流行的环境（资源）价值的计量模式提出了一个总经济价值（Total Economic Value，TEV）的概念。任何商品和服务的总经济价值都是由使用价值和非使用价值组成。使用价值又分为直接使用价值（Direct User Value，DUV）和间接使用价值（Indirect User Value，IUV）以及选择价值（Option Value，OP）。非使用价值包括存在价值（Existence Value，EV）和遗赠价值（Legacy Value，LV）（D.Pearce，1993，Economic Values and Natural World，Earthscan，London）：

总经济价值=使用价值+非使用价值

使用价值=直接使用价值+间接使用价值+选择价值

非使用价值=存在价值+遗赠价值

总经济价值=直接使用价值+间接使用价值+选择价值+存在价值+遗赠价值

直接使用价值，也称为可提取的使用价值、消费性使用价值或结构性使用价值，产生于可以被提取、消费或者直接享用的价值。以森林为例，可提取的使用价值来自木材、林副产品以及捕猎或捕鱼等。除了这些可以直接消费的物品之外，直接使用价值也可以是非消费性的，如在森林中旅行或野营的人也获得了直接使用价值，虽然他们没有“消费”任何森林资源。所有这些使用价值都是实际的、可以度量的，即使某个个体的消费并不减少其他人的消费（称为非竞争性消费，这些物品称为公共物品）。消费性使用价值通常涉及可以观察到的物品数量，比较容易估价。非消费性使用价值则往往较难估价，因为涉及的数量和价格都可能无法直接观察到。

间接使用价值，也称为不可提取的价值或功能性价值，来自于环境所提供的服务。例如，优质的水资源或空气对农作物生长的服务；湿地对水的过滤，从而改善了下游用户的水环境质量；国家公园给人们提供消遣的机会，等等。间接使用价值往往较难计量，因为所提供服务的数量往往难以计量，此外，这些服务中有许多根本没有进入市场。但是如果其功能影响某种物品的生产，成为影响生产力的一个重要生产要素，则可以通过该物品的产量变化来计量它的价值。如水资源或空气对农作物生长服务的价值，可以通过农作物产量的变化来计量。

选择价值又称期权价值。我们在利用环境资源时，希望环境资源能够持续利用，不希望它的功能很快消耗殆尽。未来使用可能比现在使用获得的效益更大，或者由于某些不确定性，如果现在利用了这个资源，未来就不可能获得这种资源。因此，人们要对现在利用它，还是保护它做出选择。人们愿意为保护环境资源以备未来使用的支付愿望就是这个环境资源的选择价值。选择价值包括直接使用价值和间接使用价值。选择价值的出现取决于环境资源供求的不确定性，依赖于消费者对未来风险的态度，相当于消费者为规避未来资产丧失所愿意支付的保险金。

存在价值和遗赠价值，属于非使用价值，来自于环境可能提供的某些收益，然而并不涉及对这种价值的直接或间接使用。存在价值是人们单纯从知道某种东西的存在中获得的价值，如人们对熊猫的存在赋予某种价值，即使他们从来也没有看到过熊猫。如果熊猫灭绝了，许多人会感到遭受损失。遗赠价值是从人们希望将某种价值留给后代的心愿中得到的价值。非使用价值难以计量，通常不在我们的研究范围内。

2.2.7 影子价格

2.2.7.1 影子价格的含义

影子价格是指某种资源或环境得到最优利用时的边际效益，即当资源或环境得到最优利用时，每增加一个单位资源或环境所带来的收益的增加。影子价格的理论基础是边际效用价值论，主要反映资源稀缺性和价格的关系。

影子价格最早于 1930 年代由荷兰经济学家、计量经济学创始人詹恩·丁伯根提出来的，运用线性规划的数学方式计算的，反映社会资源获得最佳配置的一种价格。萨缪尔森进一步作了发挥，认为影子价格是一种以数学形式表述的，反映资源在得到最佳使用时的价格。联合国把影子价格定义为“一种投入（如资本、劳动力和外汇）的机会成本或它的供应量减少一个单位给整个经济带来的损失”。前苏联经济学家列·维·康特罗维奇根据当时苏联经济发展状况和商品合理计价的要求，提出了最优价格理论。其主要观点是以资源的有限性为出发点，以资源最佳配置作为价格形成的基础，即最优价格不取决于部门的平均消耗，而是由在最劣等生产条件下的个别消耗（边际消耗）决定的。这种最优价格被美籍荷兰经济学家库普曼和前苏联经济学界视为影子价格。

丁伯根的影子价格与列·维·康特罗维奇的最优价格，其内容基本是相同的，都是运用线性规划把资源和价格联系起来。但由于各自所处的社会制度不同，出发点亦不同，因此二者又有差异：丁伯根的理论是以主观的边际效用价值论为基础的，而列·维·康特罗维奇的理论是同劳动价值论相联系的；前者的理论被人们看成一种经营管理方法，后者则作为一种价格形成理论；前者的理论主要用于自由经济中的分散决策，而后者的理论主要用于计划经济中的集中决策。影子价格有助于通过定量分析，充分发挥价格机制的作用，合理的配置和利用资源。因此，认真研究并合理运用影子价格理论，有着极其重要的意义。

2.2.7.2 影子价格与线性规划

影子价格源于线性规划。假定国民经济系统共生产 n 种产品，变量 X 为各种产品的产量，C 为单位产品获得的收益；生产 n 种产品需消耗 m 种资源，其中第 i 种资源的最大消耗量为 b_i；生产单位第 j 种产品的直接消耗第 i 种资源的数量为 a_{ij}，则形成线性规划问题（原规划问题）：

目标函数：$\max Z=CX$

约束条件：$AX\leqslant B$

$X\geqslant 0$

式中：Z——总收益；

X——各种产品产量的 n 维列向量；

C——单位产品获得收益的 n 维行向量；

A——直接消耗系数 a_{ij} 的 $n\times m$ 阶矩阵；

B——b_i 的 n 维列向量。

使用资源需要支付一定代价，而且以使用最低代价为最优，同时要满足从资源使用中所获得的回报 W 不能低于使用资源生产这些产品时所得到的收益。假设使用单位第 i 种资源所支付的代价（第 i 种资源的价格）为 y，则可以得到原规划问题的对偶规划：

目标函数：$\max W=YB$

约束条件：$YA\geqslant C$

$Y\geqslant 0$

根据线性规划的原理，当原规划问题与对偶规划问题达到最优解时，对偶规划的最优解为：

$$Z^*= W^*$$

$$Y^*=C_B\times B^{-1}$$

Y^*被称为资源的影子价格，也成为最优条件下的边际收益或机会成本，它表示各种资源在最优利用下可以给国民经济系统带来的产出。

2.2.7.3 影响资源影子价格的主要因素

影子价格是经济处于最优均衡状态下的资源价格，也就是说，要具备两个条件：一是资源得到最优配置；二是最终产品的供给等于需求。因此影子价格具有以下 3 个特征。①影子价格受需求结构变化的影响，如果需求函数发生了变化，原来的均衡也会随着变化，最终产品的价格就会变化，单位产品获得的收益就会变化，以达到新的平衡，于是资源和中间产品的影子价格都会变化；②影子价格随资源的稀缺程度而变化，当资源可利用量减少时，影子价格就会增加，反之，资源可利用量增加时，影子价格就会减小，以达到新的平衡；③影子价格还会受经济系统的生产效率（投入－产出比）变化的影响。经济系统生产效率提高了，必然减少资源的消耗数量，资源的影子价格就会降低，反之亦然。

2.3 时间偏好与社会贴现率

2.3.1 社会贴现率

费用效益分析研究的问题往往需要跨越一定的时间，任何环境保护项目或政策的费用和得到的效益与建设周期项目设施的使用寿命以及政策执行的时间长短有关，同时费用与效益发生的时间也不尽相同（图 2-4）。因此，费用效益分析必须考虑费用与效益的时间流。通常，在现在可以得到的效益（现值）与 10 年以后得到同样多的效益之间选择，人们都有时间偏好，希望选择前者。为了比较不同时间的费用和效益，要对未来的费用和效益打折扣，这个折扣称为贴现率或折现率。

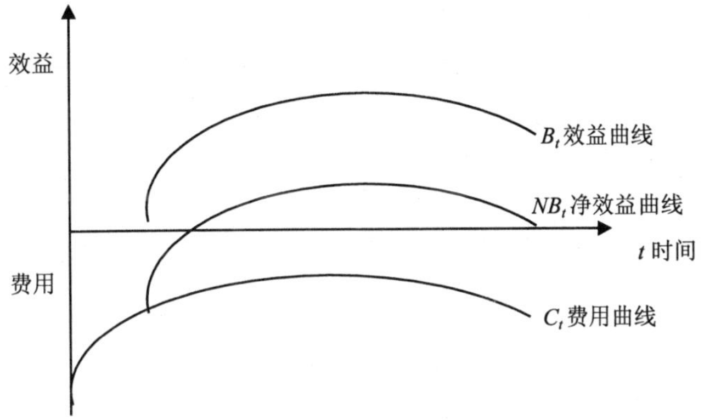

图 2-4　费用与效益的时间流

社会贴现率是指基于全社会的角度对政策、公共投资项目或其他相关方面进行费用效益分析的适用（或参考）贴现率。社会贴现率适用于公共政策的经济评价和决策分析，也适用于建设投资项目的经济评价和决策。在理论上，社会贴现率有两种含义。①消费者社会性的时间偏好率，是在考虑了代际间的公平性等社会立场的条件下，现在牺牲的消费量与将来要求返还的消费量之比。②资本的机会成本，即现在投资的金钱与将来要求投资回收金钱之比。在交换满足市场均衡的条件下，由市场均衡点即可得出社会贴现率。因此社会贴现率可以从生产方面（资本的机会成本）进行分析，也可以从消费方面（时间偏好）进行分析。社会贴现率由国家根据社会的经济和金融状况统一制定，它表征国家对资金的机会成本和资金时间价值的估量。我国 1987 年颁布的《建设项目经济评价方法与参数》（第一版）规定社会贴现率为 10%；1993 年颁布的《建设项目经济评价方法与参数》（第二版）规定社会贴现率为 12%；2003 年开始新一版的研究，建议修改为 8%。

2.3.2 费用与效益的现值

由于工程项目或计划、规划的费用和效益发生的时间和时间的延续模式不同，费用-效益分析要将不同时期的费用与效益进行比较，必须将费用与效益根据其发生的时间和时间延续的情况，通过社会贴现率化成同一时间水平的现值加以比较。计算公式如下：

$$PVC=\sum_{t=1}^{t}\frac{C_t}{(1+r)^t} \quad PVB=\sum_{t=1}^{t}\frac{B_t}{(1+r)^t} \quad NPVB=PVB-PVC$$

式中：PVC——总费用的现值；

PVB——总效益的现值；

$NPVB$——效益的净现值；

C_t——第 t 年的费用；

B_t——第 t 年的效益；

r——社会贴现率；

t——时间。

2.3.3 社会贴现率的功能

社会贴现率是国家实施宏观调控的重要手段之一，在国家控制投资规模、引导投资方向、调整和优化投资结构和提高投资效益的方面具有重要作用。

（1）控制投资规模。社会贴现率是项目投资收益的最低标准，项目投资收益低于社会贴现率，项目不可行；项目投资收益大于社会贴现率，项目可行，因而可以用它来筛选项目。这样，社会贴现率的大小就具有控制投资规模的作用了。当社会贴现率过低时，可以通过的项目就比较多，可能造成投资规模过大，引起通货膨胀；相反，若社会贴现率过高，可以通过的项目就比较少，可能造成投资规模萎缩，资金不能充分利用，经济发展速度就会受到影响，失业率就会提高，不利于社会的稳定。

（2）引导投资方向。既然社会贴现率是项目投资收益的最低标准，而项目的收益，即项目的经济净现值和内部收益率与市场的供求情况密切相关，供大于求的产品行业，经济收益较小，用社会贴现率来衡量，就较难通过，而供不应求的产品行业，经济收益就较高，用社会贴现率来衡量，就较容易通过。社会贴现率起到了引导投资方向、调整和优化投资结构的作用。

（3）提高投资效益。从宏观的角度审视，社会贴现率可以控制投资规模、引导投资方向、调整和优化投资结构，达到社会资源的合理配置，调节资金的供求平衡，必然对提高社会的投资效益发生正面的影响。

2.4 环境费用-效益分析

2.4.1 环境费用-效益分析的产生与发展

费用-效益分析，也称为成本效益分析，是通过权衡费用与效益来评价项目可行性的一种分析方法。起初费用-效益分析的对象是一些公共工程项目，逐渐发展到与社会发展有关的计划、规划以及政策、法规等领域。虽然环境费用-效益分析的发展是在 1970 年代以来的事情，但是费用-效益分析的产生与发展可以追溯到 1930 年代，甚至追溯到 19 世纪。1844 年法国工程师迪皮发表《公共工程效用的评价》，提出了“消费者剩余”的思想，而后发展成“社会净效益”的概念，成为费用-效益分析的基础。1936 年美国联邦政府在水资源计划中对水资源计划的收益和投入进行比较，以指导计划的决策，并在水资源计划有关洪水控制法中规定：“在设计中，必须使增加的收益大于预算的费用”，构成了费用-效益分析的框架。在此期间，美国在评价港口和内河航运等公共工程项目中运用了费用-效益分析方法，如著名的田纳西河流域工程规划等。费用-效益分析产生于评价公共工程，而公共工程项目不同于一般的工程项目，它不以项目的自身赢利为主要目的，而是通过对社会提供服务而使社会增加收益。因此，费用-效益分析方法在交通运输、文教、卫生城市建设等方面的投资决策中得到广泛应用。1950 年，美国联邦河流流域委员会发表的《内河河流项目经济分析的实用方法》中，第一次把当时独立发展起来的两个学科，即实用项目分析与福利经济学联系了起来，更鲜明地显示了费用-效益分析服务于公共福利评价的特点。自从环境公害事件屡屡发生以来，环境问题开始得到人们的关注。1970 年代经济学家将费用-效益分析方法应用于环境污染控制的决策分析，对环境质量变化的危害和效益进行评价。美国经济学家哈曼德第一个把费用-效益分析的原理和方法用于环境污染控制，而后的发展要归功于“未来资源”组织，该组织为在环境决策中应用费用-效益分析开辟了更广阔的领域。卡特政府曾经规定所有对环境有影响的项目，在环境影响评价中，必须进行费用-效益分析。美国的重要环境政策与法规都将环境效益分析作为环境政策和法规可行性分析的重要内容，如美国清洁空气法的制定过程中，开展了十分深入的环境效益分析的论证，成为环境效益分析应用的一个典范。除美国外，英国、加拿大、日本等国也广泛地开展了环境领域的费用-效益分析，如 1954 年英国建造的第一条高速公路、伦敦第三国际机场的建设都经过了费用-效益分析的论证。

费用-效益分析方法的运用范围的扩展，对其所使用的技术和自身的处理方法产生了深远的影响。在费用-效益分析应用的初期，仅用于评估公共工程项目的净效益，尤其是水资源开发，即从经济系统输入相应的生产要素（如土地、劳动力、资金、原材料），以输出具体的产品（如水、水力发电、运输等）。这些产品大多都有市场的对应物。随着评估范围的扩大，费用-效益分析涉及了环境和自然资源问题。过去被认为不可计量的或者不重要的因素，如舒适性的改善和视觉享受等，现在已经被认为是非常重要的价值资源，而且对其价值进行了评估。另外，过去没有被认识到的或者被认为与经济无关的事物，现在往往成为了政策的核心问题，如生物多样性的损失、濒临物种以及单一生态系统的保护等。长期以来在经济学科中将自然资源与环境分别对待，自然资源经济学家的研究对象是森林、矿产、鱼群等资源，它们能够生产木材、金属、鱼等经济商品，而环境仅是一种介质，经济活动造成的空气污染、水污染、噪声只是经济活动的外部性。随着环境问题的突出和人们对环境质量需求的迫切，环境已经成为人们生存和享受不可或缺的重要要素，与自然资源提供服务的功能没有实质区别。

随着环境问题的出现和可持续发展理念的建立，评价的内容也从经济领域扩展到环境领域。涉及环境问题的费用-效益分析，我们称为环境费用-效益分析。环境费用是指该项目或计划、规划、政策、法规为环境保护所支付的费用，环境效益是指保护环境措施避免或减少环境质量恶化或生态环境破坏带来的经济损失。环境费用-效益分析是环境经济基本理论与费用-效益分析方法相结合的产物，是环境经济学的重要组成部分。

回顾环境费用-效益分析在中国的应用与发展，不能不提到美国东西方中心环境与政策研究所，1983 年美国东西方中心环境与政策研究所邀请中国参加为亚太地区编制《环境经济评价指南》的研讨会，1984 年中国学者将美国东西方中心编制的《环境、自然系统和发展——环境经济评价指南》翻译成中文，并将环境费用-效益分析方法应用到中国的研究课题“公元 2000 年中国环境预测与对策研究”中。由于这一课题几乎全国所有的省份都有人参加，期间又在WHO 的协助下组织了我国第一次环境费用-效益分析培训班，对环境费用-效益分析在我国的应用与发展起到了重要作用。1992 年联合国环境与发展大会之后，可持续发展的概念被世界各国所接受，在我国，环境领域的费用-效益分析方法自然也得到更加广泛的应用和发展。

2.4.2 污染经济损失与治理费用曲线

一个地区或城市的污染损失指的是这个地区或城市在特定时刻的环境污染状况下，环境污染造成的经济损失。在这个特定时刻，这个地区或城市已经花费了一定的治理资金，才达到这个污染状况，如果没有这些污染治理措施，环境污染将更为严重。已经花费的治理资金（污染治理设施的投资和运行费用之和）是污染治理费用，这一特定污染状况造成的经济损失是污染经济损失，因而这是两个完全不同的概念，不可混淆。两者之和成为环境污染成本或环境污染代价。三者之间的数量关系是：

环境污染成本 = 污染经济损失 + 污染治理费用

环境治理决策的目标是以最小的投资，获取最大的效益，从环境费用-效益分析曲线（图 2-5）来看，就是寻找最优控制点。图 2-5 由污染治理费用曲线和污染损失曲线组成，污染治理费用的投入改善了环境质量，减少了污染的损失，污染损失的减少就是污染治理的效益。在污染状况比较严重的情况下（*A* 点右方），污染治理的边际费用小于污染损失的边际费用，也就是说用比较小的治理费用可以获得比较大的环境效益；反之，在污染状况比较轻的情况下（*A* 点左方），污染进一步治理的边际费用大于污染损失的边际费用，也就是说用比较大的治理费用才可以获得比较小的环境效益。在两条曲线的交点 *A* 点处，污染治理的边际费用等于污染损失的边际费用，就是最佳控制点，偏离 *A* 点的过度治理为 *B* 点，治理不足为 *C* 点。过度治理 *B* 点和治理不足 *C* 点的环境污染成本都比 *A* 点大。证明如下：从图 2-5 可以看出，*A* 点的环境污染成本为多边形 *ADOUG* 的面积，*B* 点的环境污染成本为多边形 *BEDOUG* 的面积，比 *A* 点的多边形 *ADOUG* 的面积大三角形 *ABE* 的面积；*C* 点的环境污染成本为多边形 *CDOUGF* 的面积，比 *A* 点的多边形 *ADOUG* 的面积大三角形 *ACF* 的面积。

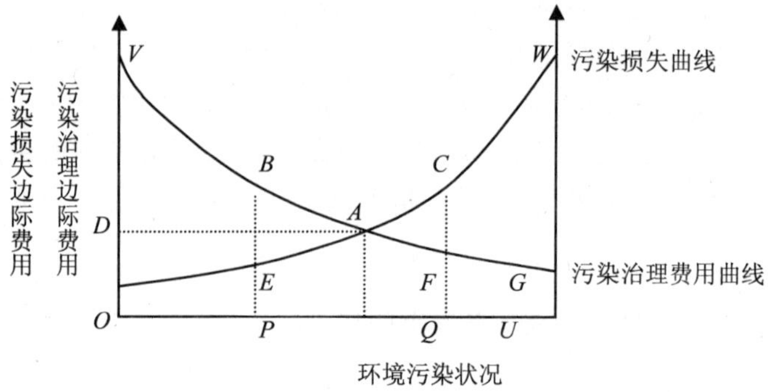

图 2-5 环境污染治理费用-效益曲线

2.4.3 环境费用-效益分析的步骤

人们任何行动的决策都是以获取利益为目的，但任何行动都是要有成本的，问题就在于效益是否大于成本，人们希望以最小的成本获取最大的效益。前面叙述的环境污染治理费用和效益曲线及其最优控制是从理论上阐述的，实际上，具体的分析是对行动方案进行费用（成本）与效益的比较，即费用-效益分析或称成本效益分析。费用-效益分析是经济决策的有用工具，也是环境决策的有用工具。一般的费用-效益分析是在经济系统内部进行的分析，然而环境费用-效益分析是在经济与环境大系统中进行的。环境费用-效益分析比较的是环境保护成本与环境保护效益，环境保护成本以货币为单位，要求环境保护效益也以货币单位来表述，才可能比较。环境保护的效益直接体现为环境质量改善，是以实物单位来表述的，为了便于与环境保护成本进行比较，必须将环境质量的改善货币化，即计量环境质量改善减少的环境污染的经济损失，就是环境保护效益。行动方案环境费用-效益分析的程序见图 2-6。环境污染损失的计量是环境费用-效益分析的关键，也是主要的难点。

（1）弄清问题。环境费用-效益分析的任务是评价解决某一环境问题各方案的费用与效益，然后通过比较，从中选出效益大于成本的方案，或者选出净效益最大的方案。因此，首先要弄清费用-效益分析的对象，问题的性质、程度、涉及的地域和各解决方案的基本情况，才可能进行分析比较。

（2）效益分析。环境问题解决的效益在于改善环境质量，恢复或提高环境功能，从而减少环境污染带来的经济损失。因而，计量解决环境问题各方案的效益要从环境功能分析出发，建立环境污染与环境功能损害的剂量反应关系，通过剂量反应关系计量各方案环境质量改善程度减少的环境污染经济损失，即产生的效益，如果产生的效益具有时间延续性，还要计算效益的现值。

（3）费用分析。计算各方案的费用，包括设施投资和设施运行费用。如果发生的费用具有时间延续性，还要计算费用的现值。

（4）费用与效益的比较。比较各方案费用与效益（或现值），计算出各方案的净效益的现值，找出净效益最大的方案。

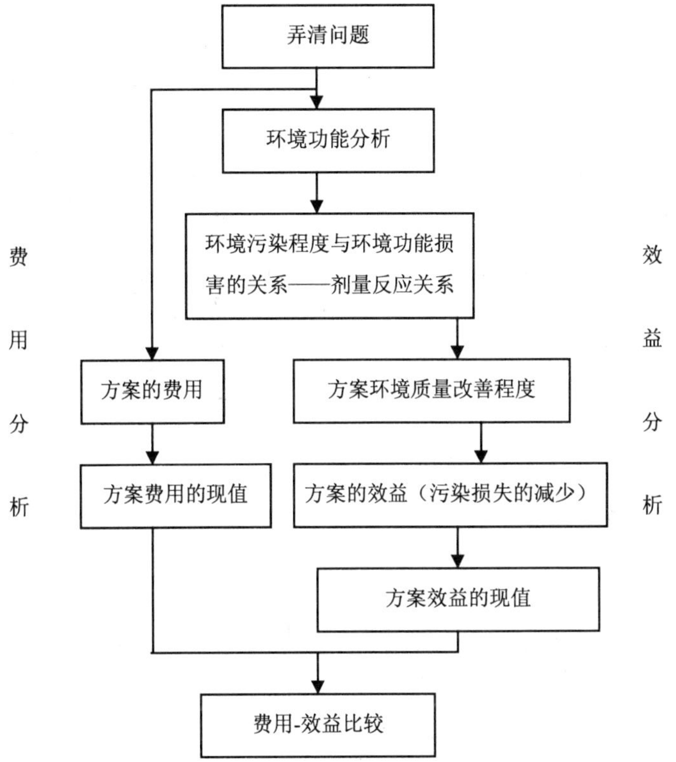

图 2-6　环境费用-效益分析步骤

2.4.4 费用-效益分析实例——美国清洁空气法的费用-效益分析

美国清洁空气法的费用-效益分析的框图见图 2-7。

（1）情景开发。根据法律要求将要求具体细化，例如：①VOC

和 NO_x 污染控制，采用适用控制技术（Reasonably Available Control Technology，RACT）；②机动车和非道路引擎到达清洁空气法规定的要求；③2～4 年后达到最佳可行技术（Maximum Achievable Control Technology，MACT）标准；④实现法律规定的 SO_2 和 NO_x 控制计划；⑤空气污染源通过法律认证系统的考核。

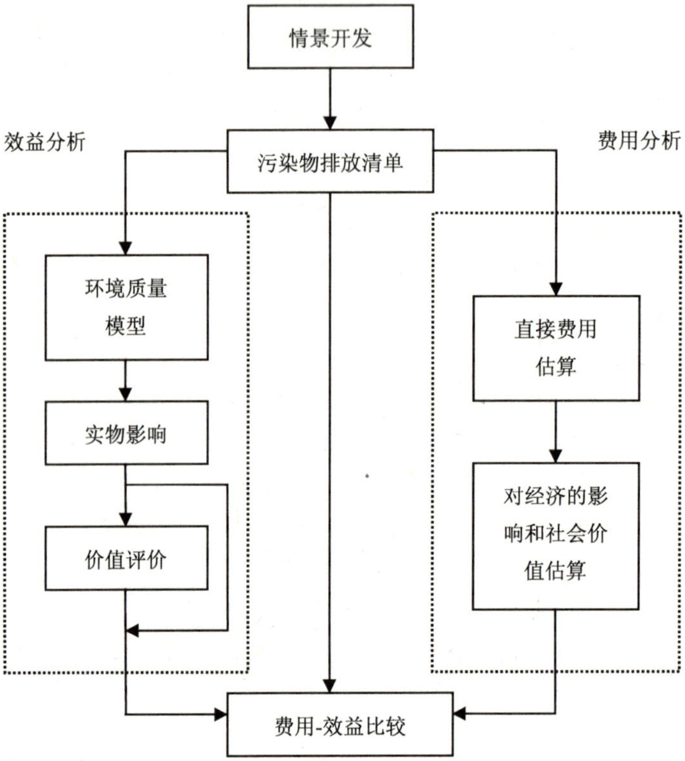

图 2-7　美国清洁空气法费用-效益分析框图

（2）污染物排放清单。根据细化的要求预测污染物的排放情况。

（3）环境质量模拟。根据污染物排放情况利用环境质量模型模拟采取措施和不采取措施的环境质量情况。

（4）实物影响。根据环境质量的情况，利用暴露反应关系，估算采取措施后将减少的实物危害。

（5）价值评价。将减少的实物危害货币化，得到实现法律要求的效益。

（6）直接费用估算。根据细化的要求计算需要的直接费用。

（7）对经济的影响和社会价值估算。除了计算直接费用外，还估算了直接费用对经济发展的影响和社会成本。

（8）费用-效益比较。将执行法律预测的费用与效益进行比较。

分析的结果见表 2-2，从表中可以看出美国清洁空气法的费用与效益之比为 1∶4 左右。效益是非常明显的。

表 2-2　美国清洁空气法费用-效益分析结果（1990 年价格）

单位：百万美元

费用与效益	年度估算		现值
	2000	2010	（2000—2010 年）
费用			
要求 1	8 600	14 500	85 000
要求 2	7 400	9 000	65 000
要求 3	780	840	6 600
要求 4	2 300	2 000	18 000
要求 5	300	300	2 500
费用合计	19 000	27 000	180 000
效益			
避免死亡效益	63 000	100 000	610 000
避免疾病效益	5 100	8 000	49 000
生态和福利效益	5 100	5 000	50 000
效益合计	71 000	110 000	690 000
效益与费用比	3.7	4.1	3.8

参考文献

[1] 马中. 环境与资源经济学概论. 北京：高等教育出版社，1999.

[2] A. 迈里克 • 弗里曼 III. 环境与资源价值评估——理论与方法. 曾贤刚，译. 北京：中国人民大学出版社，2002.

[3] M. 梅纳德 •哈弗斯密特，等. 环境、自然系统和发展——经济评价指南. 过孝民，等译. 北京：烃加工出版社，1988.

[4] 建设部标准定额研究所. 建设项目经济评价参数研究. 北京：中国计划出版社，2004.

[5] 同济大学，建设部标准定额研究所. 政府投资项目经济评价方法与参数研究. 北京：中国计划出版社，2004.

[6] Kseniya Lvovsky，Gordon Hughes，et al. Environmental Costs of Fossil Fuels -A Rapid Assessment Method with Application to Six Cities. October 2000，The World Bank.

[7] Jitendra J.Shah，Tanvi Nagpal，Carter J.Brandon，et al. Urban Air Quality Management Strategy in Asia—Guidebook. 1997，The World Bank.

[8] James DeMocker. Benefits and Costs of the Clean Air Act 1990—2020：Revised Analytical Plan For EPA's Second Prospective Analysis. Office of Policy Analysis and Review U.S. Environmental Protection Agency，2003.

第3章 环境功能退化价值量的评价方法

环境资源的价值寓于环境功能之中，人类活动污染了环境，就破坏了环境功能，使环境功能退化，因而减少了环境的价值。环境功能退化价值是指环境被污染或破坏后，环境价值的减少。环境决策往往关心的问题是采取某一个行动或计划，或实施某一项政策后，能够带来多少环境效益，即环境功能退化价值量的减少。所以，我们讨论的问题不是环境价值的存量，而是环境被污染或破坏后环境价值的减少部分，即环境价值的流量。

3.1 环境功能退化价值评估技术分类

联合国出版的《综合环境经济核算 SEEA——2003》一书中，环境功能退化价值评价方法主要有两大类：①基于成本的技术；②基于损害的技术。

3.1.1 基于成本的技术——虚拟成本法

人们的经济活动和生活活动排放了大量污染物，客观上已经使环境的功能退化了。基于成本的环境功能退化价值评价技术，是从避免环境功能的退化和恢复已被污染的环境功能两个不同的角度评价所需要投入的成本，作为环境功能退化的价值。

避免环境功能的退化又可以有结构调整和消除污染两个途径。基于成本的环境功能退化价值评价技术分类见表3-1。

表 3-1 基于成本的评估技术分类

技术	途径	方法	操作
避免成本法	结构调整	在获得同样产出的条件下，减少活动或完全节制	通常用建立模型的方法进行模拟，预测改变后的效果及其需要的成本
		在获得同样产出的条件下，改变生产或消费模式	通常用建立模型的方法进行模拟，预测改变后的效果及其需要的成本
	消除污染	在获得同样产出的条件下，替代投入或改变工艺	通过微观层次的模拟，以预测改变后的效果及其需要的成本
		虚拟处理成本	模拟对引起环境污染所排放的污染物进行处理，预测其虚拟的处理成本
恢复成本法	恢复功能	测算恢复已造成功能退化的环境需要的成本	需要因地制宜，对具体环境的具体问题，确定具体的恢复方法，才能测算恢复已造成功能退化的环境需要的成本

3.1.1.1 避免成本法

结构调整的避免成本法需要建立宏观计量经济模型，通过模型的模拟计算来比较不同情景的成本，以获得与实际经济系统同样产出而环境功能没有退化的情况下，需要多投入的成本，作为环境功能退化的成本。这种方法比较复杂，实际上也是一种虚拟的成本。

消除污染的避免成本法中替代投入或改变工艺的途径，对于一个复杂的经济系统而言，由于行业很多，每个行业又有许多工艺，操作起来也是十分复杂的。

消除污染的避免成本法中虚拟处理成本途径，假设造成环境污染所排放的污染物都进行治理，而消除污染，以增加的处理成本作为环境退化的价值。相对而言，这种方法比较简单。具体操作程序如下：

（1）弄清各种排放污染物的实物量。在宏观层次上，主要通过环境统计获得各地区、各行业、各种污染物的排放实物量。

（2）弄清各种排放污染物的具有代表性的处理方法。通过环境统计和咨询环境工程专家，确定各种排放污染物的具有代表性的处理方法。

（3）弄清各种排放污染物具有代表性处理方法的处理费用系数。可以通过抽样调查，结合环境统计，获得某种污染物的具有代表性的单位处理费用系数。

（4）计算虚拟处理成本。第（1）步获得的各种排放污染物的需要处理的实物量乘以第（2）步和第（3）步获得的相应处理技术的处理费用系数，即可得到该污染物的虚拟处理成本。

3.1.1.2 恢复成本法

由于环境的多样性，需要因地制宜，对具体环境的具体问题，确定具体的恢复方法，才能测算恢复已造成功能退化的环境需要的成本。笔者认为，这种方法对于宏观核算来讲比较困难，并不实用。

3.1.2 基于损害的技术——污染经济损失的评价方法

环境污染使环境的功能退化，损害了人们的经济活动和生活，这是实际已经发生的客观现实。基于损害的环境功能退化价值评价技术，是从环境被污染后，由于功能退化对人们的经济活动和生活造成损害的角度，来评价环境功能退化价值。通常这种技术也称为污染经济损失评价技术。这是本书的重点，本书将在后面逐步展开，详细地进行介绍。

3.1.3 讨论

我们进行环境功能退化价值的评价，目的在于使环境的外部性内在化，改善我们的经济和环境决策，指导我们的行动，采取经济有效的措施，促使经济和环境的协调发展。进行国民经济核算体系改革，建立绿色国民经济核算体系的根本目的，也不是改变核算体系的本身，而是改变人们的行为。采取措施、改变行为是需要成本的，问题的关键是投入的成本能够得到多少效益，成本和效益的分析和比较是决定采取措施是否科学的试金石。

基于成本的环境功能退化价值评价技术比较简单、信息比较容易获取，但是它只能给人们提供采取措施的成本，没有揭示采取措施可以得到的效益。如果以这个技术评价的环境功能退化价值作为采取措施可以得到的环境改善效益，其效益费用比为 1。这种方法告诉我们的是，不采取措施造成的环境功能退化价值与采取措施需要投入的成本相等，那就是说：采取措施与不采取措施结果是一样的。实际上基于成本的评价技术，估计的是环境功能退化价值的底线，与环境功能退化实际发生的损害有较大的差异。

基于损害的环境功能退化价值评价技术针对环境功能退化对经济活动和人民生活造成的危害进行评价，揭示的是现实环境功能退化造成的危害价值损失，如果采取措施环境功能退化造成的危害价值损失可以减少多少，即可以得到多少效益。这个效益与采取措施需要的成本加以比较对我们科学决策是十分有用的。虽然基于损害的环境功能退化价值评价技术比较复杂，并且有一些问题至今仍然没有科学的解决方法，但是近 10 多年来，国内和国际在方法论上的研究已经取得了较大的进展，为基于损害的环境功能退化价值的评价提供了技术支持。本书介绍的是基于损害的环境功能退化价值评价——环境污染经济损失的理论与方法点。

3.2 环境污染经济损失估算的步骤

通常，污染经济损失估算有 6 个步骤（污染经济损失估算的程序见图 3-1）：

（1）确定污染因子和危害对象。

（2）弄清污染状况和污染覆盖面。

（3）建立污染危害的暴露反应关系。

（4）调查和统计在污染暴露区受污染危害对象的数量。

（5）通过（3）和（4）项，估算污染的实物危害。

（6）将实物危害转化为货币损失。

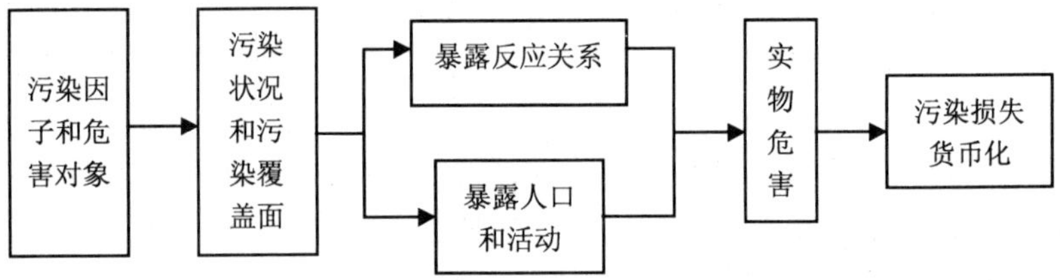

图 3-1 污染经济损失估算的程序框图

3.3 环境污染经济损失估算的对象和污染因子

3.3.1 环境污染经济损失的估算对象

确定环境污染影响的主要对象是环境污染损失计量的前提，只有明确了环境污染影响的主要对象才能抓住重点，有的放矢。确定环境污染的影响要从环境质量的功能出发，环境的功能主要有 3 类：①为人类生存提供赖以生存的基本要素，如高质量的空气和水，以保障健康；②为一切生态系统的存在提供必要的基础，例如保障森林生态资源正常生长的空气；③环境作为生产力的重要因素，为工农业生产提供必不可少的基本要素。

环境质量的好坏，直接影响人类的生存、生态系统的存在和工农业生产。污染经济损失估算通常涉及的范畴见表 3-2 污染经济损失矩阵。

表 3-2　污染经济损失矩阵

环境问题	人体健康	农业	森林	牧业	渔业	土地	水资源	材料	工业	劳务与消耗
大气污染										
SO_2	√	√	√					√		
TSP（PM_{10}）	√	√								√
F				√						
酸雨		√	√		√	√		√		
臭氧	√	√	√							
铅	√	√								
水污染	√	√		√	√	√	√		√	
固体废物污染						√				
噪声污染	√									

确定环境污染影响的主要对象要遵循以下原则：

- 因地制宜。虽然中国的环境问题有其普遍性，但是不同地区的环境问题不尽相同，确定环境污染影响的主要对象要根据各地的特点，不可照搬照套。
- 突出重点。环境问题有多种多样，但是具体地区的环境问题有自己的重点，计算环境污染损失要根据各自的环境问题和经济社会特征，抓住自己的主要问题，不必样样都算，事倍功半。在本地环境污染损失计算有一定基础，掌握了环境污染损失的结构比例后，可以主要计算贡献较大的几种污染损失进行快速计算。
- 具备科学计算的基础。环境污染损失计算需要许多基础科学的支持，例如计算中需要的暴露反应关系，只有具备了这些条件计算才可能进行，否则计算缺乏科学性，结果不可信，意义就不大了。
- 具备信息和数据的支持。环境污染损失计算需要大量的环境和社会、经济数据，只有具备了这些数据来源，计算方为可能，否则巧妇难为无米之炊。

3.3.2 环境污染因子

3.3.2.1 大气污染因子

SO_2、PM_{10} 对健康的影响。大量的研究表明，空气污染对人类的健康及人力资源的生产力均有有害的影响。颗粒物（TSP、PM_{10}、$PM_{2.5}$）、SO_2 和 NO_2 通过损害呼吸和心血管系统来影响人类健康，并可能增加死亡率和发病率，但很难分清每种污染物的作用。美国的研究表明，虽然其他空气污染物可能也有影响，但小颗粒（PM_{10} 和 $PM_{2.5}$）是呼吸及心血管系统疾病的暴露-反应关系中的重要因子，在死亡率的研究中表现得非常充分。在欧洲研究中发现除颗粒外的其他空气污染物，特别是 SO_2 和 NO_2 也有关系。中国 20 世纪八九十年代的研究表明，虽然 SO_2 作为较好的指标的证据较少，但 SO_2 与健康的关系比与颗粒物的关系更近。

当评价污染的经济影响时，通常我们要找到主要影响因子。究竟 PM_{10}、SO_2、NO_x 中哪一种是影响人体健康的主要因素？不同国家的研究有不同的结果。美国和欧洲的研究通常把 PM_{10} 作为有关影响的更精确的指标，但是空气污染生成物（PM_{10}）的成分十分复杂。中国的 SO_2 浓度很高，一些案例（如沈阳、重庆）也表明 SO_2 和 TSP 对人体健康都有影响。因此中国趋向于将 SO_2 和 TSP 作为主要影响因素。颗粒物，特别是可吸入颗粒物，PM_{10} 和 $PM_{2.5}$，与硫酸盐形成雾状微粒有一定关系，因而 PM_{10} 和 SO_2 对健康的危害并不是两者之和。不同城市的环境问题不同，可以因地而异，选择危害最大的一个作为评价污染物。文献通常建议不将 PM_{10}、SO_2、NO_x 的影响叠加进来，可以独立地计算 SO_2、PM_{10}（可能存在）的影响，找到其中（SO_2 和 PM_{10}）的最大计算值作为环境损失的指标。鉴于我国相关研究中采用的环境质量监测的颗粒物指标是 TSP，不是 PM_{10}，必须将 TSP 转换为 PM_{10}。美国研究采用的转换系数为 0.55。我国的研究表明不同城市的转换系数不同，特别是南北方城市有明显差异。因此选用转换系数时要慎重。

酸雨和 SO_2 对农业、材料和森林的影响。国内外的大量研究表明酸雨和 SO_2 对农业、材料和森林都有明显的危害。NO_x 对人体健康的影响不是重点，但是 NO_x 是酸雨的重要组成部分，也应该考虑。

目前，我国的酸雨是以硫酸盐型为主，损失计算中的暴露反应关系是在 1990 年代获得的，所以主要考虑酸雨和 SO_2。但是，随着我国经济的发展和汽车保有量的快速增长，NO_x 和硝酸盐对酸雨的贡献越来越大，需要尽快更新酸雨污染的暴露反应关系。

除了 SO_2 和 PM_{10} 的影响外，还有臭氧和铅的影响。铅对健康的影响在文献中阐述得比较多，但是我国的数据有限，作全国的计算有困难。美国和欧洲的研究表明，O_3 对农作物有明显的负面影响，但是我国缺乏 O_3 的例行环境监测，无法开展全国性的计算，在有条件的城市和地区应当考虑纳入计算。

此外，F 对牧草有影响，进而影响了畜牧业。由于 F 污染属于局部地区的污染，在全国计算中影响不大，但是在部分地区还是应该考虑的。

SO_2、TSP（PM_{10}）、NO_x、CO、O_3 对人体健康、材料、土壤和生态系统的影响（表 3-3）。

表 3-3 空气污染物影响矩阵

影　　响	SO_2	TSP（PM_{10}）	NO_x	CO	O_3
人体健康					
死亡率	√	√	no	√	√
发病率	√	√	√	no	√
材料					
钢	√	no	（√）	no	no
砖石	√	no	（√）	no	no
生态系统（森林……）	√	no	√	no	√

注：√——有影响；（√）——预期有影响但无经验证实；no——不知有无影响。

3.3.2.2 水污染因子

水污染因子繁多，对人类健康和活动的影响也不尽相同。评价水污染的经济损失时，有以下几种方法可供选择：

（1）一般水污染评价的综合指数。

$P_j=\sum_i(C_{ij}/C_{ij}^0-1)/n$　　$i=1, 2, \cdots, n$;　$j=\text{I}, \text{II}, \cdots, \text{V}$

其中，P_j 是 j 类水的综合污染指数；C_{ij} 指污染物 i 的年平均浓度值；C_{ij}^0 是在 j 类水中污染物 i 的标准浓度值。水质综合污染指数分类见表 3-4。

表 3-4　水污染综合指数

P	≤0.20	0.21～0.40	0.41～0.70	0.71～1.0	1.01～2.0	>2.0
水质	好	良好	轻度污染	中度污染	重度污染	严重污染

（2）污水灌溉评价的综合指数。在污水灌溉的影响评价中，我国采用的综合指数，以农灌标准为基础，同时考虑超标最大的污染物应有较大的权重，定义如下：

$$P_{综}^{*}=\sqrt{\frac{\left(\frac{\sum_{i=1}^{n}c_i/c_i^0}{n}\right)^2+\left[\max\left(\frac{c_i}{c_i^0}\right)\right]^2}{2}}$$

式中：c_i——污染物 i 的年平均浓度；

c_i^0——污染物 i 的农灌水质标准浓度；

n——污染物种类。

（3）健康危险度评价的重点污染物。不同的水污染物对人体健康危害的程度相差颇大，对健康危害较大的重金属和细菌（如大肠杆菌）在采用健康危险度评价法拟合时应该分别作为自变量，会获得较大的相关系数。

3.4 污染危害的阈值和暴露反应关系

污染危害的暴露反应关系是指环境污染程度与受体因污染而产生危害的数量关系，开始出现危害的污染物浓度即被称为污染危害的阈值。

3.4.1 污染危害的阈值

一般来讲，环境污染对人类自身和活动的危害，在污染物浓度低的情况下没有或基本没有危害，当污染物浓度达到一定数值时才有危害，开始出现危害的污染物浓度即被称为阈值。达到阈值以后，污染危害随着污染物浓度的增加而加大。污染的实物危害与污染物浓度的函数关系被称为污染危害的暴露反应关系。通常，污染危害的阈值和暴露反应关系有如图 3-2 所示的 3 种形式。

A 型：无阈值，直线关系。

B 型：有阈值，直线关系。

C 型：在很低的污染物浓度暴露下，只影响较敏感的个体，大多数个体在高暴露时才有影响。C 型暴露反应关系，往往在污染对健康的危害中发生，如在很低的污染物浓度暴露下，只影响儿童、老人和体弱的人，而大多数人在高暴露时才有影响，又没有清晰的阈值（Less well-defined threshold）。

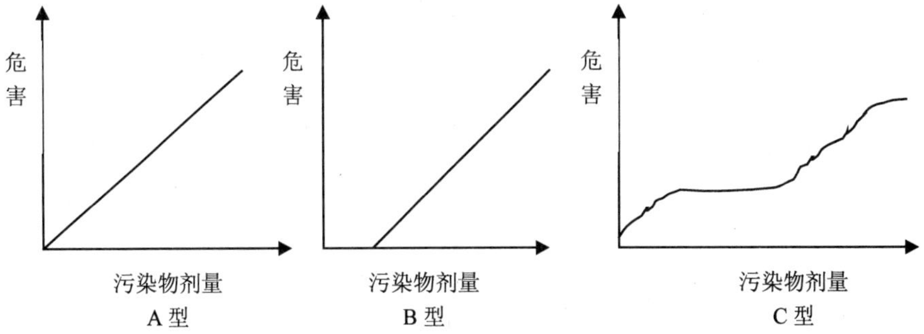

图 3-2　暴露-反应关系的 3 种形式

在确定阈值和暴露反应关系的实践中，由于有些污染危害的阈值和暴露反应关系有明显的不确定性，阈值有一个较大的置信区间，实际工作中往往不用没有可观察到危害的剂量作为阈值（污染程度），而应用污染造成危害程度 5%的剂量（污染程度）为阈值，确切地讲应该是有危害的起点。如在污染健康影响的研究中，应用危害反应的 5%为基准，称为基准剂量方法（Benchmark Dose Approach）；污染对农作物的暴露反应关系也以污染造成危害程度 5%的剂量（污染程度）为阈值（有危害的暴露反应关系的起点）。

3.4.2 暴露反应关系

污染危害的暴露反应关系是污染经济损失估算的关键之一。暴露反应关系的获得，不同领域的方法不尽相同，通常有以下一些方法：

（1）科学实验。如酸雨对材料的腐蚀危害，可以通过在发生酸雨的地区的材料挂片实验，实际测定酸雨对材料的腐蚀速度。SO_2 对农作物的危害，可以通过烟雾箱模拟不同污染物浓度下，测定对农作物产量的危害。

（2）对比调查。如调查大气质量清洁区和大气污染区暴露人群或活动危害程度的差别，来确定污染程度与危害程度的关系。

（3）流行病学研究方法，是确定环境污染对人体健康危害暴露反应关系的常用的方法。主要有队列研究、生态学研究和时间序列研究。队列研究、生态学研究主要研究环境污染对健康的长期效应，而时间序列研究主要研究环境污染对健康的短期效应。

（4）队列研究（Cohort study）又称为定群研究，是指在一定人群中选择暴露和未暴露于某个研究因素的两组人群（队列），对两组人群随访观察一定的时间，收集相关的环境暴露和健康结局数据，比较两组人群所研究的健康结局事件的发生状况（一般采用发病率或死亡率）的差异，从而判断环境暴露因素与疾病关系，建立健康效应与污染水平的暴露反应关系的一种研究方法。队列研究根据随访观察的时间分为前瞻性队列研究、回顾性队列研究和双向性队列研究。前瞻性队列研究，观察开始时健康结局没有发生，随访观察随时间的推移观察对象健康状况的变化；回顾性队列研究，观察开始时健康结局已经发生，回顾调查观察对象在过去一段时间内的环境暴露和健康状况的变化；双向性队列研究，观察开始时健康结局已经发生，首先开展回顾性调查，通过分析初步得到环境暴露因素与疾病关系，以建立健康效应与污染水平的暴露反应关系。

（5）生态学研究，亦称对比调查研究或横断面研究。是描述性流行病学研究方法的一种。它是在群体水平上研究环境因素与疾病之间的关系，即是以群体为观察、分析单位，通过描述不同地点或不同时间的人群中环境因素的暴露情况与疾病的频率，在控制有关的变量前提下，回归分析该环境因素与疾病的关系，以建立健康效应与污染水平的暴露反应关系。

（6）时间序列研究。是用同一地点（区域）的、时间系列的（通常是每天的）环境污染和相应的健康效应数据，在控制有关的变量前提下进行统计回归分析，以建立健康效应与污染水平的暴露反应关系。

（7）Meta 分析方法。Meta 分析是美国人 Eugene Glass 发明的，Eugene Glass 称它为统计分析的统计分析。Meta 分析是在系统性综述已有研究时，应用一种或多种统计技术从现有的许多较小的、独立研究结果的数据库中合并多个独立的研究结果，挖掘更多的信息所使用的统计方法。它可以将针对同一问题的，多个独立的研究结果进行定量统计分析。我们把不同作者对相同问题在同样假设条件下进行的研究可以看作从同一总体中进行抽样得到的一个随机样本，如果他们都是按照相同的设计得到的研究结果，并且我们可以找到每一项研究的结果，这样就可以根据上面的原理通过统计分析得到一个更为可靠的结果。Meta 分析的主要步骤：

- 文献搜索。
- 确定文献纳入 Meta 分析的准则。
- 从纳入文献中记录数据。
- 数据的统计分析。

统计分析的通常的做法是，以每个研究结果的标准差平方的倒数为权重，将所有选中的研究结果（样本）加权平均，以这个结果作为最终的综合性结果。

3.5 生命质量的评价方法

环境污染对人体健康的负效应损害了生命质量，增加了社会的卫生负担，因而生命质量的评价成为环境污染对人体健康影响评价的重要内容。下面介绍生命质量评价的有关指标和计算方法。

3.5.1 潜在减寿年

3.5.1.1 潜在减寿年的定义

潜在减寿年数（Potential Years of Life Lost，PYLL）是指某疾病、某年龄组人群死亡者的期望寿命（又称预期寿命，指同时出生的一代人活到某一年龄时，尚能生存的平均年数）的总和，即指死亡所造成的寿命损失。以期望寿命为基础，计算不同年龄死亡造成的潜在寿命损失年。强调了早死对健康的影响，定量地估计了疾病造成早死的程度。

3.5.1.2 潜在减寿年的计算公式

PYLL 计算是对每例死亡计算死亡年龄的期望寿命年，再取总和。其计算公式：

$$\mathrm{PYLL} = \sum_{i=1} a_i d_i$$

式中：i——年龄组（通常计算其年龄组中值）；

a_i——i 年龄组的期望寿命年；

d_i—— i 年龄组的死亡人数。

为了避免死亡年龄不同所造成的影响，以便能更加合理地反映和评价疾病造成的死亡负担，1982 年美国疾病控制中心（CDC）提出应用潜在减寿年数这一指标。潜在减寿年数是根据死亡年龄对期望寿命有明显影响，当平均死亡年龄大时，期望寿命较小；反之，当平均死亡年龄小时，期望寿命则较大这一原理提出。这一指标在考虑死亡数量的基础上，以期望寿命为基准，进一步衡量死亡造成的寿命损失，强调了早亡对健康的损害。用潜在减寿年数来评价疾病对人群健康影响的程度，能消除死亡者年龄构成的不同对预期寿命损失的影响。

PYLL 是人群疾病负担测量的一个直接指标，也是评价人群健康水平的一个重要指标。通过比较各种不同原因所致的寿命减少年数，可反映出各种死因对人群的危害程度。此外，在卫生事业管理中筛选确定重点卫生问题或重点疾病时，潜在减寿年数是一个很有用的指标，同时也适用于防治措施效果的评价和卫生政策的分析。

该研究方法的优点是计算简便、易于理解、结果直观。潜在减寿年数不仅可用于了解居民过去和现在的卫生健康水平，对卫生防疫工作的设计，计量和估计也是必需的。

3.5.1.3 大气污染引起的过早死亡平均潜在减寿年数（t）的确定

潜在减寿年是指一个人的死亡年龄的期望寿命，然而不同疾病的平均死亡年龄不同，城市和农村的期望寿命也有区别。大气污染与呼吸系统和循环系统疾病中的心脑血管疾病密切相关，同时在我国污染主要集中在城市地区，下面举例分析这类疾病对城市居民的寿命影响。

以 2000 年人口普查中的城市人口数据结合寿命表计算出城市居民的年龄别平均期望寿命（表 3-5）。以中国卫生统计中各年龄疾病别死亡率和人口数据计算出疾病别死亡人数构成，乘以年龄别平均期望寿命，求和后相除得出总人口的疾病别平均损失寿命年（表 3-6）。

表 3-5　我国 2000 年第五次人口普查城市居民简略寿命表

年龄组/岁 X～	平均人口数/人 $_nP_x$	实际死亡人数/人 $_nD_x$	年龄组死亡率/% $_nM_x$	死亡概率/% $_nQ_x$	尚存人数/人 l_x	死亡人数/人 $_nd_x$	生存人年数/（人·a） $_nL_x$	生存总人年数/（人·a） T_x	平均期望寿命/岁 e_x
0～	2 632 639	24 107	0.009 157	0.009 157	100 000	916	99 222	7 878 644	78.79
1～	10 444 920	6 657	0.000 637	0.002 546	99 084	252	395 833	7 779 422	78.51
5～	15 139 090	4 975	0.000 329	0.001 642	98 832	162	493 754	7 383 590	74.71
10～	20 312 108	5 583	0.000 275	0.001 373	98 670	136	493 010	6 889 835	69.83
15～	27 604 517	7 847	0.000 284	0.001 420	98 534	140	492 321	6 396 825	64.92
20～	27 560 199	13 363	0.000 485	0.002 421	98 394	238	491 376	5 904 504	60.01
25～	31 205 483	19 294	0.000 618	0.003 087	98 156	303	490 023	5 413 128	55.15
30～	31 358 097	24 730	0.000 789	0.003 935	97 853	385	488 303	4 923 105	50.31
35～	28 770 346	31 184	0.001 084	0.005 405	97 468	527	486 023	4 434 802	45.50
40～	22 500 579	39 205	0.001 742	0.008 674	96 941	841	482 604	3 948 779	40.73
45～	20 860 546	51 636	0.002 475	0.012 300	96 100	1 182	477 546	3 466 176	36.07
50～	14 481 727	56 522	0.003 903	0.019 326	94 918	1 834	470 005	2 988 629	31.49
55～	10 342 367	66 547	0.006 434	0.031 663	93 084	2 947	458 051	2 518 624	27.06
60～	9 911 383	108 435	0.010 940	0.053 246	90 137	4 799	438 684	2 060 573	22.86
65～	8 172 951	154 456	0.018 898	0.090 229	85 337	7 700	407 436	1 621 889	19.01
70～	5 614 671	181 853	0.032 389	0.149 814	77 637	11 631	359 108	1 214 453	15.64
75～	3 264 844	168 963	0.051 752	0.229 118	66 006	15 123	292 223	855 345	12.96
80～	1 591 536	135 944	0.085 417	0.351 932	50 883	17 907	209 646	563 122	11.07
85～	864 685	80 666	0.093 289	1.000 000	32 976	32 976	353 476	353 476	10.72

注：数据根据 2000 年中国第五次人口普查全国城市分年龄、性别的死亡人口状况（1999.11.1—2000.10.31）整理。

寿命表是根据特定人群的年龄组死亡率编制出来的一种统计表。假定有同时出生的一代人（一般为 10 万人），按照一定的年龄组死亡率先后死去，直到死亡为止，用寿命表方法可以计算出（见寿命表中的计算）这一代人在不同年龄组的“死亡概率”、“死亡人数”及其刚满某年龄时的“尚存人数”等指标。由于寿命表是根据年龄组死亡率计算出来的，寿命表中各项指标不受人口年龄构成的影响。本次计算是依据简略寿命表计算出来的，人群的年龄组距是五岁，但零岁作为一个独立组。优点是年龄分组少，每个年龄组人口数较多，年龄组死亡率较稳定，在卫生统计中比较常用。

简略寿命表的编制步骤如下：

（1）年龄分组。0～岁、1～岁、5 岁开始年龄组距为 5，85 岁及以上合并为最后一个年龄组。

（2）年龄组死亡率。按公式 ${}_nM_x={}_nD_x/{}_nP_x$ 求。

（3）死亡概率。表示 X～尚存者在今后一年或 n 年内死亡的可能性。0～岁组死亡概率 Q_0 用婴儿死亡率代替。其他组 ${}_nQ_x=2\times n\times{}_nM_x/(2+{}_nM_x)$，$n$ 为年龄组距数，最后一组的死亡概率取为 1。

（4）尚存人数与死亡人数。令 $l_0=10\ 000$，$d_0=l_0\times Q_0$，$l_1=l_0-d_0$，${}_nd_x=l_x\times{}_nQ_x$，$l_{x+n}=l_x-{}_nd$。

（5）生存人年数。0～岁组 $l_0=l_1+0.15\times d_0$（系数 0.15 为我国的经验系数），${}_nL_x=n\times(l_x+l_{x+n})/2$，最后一个年龄组的生存人年数 $L_w=l_w/m_w$，其中 l_w 为最后一组的尚存人数，m_w 为死亡统计中最后一组的死亡率。

（6）生存总人年数。$T_x=T_{x+n}+{}_nL_x$。

（7）平均期望寿命。$e_x=T_x/l_x$。

表 3-6　污染引起早死平均潜在减寿寿命年数的计算表

年龄	平均期望寿命/岁	呼吸系统疾病小计		心脏病		脑血管病	
		死亡人数/人	潜在减寿年*死亡人数/人	死亡人数/人	潜在减寿年*死亡人数/人	死亡人数/人	潜在减寿年*死亡人数/人
0～	78.79	1 680.41	132 393.79	266.69	21 011.27	89.25	7 031.41
1～4	78.51	518.07	40 675.18	130.56	10 250.80	21.93	1 722.13
5～9	74.71	237.68	17 756.99	68.13	5 089.58	9.08	678.61
10～14	69.83	138.12	9 644.70	138.12	9 644.70	30.47	2 127.51
15～19	64.92	195.99	12 723.77	229.12	14 874.26	99.38	6 451.49
20～24	60.01	253.55	15 215.41	548.45	32 911.59	212.21	12 734.64
25～29	55.15	480.56	26 502.25	964.25	53 176.60	436.88	24 092.96
30～34	50.31	987.78	49 696.39	2 019.46	101 601.51	1 153.98	58 058.01
35～39	45.50	1 274.53	57 991.06	3 279.82	149 232.08	2 359.17	107 342.37
40～44	40.73	1 797.80	73 231.00	4 369.61	177 990.75	4 169.36	169 833.60
45～49	36.07	3 519.17	126 930.67	7 359.60	265 448.36	8 821.92	318 191.93
50～54	31.49	4 903.51	154 393.74	8 674.55	273 130.10	10 787.44	339 657.12
55～59	27.06	6 598.43	178 537.66	9 180.92	248 413.60	12 547.36	339 501.39
60～64	22.86	14 205.99	324 757.07	16 643.19	380 473.08	21 818.92	498 793.14
65～69	19.01	25 778.30	489 933.95	29 385.85	558 497.67	36 225.79	688 495.36
70～74	15.64	41 228.53	644 924.21	39 312.80	614 957.14	47 827.45	748 148.97
75～79	12.96	46 403.88	601 328.17	40 830.47	529 104.65	48 111.39	623 455.11
80～85	11.07	41 399.67	458 171.04	34 687.21	383 884.08	36 150.15	400 074.47
85～	10.72	36 785.43	394 314.94	31 578.30	338 497.99	25 073.53	268 771.30
合计		228 387.42	3 809 121.98	229 667.09	4 168 189.83	255 945.66	4 615 161.51
平均潜在减寿年		16.68		18.15		18.03	

注：死亡人数根据中国第五次人口普查数据和卫生统计疾病别死亡率计算得出。

从表 3-6 可知，我国呼吸系统疾病、心脏病、脑血管疾病死亡的总平均损失寿命年分别为 16.68 年、18.15 年和 18.03 年。

3.5.2 失能调整寿命年

3.5.2.1 失能调整寿命年的定义

失能调整寿命年（Disability Adjusted Life Year，DALY）是指从发病到死亡所损失的全部健康寿命年，包括因早死所致的寿命损失年（Years of Life Lost，YLL）和疾病所致失能引起的健康寿命损失年（Years Lived with Disability，YLD）两部分，即

$$DALY = YLL + YLD$$

失能调整寿命年（DALY）是一个定量计算因各种疾病造成的早死与残疾对健康寿命年损失的综合指标，是对疾病死亡和疾病失能而损失的健康寿命年的综合测量。

世界银行、世界卫生组织与美国哈佛大学合作，自 1993 年开始着手这方面的研究，并于同年第一次提出了可以根据年龄、性别与区域进行分组的综合描述死亡与伤残负担的伤残调整生命年，并应用其对世界各国的疾病总负担进行了初步测算。自那以后，哈佛大学 DALY 研究小组对其方法不断发展完善，最近几年，又把死亡率、患病率与其他非致命性健康结果纳入这一指标。在国际范围内进行卫生政策研究与决策，人们对其的兴趣与日俱增。世界卫生组织在 2000 年全球疾病负担测算中，仍然使用了该指标，但具体测算方法与目的等方面都有了新的发展，方法更趋成熟。

3.5.2.2 影响 DALY 的因素

影响 DALY 的主要因素有：

（1）失能持续的时间。根据 DALY 的定义，DALY 是指从发病到死亡所损失的全部健康寿命年，这是一个时间积累过程。失能的发病时间和死亡时间，即失能的持续的时间对 DALY 的大小影响很大，数学表达式为积分函数。

（2）失能权重。即与非死亡状态有关的失能或痛苦的程度，它既包含物理损害，也包含心理损害。各种疾病或伤残根据各自的失能或痛苦的程度，有不同的失能权重。按国际惯例，失能权重在 0～1 之间，健康为 0，死亡为 1，分为 6 个级别（表 3-7）。特定疾病的失能权重数值需要由专家根据病情确定。

表 3-7　失能程度的分级和权重

失能等级	描　述	权重
1	以下领域内至少有一项活动受限：娱乐、教育、生育、就业	0.096
2	以下领域内至少有一项活动大部分受限：娱乐、教育、生育、就业	0.220
3	以下领域内至少有两项或两项以上活动受限：娱乐、教育、生育、就业	0.400
4	以下所有领域大部分活动受限：娱乐、教育、生育、就业	0.600
5	日常活动如做饭、购物、做家务均需借助工具的帮助	0.810
6	日常活动如做饭、个人卫生及大小便需别人帮助	0.920

在 DALY 计算中应用的失能权重定量表述了不同健康状态的社会偏好，但是权重不能代表任何失能或健康状态的生活体验，也不意味着对失能或健康的人的任何社会价值。更恰当地讲，权重说明的是健康状态与社会理想的良好健康状态的比较。因而，瘫痪的权重为 0.57 不意味着一个人生活在这种状态下等于一半死亡，不意味着他体验着生和死之间的半途生活，不意味着社会对他们价值评价小于“健康”的人。它意味着，从平均而言，社会判断失明的一年（权重为 0.43）好于瘫痪一年（权重 0.57）。瘫痪一年好于持续抑郁症（权重为 0.76）。它也意味着社会宁愿健康的生活一年而死去，而不是瘫痪一年而死去。社会宁愿瘫痪 3 年后死去（损失健康寿命年 3×0.57=1.7），而不愿意健康地生活一年后死去（损失健康寿命两年）。

全球疾病负担（GBD）研究 1990 年组织了一个医务和公共健康专家组制定了对疾病严重程度和健康状态以及疾病持续时间的评价。

（3）年龄权重。年龄权重表明对不同年龄健康生活重要性的选择。在 GDB 研究中，年轻的成人比老年人或幼年的权重大。这种选择是基于一些专门的研究，该研究指出年轻成人生活一年的价值高于幼儿或老年人（Institute of Medicine，1986；Murray，1996）。

WHO（1994）GDB 报告的权重计算公式如下：

年龄权重函数　　$A-W=C\times e^{-\beta x}$

式中：$A-W$——年龄权重函数；

β——常数，由 WHO（1994）研究确定为 0.04；

x——年龄；

e——常数，2.71；

C——常数，由卫生经济方面专家研究确定，WHO 在计算世界各国疾病负担中确定该系数为 0.165 8。

（4）时间偏好。按照标准的经济学理论，今天获得健康比未来获得健康更重要，未来获得健康与今天获得的健康进行比较或加和时，要将未来获得的健康价值用贴现率打折扣，这就是时间偏好。WHO 在计算世界各国疾病负担时应用的贴现率为 3%。贴现函数：

$$PV = \exp[-r(x-a)]$$

式中：PV——贴现函数；

r——贴现率，取 0.03；

x——年龄；

a——发病起始年。

3.5.2.3 失能调整生命年的计算公式

某人在年龄 a 时发病，年龄为 x 时的 DALY 损失用下列公式计算：

$$\text{DALYs}(x)=D[(C\cdot\exp(-\beta x)]\{\exp[-r(x-a)]\}$$

式中：D——失能权重，0～1；

C——常数，由 WHO 组织专家确定，为 0.165 8。

根据 DALY 的定义，一个患失能疾病的人损失的 DALY 是在疾病持续时间累积的损失，计算公式如下：

$$\text{DALY}=\int_{X-a}^{X-a+L} DC\mathrm{e}^{-\beta X}\mathrm{e}^{-r(X-a)}\mathrm{d}x$$

积分公式可转化为：

$$\text{DALY}=-D\cdot[C\cdot\exp(-\beta\cdot a)/(r+\beta)^2]\cdot\{[(\exp(r+\beta)\cdot L)]\cdot[(1+(r+\beta)\cdot(L+a))]-[(1+(r+\beta)\cdot a]\}$$

式中：L——失能持续时间或早死损失的时间；

其他符号意义同上。

疾病会给人类健康带来包括早死与残疾（暂时失能与永久残疾）两方面的危害，这些危害均可减少人类的健康寿命。定量地计算某个地区每种疾病对健康寿命所造成的损失，便可以科学地指明该地区危害健康严重的疾病和主要卫生问题。这种方法可以科学地对发病、失能、残疾和死亡进行综合分析，是生命数量和生命质量以时间为单位的综合度量。

应用 DALY 指标可从宏观上认识疾病，了解控制疾病的重要性，可用于全球或一个国家或某一个地区疾病负担的分析。对不同地区、不同对象（性别、年龄）、不同病种进行 DALY 分布的分析，可以帮助确定危害严重的主要病种、重点人群和高发地区，为确定防治重点及研究重点提供重要信息依据。应用 DALY 还可进行成本效果分析，研究不同病种、不同干预措施挽回一个 DALY 所需的成本，以采用最佳干预措施来防治重点疾病，使有限的资源发挥更大的挽回健康寿命年的效果。

在全球疾病负担研究中，虽然 DALY 可将疾病造成的早死和失能合并考虑来反映疾病对人群造成的负担，但由于该指标存在有主观性，如 DALY 选择了最高的期望寿命（日本人的）作为出生期望寿命的估计值，势必夸大了其他国家疾病的负担，尤其是疾病引起的早死所致的健康寿命损失年，在国家的水平上过高地估计了寿命损失年数。其次是公式中有关权重等参数的确定均具有主观性，很难与客观实际完全一致。如 DALY 在计算时认为 10 个人丧失 1 年与 1 个人丧失寿命 10 年是相等的，这与现实生活实际不符。此外，DALY 不能对疾病给人群造成的心理社会负担、家庭负担和社会负担予以充分评价。以上均是其不足之处。

3.5.3 质量调整寿命年

质量调整寿命年（Quality Adjusted Life Year，QALY）是一种健康状态和生命质量的正向综合测量指标。其基本思想是把生存时间按生存质量高低分为不同阶段，每阶段给予不同的权重（0～1 取值），与 DALY 相反，健康为 1，死亡为 0，从而得到质量调整寿命年。一个 QALY 反映一个健康生存年，即它可反映在疾病状态下或干预后剩余（经过调整）的健康的寿命年数。这一指标是 1980 年代后期才发展并逐步完善起来的。

3.6 实物损害货币化的一般方法

由于环境资源往往没有市场价值，不能直接用市场价格来计量。从经济学的角度，环境价值可由环境质量变化引起人们福利变化来衡量。当环境质量改善时，使人们的经济福利增加，产生了环境效益；反之，当环境质量恶化，产生环境损失。环境质量效益或损失价值评估的基础是人们对环境改善的支付意愿，或是忍受环境损害的接收赔偿意愿。计量人们对物品或服务的偏好，或支付意愿的途径主要有 3 个：①通过直接受到影响的物品或服务的相关市场信息来计量，称为市场价值技术；②通过其他替代物品或服务揭示的有关信息来计量，称为揭示偏好技术；③直接调查个人的支付意愿或接受赔偿意愿，称为陈述偏好技术。

3.6.1 市场价值技术

3.6.1.1 直接市场价值法——通过可交易物品产出的变化

可持续发展理论认为“保护环境就是保护生产力”，环境是一个重要的生产要素。环境质量的变化导致生产力的变化，从而导致在特定的条件下的产品产量和利润的变化，而产量和利润是可以用市场价格来计量的。直接市场评价法利用计量因环境质量变化引起的产量和利润的变化，来计量环境质量变化的经济效益或损失。一般计算公式如下：

$$L=\sum_{i=1}^{i}P_i\Delta R_i$$

式中：L—— 环境污染或生态破坏造成的产品损失的价值；

P_i—— i 种产品的市场价格；

ΔR——i 种产品因环境污染或生态破坏而减少的产量。

例 1，大气 SO_2 污染对农作物减产的影响：某地大气 SO_2 浓度为 0.08 mg/m^3，计算对农作物减产的经济损失。

设某地农作物种植面积 S 为 100 hm^2，农作物的单位面积产量 q 为 2 000 kg/hm^2，大气 SO_2 浓度为 0.08 mg/m^3，属于轻度污染，据 SO_2 污染对农作物减产的暴露反应关系，减产幅度α为 5%，农作物的价格 P 为 1.5 元/kg，则减产的经济损失为：

$L=P\cdot S\cdot q\cdot \alpha=1.5\times100\times2\,000\times5\%=1.5$（万元）

应用范围：

- 大气污染（SO_2、酸雨、O_3）对农作物减产的损失。
- 大气污染对森林木材产量减产的经济损失。
- 污灌对农作物减产和质量变坏的损失。

3.6.1.2 恢复费用法——通过恢复损害直接增加的支出费用

全面评价环境污染的损失（或环境质量改善的效益），在很多情况下是困难的。但是，许多有关环境质量改善的决策是在“为了消除或减少有害环境影响的经验费用”中获得。例如酸雨和 SO_2，对建筑物的损害（材料腐蚀）。这部分损害可以通过修复（如涂漆）或更换建筑材料花费的费用来计量。我们把修复受污染损害资产或恢复受污染损害资产原来的状况所需要的费用作为环境污染造成的经济损失的最低估计。

3.6.1.3 医疗费用法

许多环境影响，如大气和水污染，对人体健康都产生危害，使人致病。这部分危害可以通过治疗疾病花费的费用来计量，称为医疗费用法或疾病成本法，通常包括治疗费用、住院费用、病人和陪护人员的工作日损失费用等。显然这种方法估算的损失没有包括病人因病痛带来的痛苦，也是对健康损失的一种低估。医疗费用法与恢复费用法类似，恢复费用法是针对实物受污染的危害，而医疗费用法是针对人受污染的健康危害。

3.6.1.4 人力资本法

（1）传统的人力资本法及其缺陷。传统的人力资本法是国际特别是发展中国家，计算由于环境污染引起人口过早死亡的经济损失常用的方法。人力资本是指由劳动者的文化知识、技术水平、健康状况和年龄等方面体现出的个人资本，在人力资本法中个人被视为经济资本单位，个体由于污染缩短寿命的劳动价值用个人未来收入的贴现值表示。

人力资本法从个体的收入来考察人的价值，对于失去劳动力的人而言，因其无收入而价值为零或负值，这就引发了伦理问题，常常受到人们的批判；人力资本法也忽略了人群健康状况的概率分析，政府大气环境质量改善的目的并不在于挽救个别人的生命，而是为了减少人群的死亡风险。

（2）修正的人力资本法。从生产函数的角度来看，人力生产要素与投资、自然资源（包括环境质量）和科技进步一起作为生产函数的四大生产要素。生产函数 F_p 的表达式为：

$$\text{GDP} = F_p(S, R, N, I) = P \bullet \text{GDP}_{pc}$$

式中：S——科技进步要素；

R——人力资源要素；

N——自然资源要素；

I——投资要素；

P——人口总数；

GDP_{pc}——人均 GDP。

从社会的角度来看，大气污染引起了人群的过早死亡，降低了人口的统计寿命年，减少了人力资源要素对 GDP 的贡献，因此损失一个统计生命年对社会而言就是损失了一个人均 GDP。

修正的人力资本法在中国广泛使用，这一方法与传统的人力资本法的重要的不同之处是，为了避免传统的人力资本法在评价预期收益时将退休人员和残疾人得到的数值为 0 带来的社会伦理问题，修正的人力资本法通过给所有人赋予同样的数值避免了这个问题。这个方法给所有人，不论年龄大小，都赋予人均国内生产总值（GDP）作为损失一年生命的价值。因此，修正的人力资本法可以看作是社会认可的评价避免过早死亡价值的方法。

计算中要解决 3 个问题：①过早死亡损失的生命年数是其社会期望寿命，各年龄都有其期望寿命，社会期望寿命随着年龄的增加而逐步变小，需要进行合理的预测；②未来（损失寿命年内）的社会 GDP 需要进行预测；③社会贴现率，用以计算损失寿命年内的人均 GDP 现值，贴现率的选择对评价结果的影响较大。

污染引起过早死亡的经济损失计算方程式：

$$C_{\mathrm{ed}} = P_{\mathrm{ed}} \bullet \sum_{i=1}^{t} \mathrm{GDP}_{\mathrm{pc}i}^{\mathrm{pv}}$$

式中：C_{ed}——过早死亡的经济损失；

P_{ed}——由于大气污染引起的超死亡人数；

t——平均损失寿命年；

$\mathrm{GDP}_{\mathrm{pc}i}^{\mathrm{pv}}$——第 i 年的人均 GDP 现值。

$$\mathrm{GDP}_{\mathrm{pc}i}^{\mathrm{pv}} = \frac{\mathrm{GDP}_{\mathrm{pc}i}}{(1+r)^i} = \frac{\mathrm{GDP}_{\mathrm{pc0}} \bullet (1+\alpha)^i}{(1+r)^i}$$

式中：r——社会贴现率；

α——人均 GDP 年增长率；

$\mathrm{GDP}_{\mathrm{pc}i}$——第 i 年的人均 GDP；

$\mathrm{GDP}_{\mathrm{pc0}}$——基准年人均 GDP。

则修正后的人力资本 HC_{m}，即考虑未来贴现后的人均 GDP 为：

$$HC_{\mathrm{m}} = \frac{C_{\mathrm{ed}}}{P_{\mathrm{ed}}} = \mathrm{GDP}_{\mathrm{pc0}} \sum_{i=1}^{t} \frac{(1+\alpha)^i}{(1+r)^i}$$

污染引起的慢性疾病，虽然是非死亡的，但是有些疾病，例如慢性阻塞性肺疾病的失能对人们的生活和工作都有较大影响，修正人力资本法用失能权重与人力资本的乘积计算非死亡失能的经济损失 HC_{n}：

$$HC_{\mathrm{n}} = D * \mathrm{GDP}_{\mathrm{pc0}} \sum_{i=1}^{t} \frac{(1+\alpha)^i}{(1+r)^i}$$

式中：D——失能权重。

3.6.1.5 影子工程（虚拟工程）法

影子工程法是恢复费用法的一种特殊形式，也称重新安置成本法。影子工程法是在某个环境被破坏以后，虚拟人工建造一个工程来代替原来的环境功能。例如，一个旅游海湾被污染了，失去了原有的景观功能，虚拟另建一个海湾公园来代替它。有许多类似的情况是经常发生的，如就近的水源被污染了，失去了饮用功能，则另建一个水库作为替代饮用水源。用这个虚拟的影子工程或替代工程的建造费用作为环境破坏的经济损失。

3.6.1.6 机会成本法

任何一种自然资源的利用都存在多种互相排斥的方案，如水资源的环境功能有工业用水的水源、饮用水水源、污染物的排放场所等。选择了 A 种利用方案就放弃了其他的利用方案，也就失去了其他方案获取效益的机会。通常把其他利用方案可获得的最大效益称为这种资源的 A 种利用方案的机会成本。

举例，某城市工业用水量 Q 1 亿 t，创造 10 亿元 GDP，因水源污染造成缺水 q 0.2 亿 t，计算水污染的经济损失。

某城市的部分水资源作为污染物的排放场所，失去了作为工业用水的机会，水源污染造成缺水的经济损失为：

$$L = q \cdot \mathrm{GDP}/Q = 0.2 \times 10/1 = 2\text{（亿元）}$$

3.6.2 揭示偏好技术

在人们的日常经济生活中，我们可以很容易地发现，环境质量已经成为某些物品或服务的重要因子，人们在消费这类物品或服务时，已经将环境质量纳入购买的物品或服务中，如人们对环境质量好的地区房屋愿意支付较高的价格；愿意花费较多的钱到风景优美的旅游地休闲度假，等等。随着人们生活水平的改善和环境意识的提高，这种倾向越来越明显。揭示偏好法（revealed preference approach）就是通过考察人们对与环境质量有密切联系的物品所支付的价格信息，间接推断人们对环境的偏好，以计量环境质量变化的经济价值。

3.6.2.1 资产品质评价法（hedonic property value）

资产品质评价法，也称享受性价值评价法。通常，资产具有多种品质或特性，它们决定着资产的价值，有些资产除了一般品质之外环境质量也是一个重要的品质。例如，决定房屋价格的品质除了建筑的面积、布局、建筑材料、交通便利性之外环境质量也是决定消费者支付意愿的一个重要品质。环境经济评价的资产品质评价法就是通过资产市场调查，收集资产价格与资产品质，包括环境质量品质的信息，运用多元回归的数学方法，以资产的一般品质作为控制变量，分析资产价格与其环境质量的关系，得出环境质量变化对资产价格变化的贡献，从而对环境质量的变化进行估价。

这种方法需要两个重要的条件：①资产市场应是一个完全竞争的市场；②要有较多的资产样本和较全面的品质信息数据。在当前这样的信息社会中，这些条件并不难获得。

3.6.2.2 防护支出费用法

面对环境质量的恶化，人们为了防止环境质量恶化对自己造成危害往往会采取相应的措施，因此而支出的费用间接地反映了对改善环境质量的支付意愿。防护支出费用法是通过调查人们为了防止环境质量恶化对自己造成危害而实际支付的费用，来揭示环境质量恶化的经济损失。这种方法与重新安置成本法相似，不同的是重新安置成本法是实际没有发生而虚拟采取了措施。面对环境质量的恶化，人们可以采纳的措施多种多样，因此防护支出费用法的应用也有许多方式：

- 面对自来水水质不好，有些家庭在家中安装饮用水处理装置，如过滤、活性炭吸附等，净化饮用水。
- 面对自来水水质不好，许多居民购买桶装水（纯净水、矿泉水等）替代自来水。
- 原有水源地水质污染，在远地重建新水源地取代原有水源地。
- 暴露在噪声污染中的建筑物，为了隔离噪声，建筑物安装双层窗户。

3.6.2.3 旅游费用法

在评价一个没有市场价格的自然景点或环境资源时，往往运用旅游费用法来揭示人们对自然景点或环境资源的支付意愿。人们愿意到一个自然景点去旅游，需要支付门票、到达的交通费和花费时间，即使有的自然景点不要门票，交通费和时间是必须要承担的。旅游者为此而付出的代价可以看作对这个环境商品或服务的实际支出。然而，根据经济学原理，对商品或服务的支付意愿等于消费者的实际支出加上消费者获得的消费者剩余，我们还需要从距离旅游景点不同距离的旅游者的支出信息得到消费者剩余。

旅游费用法假设：旅游者对某个旅游景点的需求不是无限的，受出发地到旅游景点的旅行费用的限制；到同一旅游景点去旅游的所有旅游者获得的总效益是相等的，它等于边际旅游者（距离景点最远的旅游者）的旅行费用，离旅游景点最远的旅游者消费者剩余最小，而离旅游景点最近的旅游者消费者剩余最大。

旅游费用法需要对旅游者进行抽样调查，获取旅游者的出发地、交通方式（乘火车、飞机或自己驾车等）和有关社会经济信息，如收入水平、教育程度等。根据对旅游者调查的样本资料和有关数据，对不同区域（距离旅游景点距离不同的区域）的旅游率和旅行费用以及有关的社会经济变量进行回归，得出该旅游景点的旅行需求曲线，即旅行费用对旅游率的影响。

$$Q_i = V_i / P_i$$

$$Q_i = f（CT_i，X_1，X_2，X_3，\cdots，X_n）$$

$$Q_i = \beta_{0i} + \beta_{1i} CT_i + \alpha_i X_i$$

式中：Q_i ——旅游率；

V_i ——根据抽样调查的结果推算出的 i 区域中到评估地点的总旅游人数；

P_i——i 区域的人口总数；

CT_i——从 i 区域到评估地点旅行费用；

X_i——i 区域的一系列有关的社会经济变量，如旅游者收入、受教育水平等；

β_{0i}、β_{1i}、α_i——回归系数。

以上方程式是基于旅游率而不是基于该景点的实际旅游者数量，但可以从这个函数估计出不同区域中旅游者的实际数量，以及这个数量如何随人均旅行费用的增加而变化的曲线（图 3-3）。曲线中的 A 点为旅行费用为零的旅游人数，B 点为边际旅行费用（旅行费用最大）时的旅游人数。*M* 点为人均旅行费用为 *C*，总旅游人数为 *D* 的情况，*M* 点实际支出的总旅行费用为 *C* 与 *D* 的乘积，由矩形 *OCMD* 的面积表示，而消费者剩余为 *MB* 曲线旅游人数对人均旅行费用的积分，即 *CBM* 的面积（图 3-3）。

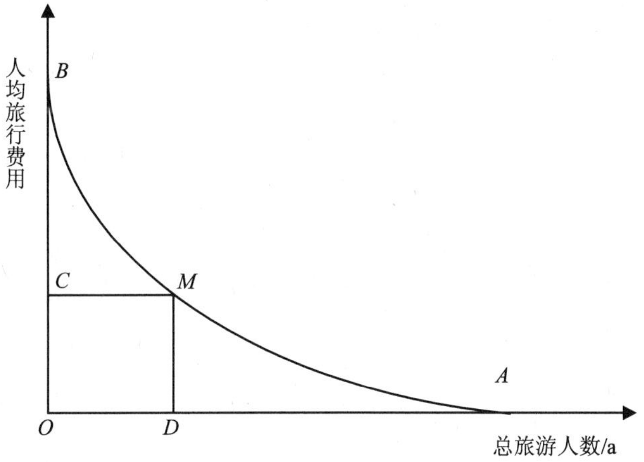

图 3-3　评价地点的旅游需求曲线

3.6.2.4 工资差额法

工资差额法利用劳动力市场中各种具有不同致病或死亡风险的工种之间的工资差异信息，作为人们对不同致病或死亡风险的支付意愿，来评估致病或死亡风险增加的成本。工资差额法的一般方法是通过调查劳动力市场中的不同风险工种的工资水平和平均事故死亡率数据，运用一组解释变量——包括个人特点、工作特征以及与职业有关的健康危害或死亡风险——对工人的工资进行回归。职业风险变量系数代表了一个统计生命的（隐含）估算价值。

3.6.3 陈述偏好技术——支付意愿调查评价法

揭示偏好法是通过考察在真实市场中人们对与环境质量有密切联系的物品所支付的价格信息，间接推断人们对环境的偏好，以计量环境质量变化的经济价值。而陈述偏好技术是人为构建一个虚拟市场，通过问卷或其他形式直接询问被访问者与环境质量有关的问题，从中得到被访问者对环境质量变化的支付意愿（WTP），由此对环境质量进行价值评估。所以陈述偏好技术也称意愿调查评价法

（Contingent Valuation Method，CVM）。

支付意愿调查法是由 Davis 于 1963 年首次提出的，最初被应用于研究美国缅因州林地宿营、狩猎的娱乐价值。目前，CVM 已经在包括美国、英国、法国、瑞典和丹麦等国家在内的欧美发达国家得到广泛的应用，应用领域也扩展到包括计量环境的娱乐、狩猎和美学效益、环境质量改善、湿地恢复、自然资源保护所产生的经济价值等许多方面，调查和数据统计分析方法日臻完善。据统计，从 1960 年代初 CVM 法提出到 1980 年代末的 20 余年时间里，公开发表的 CVM 研究案例有 120 例，世界上 40 多个国家 CVM 法研究的案例已超过 200 例。

支付意愿调查法以传统福利经济学理论为基础揭示人们的效用状况，其经济学原理是：假设用户的效用函数受市场商品、非市场物品（将被估值）q 及个人偏好 s 的影响。其间接效用函数除受市场商品的价格 P、个人收入 Y、个人偏好 s 和非市场物品 q 的影响外，还受个人偏好误差和测量误差等随机成分的影响，如用∈表示这种随机成分，则间接效用函数可用 V（P，q，Y，s，∈）表示。被调查者个人通常面对一种环境状态变化的可能性（从 q_0 到 q），假设状态变化是一种改进，即（P，q，Y，s，∈）≥ V（P，q_0，Y，s，e），但这种状态的改进需要花费用户一定的资金，支付意愿为 W。CVM 就是利用问卷调查方式，揭示用户的偏好，推导在不同环境状态下的用户等效用点[（P，q，$Y-W$，s，∈）=V（P，q_0，Y，s，∈）]，并通过定量测定支付意愿（W）的分布规律得到环境物品或服务的经济价值。

支付意愿调查法通过询问人们对于环境质量改善的支付意愿或忍受环境损失的受偿意愿（Willingness To Accept，WTA）来求导环境物品的价值。支付意愿调查法之所以在西方国家得到广泛应用，是因为很多研究者和实践者都意识到这一方法能够解决许多其他环境经济评估方法所无法解决的问题。由于环境物品属于公共物品，没有市场，因而它通常没有价格，环境质量变化的价值只能以人们福利经济的变化来衡量，这就造成了用直接市场法对环境物品进行价值评估的困难。经济学认为，支付意愿是一切商品和效用价值的唯一合理的表示方法，而支付意愿调查法正是通过构建假想市场进而获知人们的支付意愿。

在西方国家，这种方法也曾受到一些分析家的批评，对其结果的可靠性表示怀疑。美国内务部曾经组织了一个具有权威性的委员会，对应用意愿调查法来评估 1989 年艾克森·瓦尔迪兹（Exxon Valder）油轮泄漏事件的环境损害的争议进行了研究。最终，该委员会认为，如果谨慎应用的话，意愿调查法可以提供有用的、可靠的信息。目前，该方法已经成为国外生态经济学和环境经济学领域中最重要而且也是应用最广泛的衡量非市场物品价值的重要方法之一。研究表明，CVM 在帮助公共决策方面具有独特的作用。在某些情况下，为了提高评价的可信度，可以同时应用意愿调查法和旅游费用法，对两种方法的结果进行验证。世界银行曾经对一些问题应用了几种方法比较研究，对支付意愿调查法的可用性结论是肯定的。

虽然从理论上说，支付意愿调查价值评估法是评价环境物品或服务价值的优越方法，但是这一方法在发展中国家使用有相当的局限性，我国学者对这个方法的使用性也有许多争论。如马中等在《环境与资源经济学概论》中指出：由于发展中国家通常缺乏对消费者进行市场调查的传统，因此被调查者可能因为难于理解这一方式而不能给出他们真实的支付意愿，并且这一方法的调查结果往往取决于被调查者如何理解某一环境变化可能对其自身的影响，被调查者的环境意识以及政府对环境信息的公开程度等都会影响到评估结果的准确性。另外，还有可能存在因收入过低，被调查者往往支付能力不足，从而支付意愿低于实际价值的情况。总的来说，支付意愿调查价值评估法过去在发展中国家的应用不多。1990 年代末开始被引入我国，迄今国内采用支付意愿调查价值评估法评估环境资源的经济价值的研究为数不多，还有几个国外的科研人员采用 CVM 对我国个别地区环境改善的经济价值进行评估研究（表 3-8）。我们认为这种方法目前之所以没有得到广泛应用，是因为我国对这一方法的实践太少，表 3-8 中的研究对这种方法在我国的适用性进行了有益的尝试，应当说取得了可喜的成果，随着我国市场经济体制的不断完善，人们市场意识的提高，这种方法会得到更多的理解和发展。

表 3-8　国内采用支付意愿调查法研究实例

研究者（发表年）	评估对象
王小京，陈国阶（1993）	三峡景观存在价值
薛达元（1997）	长白山生物多样性的旅游观赏价值和地质地貌价值
Day B，Mourato S（1998）	北京市河流水质改善的价值
Swanson T，Day B（1999）	昆明市滇池水质改善的价值
徐中民，张志强等（2002）	额济纳旗生态系统恢复的总经济价值
张志强，徐中民等（2002）	张掖地区生态系统服务恢复的价值
杨开忠，白墨等（2002）	北京市大气环境改善的价值
崔丽娟（2002）	扎龙湿地非使用价值
张明军等（2004）	兰州市改善大气环境质量的总经济价值评估
王红等（2000）	大气污染造成的死亡风险的价值评估（重庆）
张晓　（2002）	大气污染造成的死亡风险的价值评估（北京）
哈密特和周（Hammitt，Zhou，2005）	大气污染造成的死亡风险的价值评估（北京、安庆、安庆郊区）
克鲁普尼克等（Krupnick，et al.，2006）	大气污染造成的死亡风险的价值评估（上海、重庆）

3.6.3.1 支付意愿调查的一般方法

支付意愿调查法（CVM）通常以家庭或个人为样本，通过调查问卷的形式向被调查者询问一系列假设的问题，建立一个虚拟市场，引出被调查者对服务或物品的支付意愿。再通过计算被调查者的平均支付意愿，并把样本扩展到研究区域整体，用平均支付意愿乘以总人口数（户数），得到计划项目所带来的总经济价值。

陈述偏好技术依赖于对消费者的直接询问，因而被询问者对问题的理解和支付方式至关重要。这种方法需要对所涉及物品的特点进行详细的描述，为了达到较好的效果，可以通过相片、影像等手段，与被调查者进行有效的交流，因此需要较高的技巧和花费较多的时间。问询的方式可以用问卷或通过计算机进行交流，借助计算机调查便于调查程序的控制和对调查信息的数学处理。为了保证调查方案的可靠性，调查方案还需要通过预先的测试，以避免各种可能的偏差。通常采用的调查技术有：

（1）投标博弈。投标博弈法（bidding game approach）要求被询问者根据调查假设的情景，说出他对不同水平的环境物品或服务的支付意愿或接受补偿意愿。获得支付意愿的关键在于设计好问卷中的核心估值问题。CVM 核心估值问题的问卷格式可概括为开放式（Open Ended，OE）、支付卡方式（Payment Card，PC）和二分式（Dichotomous Choices，DC）3 种。OE 问卷直接向被调查者询问为获得所描述服务的最大支付意愿，PC 问卷是给出一组支付投标值，让被调查者从中选择自己的最大支付意愿，而 DC 问卷则给出一个具体的投标值，询问被调查者是否愿意支付。如果被调查者对第一个问题回答“是”，则第二个投标值将高于第一个投标值。如果对第一个问题回答“否”，则第二个投标值略低于第一个投标值。直到被调查者选出满意的投标值为止。

二分式博弈的做法是，被调查者对假设的情景自己不必说出一个确定的支付意愿或接受补偿意愿，而由调查者先提出一个投标金额，被调查者只要回答愿意不愿意，调查者再根据被调查者的回答，改变这个投标金额，当回答 no 时，减少投标金额，当回答 yes 时，再增加投标金额，直到得到比较精确的支付意愿。如表 3-9 所示，支付意愿为 52 元。

表 3-9　二分式博弈的做法

调查者给价/元	被调查者的意愿	调查者给价/元	被调查者的意愿
100	no	55	no
80	no	52	√
60	no	54	no
40	√	53	no
50	√		

（2）比较博弈法。比较博弈法（trade-off game approach）是通过要求被调查者在一组物品和与之相对应的不同数量的货币之间进行选择，从而得到被调查者对该组物品的支付意愿的一种方法。在环境资源价值评价中，通常给出一定水平的环境资源和不同数额金钱的组合。首先，调查者给出一个初始金额，询问被调查者在环境资源和这个金额之间愿意选择哪一个，被调查者要从这两者中任选一个。根据被调查者的反应，调查者不断提高（或降低）金额的数量，直到被调查者认为选择两者的任意一个都可以为止。此时，被调查者选择的金额就代表他对这种水平环境资源的支付意愿。然后，再给出另一组质量不同的环境资源，如环境质量比前一组环境资源得到改善的环境资源和相应的金额（比前一组更高的金额），再重复

前一组的步骤。经过几轮询问，得到被调查者对不同环境质量水平的环境资源愿意支付的金额，通过分析就可以估算出他对边际环境质量变化的支付意愿。

（3）无费用选择法。无费用选择法（costless choice approach）通过询问被调查者在待评价的物品和人们熟悉价格的不同物品/服务或一笔赠款之间的选择，来估算待评价的物品的价值。支付意愿调查法中往往支付的方式对调查的结果有一定影响，这种方法无须支付费用，因而称“无费用选择法”。在环境资源价值评价中，可以询问被调查者在待评估的环境资源与一笔赠款之间的选择意愿，在被调查者愿意选择赠款时，下一轮询问中降低赠款额度，直到被调查者愿意放弃赠款而选择环境资源为止。可以把放弃的赠款数额作为该环境资源的最低估价。这种方法与收敛投标博弈法类似，不同之点就是这种方法无须支付费用。

3.6.3.2 陈述偏好技术的应用

（1）一般环境资源的评估。原则上讲，陈述偏好技术可以用于所有环境资源的评估。在揭示偏好技术中介绍的旅游费用法是通过旅游市场的调查，从中揭示消费者对环境资源的支付意愿，我们也可以直接询问消费者（实际的或潜在的），通过消费者的陈述来确定他对旅游景点的支付意愿。

采用这种方法时，要对所涉及物品的特性、数量以及将如何提供这些物品向被询问者进行详细的描述，可以通过实际的数据和比较形象的图片、相片或多媒体材料使被访问者尽可能全面、深刻地了解涉及问题或物品的特征。

（2）健康风险的价值评估。健康风险的价值评估是应用陈述偏好技术的一个典型，用于评价因环境污染使人们先于期望寿命而死亡的经济损失。在这里，我们研究的经济问题不是对确定性死亡的支付意愿，而是对死亡风险的支付意愿，不是一个确定性问题，而是一个概率问题。一般情况下，大多数人都愿意支付自己所有的财产避免确定性死亡。应特别指出的是生命价值是难以计量的，也就是说生命是无价的，用“生命价值”来描述我们研究的问题是不确切的，或者说没有反映问题的真实属性。应当说，这种方法评价的是减少死亡风险的支付愿望，而不是生命的价值。

计量健康风险的 WTP 的基本计量经济学模型为：

$$\log \mathrm{WTP}_i = X_i\beta + \varepsilon_i$$

式中：WTP_i——对选择的风险减少的支付意愿；

X_i——年龄、健康和其他特征的向量；

β——系数向量；

ε_i——误差项。

上式描述了基于韦伯分布的生存时间模型。数据的或然率对数函数（log-likelihood function）为：

$$\log L = \sum \log \{ F[(\log \mathrm{WTP}_i^{\mathrm{H}} - X_i\beta)/\sigma] - F[(\log \mathrm{WTP}_i^{\mathrm{L}} - X_i\beta)/\sigma] \}$$

式中：F——I 型（尺度σ）的分布极值；

$\mathrm{WTP}_i^{\mathrm{H}}$ 和 $\mathrm{WTP}_i^{\mathrm{L}}$——WTP 的上限、下限；

X_i——年龄、健康和其他特征的向量；

β——X 对应的系数；

σ——ε的尺度参数，描述 WTP 的韦伯分布的形状参数的倒数。

韦伯分布的尺度参数为 exp（$X\beta$）。韦伯分布比其他概率分布有更好的拟合度。通常，采用问卷（或其他形式的手段，如计算机）调查的方法，获得调查样本（被访问对象）对减少死亡风险的支付愿望。影响个人对减少死亡风险支付愿望的因素很多，如个人的收入、年龄、健康状况、调查样本与受危害人群结构的差异等，在调查和统计分析中应注意影响因素的变量控制。调查样本的支付愿望有一个比较分散的分布，经过统计处理后，可获得支付愿望的均值和相应的统计标准差，以此作为一个统计生命的经济价值，并表明其不确定性（通常以一倍$\pm\sigma$作为上限、下限）。

由于询问的目的是获得对死亡风险减少的支付意愿，死亡是一个十分敏感的问题，直接询问不可能得到预期的效果，因而问卷的设计和询问方式特别重要，必须依据被访问对象的价值观、风俗习惯、文化水平、理解能力等因素精心设计、精心实施、精心分析，需要较高的技巧和艺术才能获得较好的效果。有关健康风险 WTP 问卷的设计，详见第 4 章。

3.6.3.3 讨论

虽然普遍认为这种方法符合经济学的原理，较全面地获得人们对死亡风险减少的支付意愿，被人们广泛认同，但由于问题的复杂性，仍有较大的不确定性，方法论仍在不断发展之中。这种方法还有许多问题没有得到妥善解决，如小概率问题，给被访问者回答问题带来困难；年龄、收入、健康状态等因素对支付意愿的影响。

（1）小概率问题给被访问者回答问题带来困难。在死亡风险的问卷中，往往询问被访问者对死亡风险概率降低或升高的支付意愿，如从 10/万降低到 5/万愿意花多少钱，首先要求被访问者对概率有基本的概念，其次对这样一个小概率问题，即使被访问者有较好的概率知识，也很难准确回答这个问题，这是造成调查结果有较大统计误差的主要原因。

（2）影响死亡风险支付意愿的因素。影响支付意愿的因素较多，如年龄、收入、健康状态等。不同年龄对死亡风险的反应是不同的，一般而言，老年人对死亡风险的 WTP 要低于年轻人，但是不少研究表明小于 70 岁差别不是很显著，也有研究表明随着年龄增长呈现出一种倒 U 形的分布。收入对 WTP 有正影响，收入高的国家或地区对死亡风险的 WTP 比收入较低的国家或地区高，通常用收入弹性来表述。但是因为政治原因，往往在一个国家，即使不同地区的收入水平有明显差异，也用同样一个数值。A. Klupnik 等人（RFF）的研究表明健康状态对 WTP 的影响是混合的。有癌症的人的 WTP 低于健康的被访问者，而有心脏病的人的 WTP 较大；心理健康较差的人的 WTP 小于心理健康较好的人。

（3）在我国需要开展更多的研究，取得本土的经验。这种方法是建立在市场经济比较完善、人们普遍形成了与市场经济相符合的价值观的基础上，发达国家对这种方法的研究有较多的经验，获得了不少成果，但是目前我国的市场经济体系正在建立和完善的过程中，在我国广泛应用还有较大的距离。从研究和发展的角度，我们应当重视这种方法的研究和试点，逐步与国际接轨。

3.6.4 成果参照法

（1）成果参照法的含义。由于环境价值评价的复杂性，科学的评价需要大量的基础性研究。这些基础性研究，都由评价地或评价国自己完成，需要大量的经费和时间。那么，我们是否可以应用别国或其他地方的研究成果，来进行本地或本国的评价呢？成果参照法就是这样的一种方法。准确地说，成果参照法不是一种环境价值的评价方法，而是将其他地区或国家的环境价值评价参数、暴露反应关系或函数，应用到当地或本国的评价中来的一种技巧。

（2）成果参照法的应用。在环境价值评价中，成果参照法是经常应用的方法，因为环境价值评价需要应用许多参数、暴露反应关系或函数，往往需要应用别地和他国的成果。但是成果参照是有条件的，如果影响这个参数、暴露反应关系或函数的各种因素，在两个地区或国家之间没有差别，成果直接转移应用是可行的，不会带来明显的误差。但是这个必要条件，在很多情况下是难以保证的。在两个情况不同的地方或国家应用成果参照法时，必须分析影响这个参数或函数的主要因素在两地之间的差异，根据这些差异对采用的成果进行适当的修正后应用。发达国家对环境问题带来的死亡风险减少的支付意愿研究得比较多，而发展中国家研究得比较少，可以应用成果参照法，将发达国家的经验和获得的 WTP 结果通过适当的转换，应用到没有开展过这类研究的国家中。

（3）人均 GDP 的转换与购买力平价（PPP）。在成果转换过程中，经济发展水平的修正通常通过各自国家的人均 GDP 或人均收入进行转换，在计算不同国家人均 GDP 或人均收入用汇率进行折算时，由于各国汇率政策的差异，会带来较大的偏差，因而经济学家提出了购买力平价（PPP）的方法，将发达国家获得的 WTP 应用到发展中国家。但是由于不同国家的价值观、文化背景等因素的差异，在发达国家得到的支付愿望转移应用到发展中国家也会引起一定的偏差，应用时也要慎重。

购买力平价的思路是用具体的商品（含货物和服务）来进行对比。用购买力平价进行国际比较的步骤是：首先，选择合适的“一揽子”商品。选择商品时应遵循集中选择和共同性两个原则。集中选择即选择支出额最大的商品以满足数据的代表性；共同性原则是指选择的商品必须是相互比较国共同使用的、满足数据可比性的商品。然后，对各项目的价格比率运用几何平均或加权平均的方法逐层汇总，测算出各国的购买力平价，使各国的 GDP 实现可比。

但是，由于各国的经济发展水平、消费水平、消费习惯和消费结构的巨大差异使国际比较中所使用的购买力平价计算方法存在着严重的缺陷。

其一，代表规格品的代表性与可比性之间存在矛盾。在不同的国家，特别是发展中国家与发达国家之间，由于消费水平与消费结构的差距，具有代表性的商品不一定具有可比性，具有可比性的商品不一定具有代表性，因此“一揽子”商品很难满足相同代表性的要求。

其二，经济结构差异带来的问题。① 由于各国的经济结构存在很大的差异，用传统购买力平价法作为评价的基准有可能夸大低收入国家的 GDP。其原因是：计算购买力平价（PPP）时所采用的比较基准——各类支出的“国际平均价格”是以各国上报的价格材料和各国的 GDP 分类支出额为依据进行加权平均计算得到的。由于发达国家拥有较大的 GDP 份额，在确定权数时发达国家起着主导作用，因此“国际平均价格”的水平和结构实际上与发达国家的状况更接近，而与发展中国家的价格水平、商品结构相距更远。②传统购买力平价的测算遵循实物原则，这一原则忽略了商品在购销环境和服务水平等市场参数上的差异。而事实上即使是同一商品，在不同的市场条件下其追加的价值是不同的。从总体上讲，低收入国家的综合经济质量（含服务水平）远不如发达国家，其代表商品的质量和价格均较低，那么按照实物原则计算的购买力平价指数无疑会高估低收入国家的货币实际购买力。

20 世纪末，世界银行测算中国的 PPP 为：人民币/美元=1/1.8，在许多国际性的研究中得到了广泛的应用，实际应用中，通常近似采用 1 美元=2 元人民币。若按当时人民币汇率计算，人民币/美元为 1/8，我国不少学者对此提出疑义，认为高估了中国的购买力。

3.7 评价的不确定性分析

3.7.1 不确定性的来源

环境价值评价的方法和过程比较复杂，特别是由于环境资源没有直接的市场价值，评价过程要应用大量的调查数据和采用一些间接或主观陈述偏好技术方法，评价的结果存在着不同程度的不确定性，对结果准确性的影响不容忽视。环境价值评价不仅要告诉决策者环境的价值，而且要使决策者了解这个价值的误差范围或波动区间，决策者才能对评价的环境价值有一个正确的把握。环境价值评价的不确定性主要来自以下 3 个方面：

（1）应用的模型。环境价值评价经常要建立和应用数学模型。往往，模型是建立在大量案例研究和调查数据的基础上，通过数据统计回归分析形成的。这些过程都存在着概率偏差，带来一定的不确定性。因而，在评价中建立的模型，不仅要给出模型，而且要给出模型有关参数的误差范围。例如，大气污染的健康影响模型的暴露反应关系系数，PM_{10} 每变化 1 μg/m^3 对慢性阻塞型呼吸系统疾病（COPD）死亡率的影响百分数为 0.144（0.024，0.264）。括号里的两个数字为置信度 95%时的变化区间。

（2）基础数据。评价中要用到大量的基础数据，这些基础数据大多是统计数据或由统计数据加工（如各种平均值，甚至需要通过外推和预测）得到的数据。这些数据有一定的误差，特别是在进行宏观计算时，这个过程是经常发生的。由此带来的不确定性也应给予重视。

（3）评价条件或前提的假设。为了简化评价过程，或者掌握的基础数据不充分，通常环境价值评价总是在一定假设条件下进行的，往往这些假设与真实情况有一定的偏差，这种偏差也是引起最终结果不确定性的重要原因。

3.7.2 不确定性分析的方法

3.7.2.1 风险分析或概率分析

风险分析，也可以称为概率分析，是根据评价中各种有关参数的概率分布，按照模型计算过程，分析各种有关参数的概率分布的演替过程，最终计算结果的概率分布。由于这个计算过程比较复杂，通常应用蒙特卡洛（Monte Carlo）模拟的方法。

Monte Carlo 分析通常有两种随机取样过程：单一随机取样过程（Simple Random Sampling，SRS）和超正方体取样过程（Lain Hypercube Sampling，LHS）。在 SRS 中，随机值是通过不确定性模型的每一个特定参数的概率分布简化的，对目的终端计算一个估计值。对指定数量的样本反复计算，结果为模型终端的概率分布。当样本数量小于几千时，它比 LHS 的方法效果差。

在标准的 LHS 方法中，每一个参数的分布分成概率相等的几段。段的数量等于样本的数量，用 Monte Carlo 模拟方法反复地进行。取样时，每一段随机地选择任意的一个数值，一旦从一个段中选择了一个任意的数值，这一段就从分析中排除。分布比 SRS 更有效，达到预测终端稳定的平均值和方差需要较少的取样。另外一种 LHS 是中点 LHS，它提供了分布更均匀的取样。这两种技术的主要差别是中点 LHS 选择每一段的中点代替随机取样。

3.7.2.2 敏感性分析

敏感性分析是指当一个或几个参数的估计值发生变化时，引起最终结果的相应变化，以及变化的敏感程度。环境价值评价中不同参数的估值对结果的影响是不同，决策者需要了解哪些参数对结果影响最大，主要影响参数的估值偏差对结果的影响有多大。以便改善这些参数的质量，准确把握评价的结果。通常的做法是，假设每个变量或参数是独立的，每次计算只改变一个变量或参数，其他变量或参数保持不变，通过模型分别计算关键变量或参数变化一定百分比（如 10%或 20%）对最终结果的影响。

3.7.2.3 误差的定性或半定量的分析

由于环境价值评价的复杂性和基础数据的欠缺，无法获得变量或参数估计值的误差范围，只能根据经验粗略估计可能的误差是大、中、小，或将误差分成几级，通过这种定性或半定量的形式，对计算结果的准确性加以注解，给决策者方案比较或决策时提供参考。

下面以一个大气污染对农作物危害的损失计算为例（表 3-10）。

表 3-10　模型计算的主要不确定性

产生不确定性的参数	原　因	不确定性的大小与方向
暴露反应关系	本模型应用的暴露反应关系是在模拟中国南方的气候条件下获得的，因而在北方省份中应用时会产生一定的偏差	+2
环境监测数据	缺乏农村环境监测数据。农作物生长在农村，但我们只有城市环境监测数据。用城市环境监测数据代替农村的环境监测数据时，酸雨 pH 值可能偏差不会太大，而二氧化硫浓度会带来较大的偏差 环境监测数据为年均值与农作物生长季节不对应，也会带来一定偏差	+2
农作物产量与对应的环境监测数据	在缺乏分地市的农作物产量时，采用农作物产量省级数据和地市环境监测数据的算术平均值，也会带来一定的偏差	+/-1

注：+=评价的结果过高；－=评价的结果过于保守；+/－评价结果可能高也可能保守。
1=对风险计算有一定影响；2=对风险计算有中等影响；3=对风险计算有较大的影响。

参考文献

[1] 梅纳德 M. 哈弗斯密特，等. 环境、自然系统和发展——经济评价指南. 过孝民，等译. 北京：烃加工出版社，1988.

[2] 马中，等. 环境与资源经济学概论. 北京：高等教育出版社，1999.

[3] 迈里克 A. 弗里曼III. 环境与资源价值评估——理论与方法. 曾贤刚，译. 北京：中国人民大学出版社，2002.

[4] 联合国等国际机构. 综合环境经济核算（SEEA——2003）. 高敏学，等译，内部出版，2004.

[5] 李立明，等. 流行病学. 北京：人民卫生出版社，2003.

[6] 张明军，等. 兰州市改善大气环境质量的总经济价值评估. 干旱区资源与环境，2004，3（18）.

[7] 杨开忠，等. 关于意愿调查价值评估法在我国环境领域应用的可行性探讨——以北京市居民支付意愿研究为例. 地球科学进展，2002，3（17）.

[8] Lisa A. Robinson，Wilhelmine Miller. Alternative Approaches for Estimating Health-Related Quality of Life Impacts：Non-road Engine Air Emissions Regulation Case Study. Final Report December 2005.

[9] Nura Homedes. The Disability-Adjusted Life Year（DALY） Definition，Measurement and Potential Use. Working Papers，July 1996.

[10] Kenshi Itaoka，Alan Krupnick，and Makoto Akai with Anna Alberini，Maureen Cropper，and Nathalie Simon. Age，Health，and the Willingness to Pay for Mortality Risk Reductions—A Contingent Valuation Survey in Japan. August 2005（updated September 2005）RFF Discussion Paper 5-34.

[11] Alan Krupnick，Anna Alberini，Maureen Cropper，Nathalie Simon，Bernie O'Brien，Ron Goeree，and Martin Heintzelman. Age，Health，and the Willingness to Pay for Mortality Risk Reductions：A Contingent Valuation Survey of Ontario Residents. September 2000 • RFF Discussion Paper 37.

第4章 空气污染的健康实物量危害

4.1 空气污染对健康的危害和污染因子

发达国家在工业化过程中，发生过多次大气污染公害事件，英国1873—1962年共发生过6次大气污染公害事件，世界著名的八大公害事件中，大气污染事件占了5件。毒理学、流行病学和一系列环境污染公害事件都证明一些空气污染物对健康有明显的危害。大气污染物对健康的影响，在污染物浓度比较高的情况下，可以表现为急性效应，甚至造成人员死亡，如1952年和1955年的伦敦烟雾事件死亡人数分别达到4 000人和1 000人，最近100年发生了一些值得注意的空气污染事件（表4-1）。在污染物浓度比较低的情况下，一般表现为慢性效应。通常情况下，大气污染物的浓度比较低，其健康效应以长期慢性效应为主。流行病学调查资料表明，大气污染是慢性支气管炎、肺气肿和支气管哮喘以及心血管疾病的直接原因或诱因。

表4-1　最近100年值得注意的空气污染事件

地　　点	时　　间	污　染　物	死亡人数/人
伦敦	1873年11月9—11日	SO_2	650
伦敦	1880年1月20—29日	SO_2	1 176
马斯河谷，比利时	1930年11月1—5日	SO_2（100mg/m^3）	63
多诺拉，美国	1948年10月26—31日	SO_2（5mg/m^3）	17
伦敦	1948年12月26—30日	SO_2、颗粒物	700
四日市，日本	1961年	SO_2、颗粒物	10
伦敦	1952年12月5—9日	SO_2（4mg/m^3）、颗粒物	4 000
伦敦	1955年6月3—6日	SO_2（2mg/m^3）、颗粒物	1 000
纽约	1966年11月24—30日	SO_2、颗粒物	168

空气中的污染物按其属性可分为三大类：生物性污染（各种空气传播的病原体）、物理性污染（噪声、电磁波等）和化学性污染。其中以化学性污染的种类最多、污染范围最广，是大气污染物中的重点。

根据其在大气中的形态，可把大气污染物分为气体和颗粒物两类。其中气态污染物包括气体和蒸气。气体是某些物质在常温、常压下所形成的气态形式。常见的气体污染物有CO、SO_2、NO_x、NH_3、H_2S 等。蒸气是某些固态或液态物质受热后，引起固体升华或液体蒸发而形成的气态物质，如汞蒸气、苯、硫酸蒸气等。蒸气遇冷后，仍能逐渐恢复到原有的固体或液体状态。大气环境中颗粒状态的物质统称大气颗粒物，包括固体颗粒和液体颗粒，与人体健康的关系非常密切，也是近年大气污染研究关注的焦点。影响人体健康的主要空气污染因子包括可吸入颗粒物、SO_2、NO_x、臭氧、CO、铅以及多环芳烃（PAHs）和二噁英等有毒化学气体。

4.1.1 可吸入颗粒物

4.1.1.1 污染物来源

（1）各种燃料燃烧。可吸入颗粒物是燃料燃烧后的主要的成分之一，目前工业用燃料主要是煤炭、石油、天然气等初级能源，煤炭燃烧后会产生大量的烟尘颗粒物，其成分很复杂。生活炉灶和采暖锅炉在我国主要是燃煤，近年北京等大中城市开始使用石油和天然气，可吸入颗粒物浓度已明显下降。

（2）交通运输。主要是汽油和柴油燃烧产物的污染，其特点是：①汽油中含有的人为加入成分，如抗爆剂四乙基铅会随着燃烧产物吸附在颗粒物表面；②燃烧产生大量的细颗粒物，进入大气后行为活跃，很易再形成二次污染物，如 $PM_{2.5}$ 和 PM_{10}。

（3）其他。如沙尘暴、建筑扬尘、地面扬尘、垃圾焚烧、火灾、火山喷发等。

4.1.1.2 理化特点

（1）粒径（空气动力学直径。粒径≤10 μm 的颗粒物，文献中一般又称 PM_{10}，因可以进入人体呼吸道，故称为可吸入颗粒物（Inhalable Particles，IP），PM_{10} 与人体健康的关系非常密切。不同粒径的可吸入颗粒物滞留在呼吸道的部位不同；≥5μm 的多滞留在上部气道，≤5μm 的多滞留在细支气管和肺泡。颗粒物越小，进入肺的部位就越深。1μm 以下的颗粒物在肺泡内沉积率最高。但一般≤0.4μm 的颗粒能较自由地进出肺泡并可随呼气排出体外，沉积较少。由于 $PM_{2.5}$ 可直接进入人体呼吸道的深部和肺泡，表面积大，吸附力强，因而对健康的危害较粗颗粒物更大。PM_{10} 和 $PM_{2.5}$ 的健康效应近年来正在引起学者的密切关注。

（2）化学组成。可吸入颗粒物的化学组成因其来源不同而异。一般把大气 PM_{10} 表面吸附的物质分为无机成分和有机成分，无机成分主要有砷、汞、铅、镉等重金属，有机成分则有苯系物、多环芳烃（PAH）、持久性有机污染物（POPs）等。这些成分随着 PM_{10} 进入人体后，对人体健康会产生各种危害，有重要的卫生学意义。可吸入颗粒物（PM_{10}）的化学组成实际上取决于其本身所吸附的大气污染物的特性，而这些污染物的特性又直接决定其对人体健康的危害。目前对颗粒物本身的健康效应研究尚很少。

粗颗粒物的主要成分为无机物，与产生它的矿物、土壤、材料等成分相近；细颗粒物（fine particle，$PM_{2.5}$）和超细颗粒物（ultrafine particle，$PM_{0.1\sim0.2}$）由污染源直接排放的一次微粒和气态污染物经化学转化生成的二次微粒组成，由于其来源和形成机制与粗颗粒物有很大不同，造成其化学组成与后者也有明显区别。

4.1.1.3 健康效应

由于颗粒物的粒径不同，沉积部位不同，可吸入颗粒物本身含有多种有毒有害物质，又是其他污染物的载体，所以可吸入颗粒物对人的危害是多方面的，有的可呈现全身中毒，有的仅出现局部刺激症状。具体健康效应包括：

（1）对呼吸道的刺激和腐蚀作用。进入呼吸道的可吸入颗粒物可以刺激和腐蚀肺泡壁，在长期持久作用下，可使呼吸道防御功能受到破坏，发生慢性支气管炎、肺气肿、支气管哮喘等疾病。

（2）作为大气污染物的载体。可吸入颗粒物由于在大气中停留时间长，表面积大，可吸附很多无机和有机污染物，并将其带入机体，造成各种危害。此时主要表现为其吸附成分的毒性作用。但不言而喻，作为载体的可吸入颗粒物作用非常关键。

（3）免疫毒性。可吸入颗粒物可以引起抗体免疫功能下降，长期暴露在颗粒物污染环境下（$0.5mg/m^3$），小学生的免疫功能受到明显的抑制作用。居民长期居住在颗粒物污染严重的地区，居民的呼吸道疾病的患病率及呼吸道疾病有关症状如咳嗽、咳痰、气急的出现率增加。

（4）可吸入颗粒物能吸收和阻挡太阳辐射，减少太阳辐射的强度。0.5～0.8 mg/m^3 的可吸入颗粒物能降低太阳辐射 40%，并能影响紫外线辐射强度，由于 290～315μm 波长紫外线具有抗佝偻病作用，此外紫外线还具有杀菌作用，因此在污染严重地区，儿童佝偻病发病率增加，一些通过空气传播的传染病如扁桃腺炎的发病率增高。

4.1.1.4 卫生标准与危害阈值

我国大气环境功能区划分为三类：一类区为自然保护区、风景名胜区和其他需要特殊保护的地区；二类区为城镇规划中确定的居住区、商业交通居民混合区、文化区、一般工业区和农村地区；三类区为特定工业区。大气环境空气质量标准（GB 3095—1996，表 4-2）分三级，一类区执行一级标准，二类区执行二级标准，三类区执行三级标准。对可吸入颗粒物规定的 3 个级别的质量标准，年均质量浓度分别为 0.04 mg/m^3、0.10 mg/m^3、0.15 mg/m^3。

表 4-2　各项污染物的质量浓度限值（GB 3095—1996）

污染物名称	取值时间	质量浓度限值/（mg/m^3）（标准状态）		
		一级标准	二级标准	三级标准
SO_2	年平均	0.02	0.06	0.10
	日平均	0.05	0.15	0.25
	1 h 平均	0.15	0.50	0.70
TSP	年平均	0.08	0.20	0.30
	日平均	0.12	0.30	0.50
PM_{10}	年平均	0.04	0.10	0.15
	日平均	0.05	0.15	0.25
NO_x	年平均	0.05	0.05	0.10
	日平均	0.10	0.10	0.15
	1 h 平均	0.15	0.15	0.30
O_3	1 h 平均	0.12	0.16	0.20

污染的阈值是指污染可能产生影响的最小值（有时也用临界负荷这个术语）。空气污染物是否存在影响阈值的问题，是健康影响评价中的一个关键问题。1987 年 WHO 颁布的《空气质量准则》（Air Quality Guideline，AQG）认为存在导致健康危害的临界值，并建议采用准则中的大气环境质量标准 PM：60μg/m^3 作为阈值（表 4-3）。

但是，近年来许多研究表明 PM_{10} 没有明显的阈值，即线性危害—健康函数关系可以延伸到很低的污染水平，很少找到令人信服的存在阈值的证据。美国 EPA 前局长曾讲到：似乎不可能有一个确定的有科学依据的阈值适用于全体人群。换句话说，应该有一系列的阈值用于具有不同敏感性的人群，对某些人来说阈值是零。2005 年 WHO 颁布的修正的《空气质量准则》（Air Quality Guideline，AQG）将颗粒物 $PM_{2.5}$ 或 PM_{10} 列为污染因子，建议 $PM_{2.5}$ 和 PM_{10} 阈值分别为 10 μg/m³ 和 20 μg/m³，见表 4-3。这是依据美国癌症协会（ACS）的队列研究结果（Pope，et al.，2002），心血管病和肺癌死亡率显示增加的 $PM_{2.5}$ 和 PM_{10} 的最低水平分别为 7.5 μg/m³ 和 15 μg/m³ 而确定的。

鉴于以上原因，发达国家的 PM_{10} 标准有逐渐严格的趋势。USEPA 原来颁布的 PM_{10} 标准为 50 μg/m³，新颁布 $PM_{2.5}$ 标准为 15 μg/m³。假设 $PM_{2.5}$ 为 PM_{10} 的 60%，新标准相当于 PM_{10} 为 25 μg/m³，比原来的标准更严格了。欧盟也制订了更严格的标准，2005 年 PM_{10} 的标准为 30 μg/m³，而 2010 年将降至 20 μg/m³。表 4-4 列出了某些研究所采用的阈值。

表 4-3　WHO 的空气质量准则（AQG）

1987 年颁布*		2005 年修正后颁布**	
污染物	标准 [年均质量浓度/（μg/m³）]	污染物	标准 [年均质量浓度/（μg/m³）]
颗粒物（PM）	60～90	PM_{10}	20
SO_2	50	$PM_{2.5}$	10

摘自：*Urban air quality management strategy in Asia—Guidebook，Edited by Jitendra J. Shah et.

**WHO air quality guidelines global update 2005（Report on a Working Group meeting，Bonn，Germany，18-20 October 2005）.

表 4-4　一些研究采用 PM_{10} 的阈值

阈值/（μg/m³）	出　处
15	美国 EPA 非道路柴油机等级标准的费用效益分析
20	燃料的环境成本——一种快速评价方法，世行环境署，Kseniya，Lvovsky 等，2000，10
0	估算空气污染物的健康影响—— 一种在雅加达应用的方法，世界银行，Peppar，Bart. Ostro

注释：阈值污染物质量浓度为年均质量浓度。

4.1.2 二氧化硫

4.1.2.1 污染物来源

二氧化硫（sulfur dioxide，SO_2）是大气中最常见的污染物，所有生活或工业含硫燃料的燃烧，以及采用各种含硫原料的工艺过程均能产生 SO_2 的排放而污染大气。我国大气中的主要污染源来自于燃煤污染，约占 80%，尤其在我国北方地区的冬季取暖期间，同时冶炼、化工、炼油等生产工艺过程中也会产生 SO_2 的排放。所以在城市及附近地区普遍存在 SO_2 污染。早在 1930 年代初，世界上发生的多起大气污染事件如伦敦烟雾事件即和 SO_2 的污染有关。近几十年来，国际公认以大气中 SO_2 浓度水平作为评价大气环境质量的重要指标之一。

4.1.2.2 理化特点

SO_2 为无色、有刺激性气味，比重 1.433 7，易溶于水，亦可溶于乙醇和乙醚。在大气中 SO_2 可被氧化为 SO_3，遇到水蒸气后即可形成硫酸雾，作为二次污染物的硫酸雾对呼吸道的吸附性和刺激性更大，同时也是形成酸雨的主要成分之一。

4.1.2.3 健康危害

（1）呼吸道刺激作用。SO_2 对人体健康的影响主要是刺激眼和鼻腔等黏膜，它与水分结合形成亚硫酸，有腐蚀性。由于 SO_2 易溶于水，吸入后大部分被鼻腔和上呼吸道黏膜的富水性黏液所吸收，因而它主要是作用于上呼吸道。

（2）引起急慢性呼吸道炎症。吸入高浓度 SO_2 则支气管和肺组织明显受损，可引起急性支气管炎、肺水肿和呼吸道麻痹，如果吸入 400～500 μl/L SO_2 可立即危及生命。长期吸入低浓度的 SO_2 除了引起支气管平滑肌反射性收缩、呼吸道阻力增加外，肺功能亦有改变。由于呼吸道阻力增加、呼吸道炎症所致的通气障碍以及肺泡本身受到的刺激，导致肺泡壁弹力蛋白和胶原破坏，可以导致肺气肿和支气管哮喘等疾病。慢性支气管炎、支气管哮喘和肺气肿三者合称为“慢性阻塞性呼吸道疾病”（COPD），与大气 SO_2 的污染密切相关。

（3）SO_2 和颗粒物的联合作用。SO_2 很少单独存在于大气中，往往和颗粒物一起进入人体。因为 SO_2 本身易溶于水，95%以上被鼻腔等部位的黏膜吸收，很少到达呼吸道深部，但若其吸附在细颗粒物（$PM_{2.5}$）上，则可随之进入细支气管和肺泡，对人体造成更大的损害，常见的病症是慢性肺部炎症。

此外，SO_2 还有致敏、致突变和致癌作用，并影响新陈代谢，造成机体生长和发育障碍。

4.1.2.4 卫生标准与阈值

SO_2 的卫生标准见表 4-2。SO_2 对健康的效应阈值，国际上基本一致为 50 μg/m^3。

4.1.3 氮氧化物

NO_x 对环境的损害作用极大，它既是形成酸雨的主要物质之一，也是形成大气中光化学烟雾的主要物质和消耗臭氧的一个重要因子。

4.1.3.1 污染物来源

（1）自然界的氮氧化物（nitrogen oxides，NO_x）。大气中氮在高温或雷电作用下可以合成 NO_x，火山爆发、森林大火以及土壤中微生物的分解都会产生 NO_x，进入自然界的氮循环过程。天然排放的 NO_x 主要来自土壤和海洋中有机物的分解，属于自然界的氮循环过程。

（2）交通运输。汽车、火车和轮船等交通工具在运行时会产生大量的尾气排放，其中含有大量的 NO_x。近年来，随着我国汽车产量和保有量的大幅增加，我国一些大城市的大气污染类型正在逐步从煤烟型向汽车尾气型转变，这意味着汽车尾气污染对大气污染的贡献已逐步占主导地位，而 NO_x 就是汽车尾气排放的主要污染物。

（3）工业污染源。由于在高温下空气中的氧气和氮气可直接结合成 NO_x，各种生产过程中燃料的燃烧都会产生大量的 NO_x 污染排放，同时也来自生产、使用硝酸的过程，如氮肥厂、有机中间体厂、有色及黑色金属冶炼厂等。在炸药、染料生产工艺过程中也会排放出 NO_x。

4.1.3.2 理化特点

NO_x 是含氮气体化合物的总称。其中，造成大气严重污染的主要是 NO_2 和 NO。NO_x 是一类难溶于水的化合物，因此可经呼吸道进入肺的深部，对人体产生严重的危害。另外，NO_x 可在大气中和碳氢化合物经光化学反应而形成光化学烟雾。近年来的研究认为，人体内存在内源性的一氧化氮（NO），是人体生理活动所必需的因子，在体内起到第三信使的作用。但大量的外源性 NO_x 对人体则有害。其中 NO_2 的毒性比 NO 高 4～5 倍。

4.1.3.3 健康危害

（1）对呼吸系统的影响。目前国内外的流行病学研究发现，长期慢性地暴露 NO_2 可对人体健康产生一系列的健康危害。Colvile（2001）对近几十年的相关研究综述认为，NO_2 暴露有可能造成人群总死亡率、心血管疾病死亡率和婴儿死亡率增加；哮喘发作、心血管疾病和慢性阻塞性肺部疾病（COPD）等的住院人数增加，并与胎儿宫内死亡、儿童咽喉炎和老年人猝死有一定相关。近年来对这方面的研究正在深入进行。

（2）对血液系统的影响。当污染物以 NO_2 为主时，肺的损害比较明显；当污染物以 NO 为主时，高铁血红蛋白血症及中枢神经系统影响较明显。流行病学调查资料也表明，长期接触 8.2～24.7 mg/m^3 NO_2 浓度的工人，除了有慢性肺部症状以外，还有血液学的改变。

（3）NO_2 对健康的其他效应。可引起肾脏、肝脏、心脏等器官的继发病变，同时还有致癌作用；在强烈日光照射下，可发生光化学反应，生成一系列光化学氧化物，对机体产生各种危害；NO_2 与多环芳烃（PAH）共存时，可以形成硝基 PAH，它较 PAH 有更强的致突变性及致癌性。

4.1.3.4 卫生标准

NO_x 的卫生标准见表 4-2。

4.1.4 臭氧

4.1.4.1 污染物来源

来自汽车废气以及石油和煤的燃烧废气的氮氧化物在太阳紫外线的作用下发生一系列光化学反应，产生光化学烟雾，其中主要成分是臭氧。

4.1.4.2 理化特点

臭氧分子是由 3 个氧原子组成的，具有较强的氧化性，臭氧在大气中不稳定，常温下之半衰期为 40 min，随温度不同会有所改变。

4.1.4.3 健康危害

高空臭氧层虽然能保护人类免予紫外线的伤害，但是地面的臭氧浓度如果过高，则有害人体健康。光化学烟雾对人体的一些危害与臭氧浓度呈明显的剂量-反应关系。人对臭氧的嗅觉阈为 0.01～

0.015 μl/L。大气中臭氧的体积分数达到 0.1～0.5 μl/L 时，会引起哮喘发作，导致上呼吸道疾病恶化，并且刺激眼睛，使视觉敏感度和视力降低。在体积分数为 0.2～0.8 μl/L 时，只要暴露两小时就会出现气管刺激症状，引起胸骨下疼痛和肺通透性降低，使机体缺氧；浓度再高，就会出现头疼，并使肺深部气道变窄，出现肺气肿；接触时间过长，还会损害中枢神经，导致思维紊乱或引起肺水肿等。臭氧还可引起潜在性的全身影响，如诱发淋巴细胞染色体畸变，损害酶的活性，引起溶血反应，影响甲状腺功能，使骨骼早期钙化等。长期吸入氧化剂会影响体内细胞的新陈代谢，加速人的衰老。动物实验证明，氧化剂还能降低肺部对细菌的抵抗力。

4.1.4.4 卫生标准

国家环境空气质量标准（GB 3095—1996）规定臭氧 1 h 质量浓度平均值一级、二级和三级空气质量标准分别为 0.12 mg/m^3、0.16 mg/m^3 和 0.20 mg/m^3，见表 4-2。2005 年 WHO 颁布的修正的《空气质量准则》（Air Quality Guideline，AQG）建议臭氧 8 h 最大平均质量浓度值为 100 μg/m^3。

4.2 健康效应测量的指标

流行病学研究对健康效应通常用发病率、患病率、死亡率或相对危险度来测量。

4.2.1 发病率（Incidence Rate）

发病率是表示在一定期间内（一般为一年）一定人群中某疾病新病例出现的频率。其计算公式为：

$$\text{某病发病率} = \frac{\text{一定期间内某人群新病例数}}{\text{同期内暴露人口数}} \times K$$

K= 100%，1 000‰或 10 000/万。

发病率是衡量某时某地某疾病对人群危险性大小的指标。常用于描述疾病分布，探索病因及评价防治措施的效果等。

4.2.2 患病率（Prevalence Rate）

患病率亦称现患率，是指某个时期内现有某病的病例数（包括新老病例，但不包括死亡及已痊愈者）与同期人口数之比。患病率可按观察时间不同分为时点患病率和期间患病率，其中以时点患病率较为常用。“时点”在理论上是无长度的，但实际工作中要尽可能缩短调查和检查时间，一般以不超过一个月为宜。超过一个月则称为期间患病率（Period Prevalence Rate）。

$$\text{时点患病率}=\frac{\text{某一时点某人群中现患某病新旧病例数}}{\text{该时点人口数}}\times K$$

$$\text{期间患病率}=\frac{\text{某期间某人群中现患某病新旧病例数}}{\text{该期间的平均人口数}}\times K$$

K= 100%，1 000‰或 10 000/万。

患病率常受两种因素影响，一是发病率，二是病程，当发病率（I）和病程（D）都相当稳定时，则患病率（P）=发病率（I）×病程（D）。

4.2.3 死亡率（Mortality Rate or Death Rate）

死亡率或粗死亡率是指在一定期间内总死亡人数与该人群同期平均人口数之比。其计算公式为：

$$\text{死亡率}=\frac{\text{某人群某年总死亡人数}}{\text{该人群同年平均人口数}}\times K$$

K= 100%，1 000‰或 10 000/万。

死亡率是用来衡量人群因病伤死亡危险（机会）大小的指标。它不仅反映一个地区在不同时期的居民健康状况和卫生保健工作水平，而且为当地卫生保健工作的需求和规划提供科学依据。

4.2.4 死亡专率（Specific Death Rater）

死亡率可按不同病种、性别、年龄、职业等分别计算死亡率。此时分母的人口数应与产生分子的人口数相对应。其计算公式如下：

$$\text{年龄死亡专率}=\frac{\text{某年某年龄组死亡人数}}{\text{同年同年龄组总人口数}}\times K$$

$$\text{性别死亡专率}=\frac{\text{某年某性别死亡人数}}{\text{同年同性别总人口数}}\times K$$

$$\text{某病死亡专率}=\frac{\text{某年某病死亡人数}}{\text{同年平均人口数}}\times K$$

K= 100%，1 000‰或 10 000/万。

死亡专率是一种常用指标，它可以反映不同地区或年代、不同性别或年龄的某病死亡率。一些预后不良的疾病如肿瘤、心肌梗塞等，其死亡专率大体上能反映该病的发病情况。死亡专率也可用于探讨病因和评价防治措施。

4.2.5 标准化死亡率（Standard Mortality Rate，SMR）

死亡率的大小与人群人口学特征有关。为了使两个人口学特征构成（如年龄）不同的人群死亡率放在同一基础上比较，就需要进行标准化处理，计算标准化死亡率。标准化死亡率又称调整死亡率，常用标准化计算方法有直接法和间接法两种。

（1）直接法。如果观察人群中各年龄组死亡率（或发病率、患病率）已知。如表 4-5 是甲、乙两地 20 岁以上人群的某病死亡率。那么就可以利用标准人口构成比来调整，求出标化率再比较。标准人口可用两观察人群人口数之和，或另选一个较大区域的人口作为标准人口。本例以两地人口和为标准，根据两地各年龄组的死亡率，计算出各地预期死亡总人数。结果如表 4-6 中的（3）和（5），再按以下公式计算各地标准化死亡率。

$$\text{标准化死亡率}=\frac{\text{预期死亡总人数}}{\text{标准总人口数}}\times K$$

$$=\frac{\sum\text{（标准人群年龄组人口数×某人群年龄组死亡率）}}{\text{标准人口总数}}\times K$$

K= 100%，1 000‰或 10 000/万。

表 4-5　甲、乙两地人群某病死亡率

年龄组/岁	甲地			乙地		
	人口数	死亡数	死亡率/‰	人口数	死亡数	死亡率/‰
20～	2 000	10	5	5 000	30	6
40～	3 000	24	8	3 000	30	10
60～	5 000	200	40	2 000	100	50
合计	10 000	234	23.4	10 000	160	16.0

表 4-6 甲、乙两地人群某病死亡率标准化计算表

年龄组/岁	标准人口 甲地+乙地 (1)	甲地		乙地	
		死亡率/‰ (2)	预期死亡人数 (3) = (1) × (2)	死亡率/‰ (4)	预期死亡人数 (5) = (1) × (4)
20～	7 000	5	35	6	42
40～	6 000	8	48	10	60
60～	7 000	40	280	50	350
合计	20 000		363		452

《妇幼保健流行病学》，李国光主编，1997 年。

$$甲地标化死亡率=\frac{363}{20\ 000}\times 1\ 000‰=18.5‰$$

$$乙地标化死亡率=\frac{452}{20\ 000}\times 1\ 000‰=22.6‰$$

结果表示乙地某病的标化死亡率高于甲地。

（2）间接法。如果在观察人群中，不知各年龄组的死亡率（或发病率），可以全国或省、市的人口为标准，以其各年龄组的死亡率乘以各地相应年龄组的人口数，计算出预期死亡总人数，结果见表 4-7 中的（3）和（5）。再按下式计算各地的标准化死亡率。

$$标准化死亡率=标准人口总死亡率\times\frac{观察人群实际死亡人数}{预期死亡总人数}$$

$$=标准人口总死亡率\times\frac{观察人群实际死亡人数}{\Sigma（标准人口年龄组死亡率\times 观察人群相应年龄组人口数）}$$

表 4-7 甲、乙两地某病死亡率间接法调整计算表

年龄组/岁	全国某病标准死亡率/‰ (1)	甲地		乙地	
		人口数 (2)	预期死亡人数 (3) = (2) × (1)	人口数 (4)	预期死亡人数 (5) = (1) × (4)
20～	5.71	2 000	11.42	5 000	28.55
40～	9.00	3 000	27.00	3 000	27.00
60～	42.86	5 000	214.30	2 000	85.72
合计	19.70		252.72		141.27

《妇幼保健流行病学》，李国光主编，1997 年。

$$甲地标准化死亡率=19.70‰\times\frac{234}{252.72}=18.24‰$$

$$乙地标准化死亡率=19.70‰\times\frac{160}{141.27}=22.31‰$$

乙地某病的标化死亡率高于甲地，间接法和直接法得出对比结果基本一致。

标准化率除用于死亡率的比较外，还用于发病率、患病率等的比较。标准化率的数值本身并无实际意义，只是用于内部构成不同的两个或多个率的比较。同一资料用不同方法标准化，所得标准化率的数值不同，但对比时的分析结论大多是一致的；同一资料，由于选择的标准不同，计算所得标准化率也不同，但对比时的分析结论是一致的。标准化率之间的差异是否有显著性意义还应考虑差别的抽样误差问题和进行差别的显著性检验。

4.2.6 相对危险度 *RR*

相对危险度 *RR* 指暴露组的发病率或死亡率（f_p）与非暴露组发病率或死亡率（f_t）之比，

$$RR=f_p/f_t$$

相对危险度 *RR* 是研究环境污染暴露与非暴露（清洁环境）下，健康效应的差异的常用指标。

4.3 污染的终端危害

选择大气污染健康效应终点的基本原则，应是能够敏感、特异和准确地反映某种大气污染物对人群健康的不利效应。但实际上这样的健康效应终点选择常常是比较困难和复杂的。首先，大气污染物的种类很多，对人体健康的危害机理和特点不尽相同。有些大气污染物，如 CO 对健康的危害机理比较清楚，主要是形成碳氧血红蛋白，使血红蛋白失去携氧能力而造成组织缺氧，在选择健康效应终点时就比较清楚。有些污染物如可吸入颗粒物，其危害机理尚不很清楚，对健康造成的危害特征也较为复杂，选择时就比较困难。因此，对大气污染健康效应终点的选择必须根据评价和研究的目的及实际的客观情况确定选择的基本原则和条件。在中国目前的情况下，以大气污染的经济损失为主要评价目的，选择健康效应终点应遵循以下几个原则：

（1）优先选择根据国际疾病分类（International Classification of Diseases，ICD－9，10）进行统计和分析的健康和疾病数据。在我国，这类资料主要包括县及县以上卫生机构统计的人群死亡率、医院住院人次和门急诊人次的数据。

（2）选择国内外研究文献中已知与大气污染物存在定量的剂量（暴露）-反应关系的健康效应终点。

（3）选择可与国外类似研究进行比较的健康效应终点。

（4）考虑获得可靠数据的可能性。

根据上述的基本原则，大气污染的健康危害评价主要选择呼吸系统和循环系统的疾病作为健康效应终点，主要的健康指标分为死亡率、住院人次、门急诊人次和工作日损失等。

对于死亡率，可以用全因死亡率，也可以用特定疾病死亡率（死亡专率），如慢性阻塞性呼吸系统疾病（COPD）、心血管疾病（CVD）、脑血管疾病（CEVD）、肺心病（PHD）。特定病因死亡的分布不同，在美国，颗粒物导致死于呼吸系统疾病和冠心病的人数占死亡人数的 1/2，而在印度新德里则不到 20%。因而，应用特定病因死亡率来研究污染与健康的暴露反应关系比较准确。然而，用全因死亡率也有一些优点：①空气污染影响面广泛，全因死亡率可以全包括在内；②发展中国家病因死亡率的数据少，用全因死亡率更准确；③全因死亡率更适合快速评价。

通常选择评价的健康终端包括：

死亡：死亡率的百分增长率，%

- 全因死亡
- 慢性阻塞性呼吸系统疾病（COPD）
- 心血管疾病（CVD）
- 脑血管疾病（CEVD）

患病：呼吸系统疾病、循环系统疾病患病率的百分增长率，%

- 住院人次（HA）
- 患病率或发病率或门诊人次（OPV）
- 工作日损失（WDL）

4.4 暴露反应关系

4.4.1 暴露反应关系的研究方法

暴露反应关系的研究方法主要有队列研究、生态学研究、时间序列研究和综合分析的 Meta 分析方法。

（1）队列研究（Cohort Study）又称为定群研究。是指在一定人群中选择暴露和未暴露于某个研究因素的两组人群（队列），对两组人群随访观察一定的时间，收集相关的环境暴露和健康结局数据，比较两组人群所研究的健康结局事件的发生状况（一般采用发病率或死亡率）的差异，从而判断环境暴露因素与疾病的关系，建立健康效应与污染水平的暴露反应关系的一种研究方法。队列研究根据随访观察的时间分为前瞻性队列研究、回顾性队列研究和双向性队列研究。前瞻性队列研究，观察开始时健康结局没有发生，随访观察随时间的推移观察对象健康状况的变化；回顾性队列研究，观察开始时健康结局已经发生，回顾调查观察对象在过去一段时间内的环境暴露和健康状况的变化；双向性队列研究，观察开始时健康结局已经发生，首先开展回顾性调查，通过分析初步得到环境暴露因素与疾病关系，然后再进一步随访观察随时间的推移观察对象健康状况的变化，以最终建立健康效应与污染水平的暴露反应关系。

（2）生态学研究，亦称对比调查研究或横断面研究。是描述性流行病学研究方法的一种。它是在群体水平上研究环境因素与疾病之间的关系，即是以群体为观察、分析单位，通过描述不同地点或不同时间的人群中环境因素的暴露情况与疾病的频率，在控制有关的变量前提下，回归分析该环境因素与疾病的关系，以建立健康效应与污染水平的暴露反应关系。

（3）时间序列研究。用同一地点（区域）的、时间系列的（通常是每天的）环境污染和相应的健康效应数据，在控制有关的变量前提下进行统计回归分析，以建立健康效应与污染水平的暴露反应关系。

（4）Meta 分析方法。Meta 分析是在系统综述已有同一学科问题所取得的研究成果时，应用一种或多种统计技术从现有的许多较小的、独立研究结果的数据库中合并多个独立的研究结果，挖掘更多的信息，所使用的统计方法。它可以将针对同一问题的多个独立的研究结果进行定量统计分析。Meta 分析把不同作者对相同问题在同样假设条件下进行的研究看作从同一总体中进行抽样得到的一个随机样本，如果他们都是按照相同的设计得到的研究结果，并且可以找到每一项研究的结果，这样就可以根据上面的原理通过统计分析得到一个更为可靠的结果。Meta 分析的主要步骤：①文献搜索；②确定文献纳入 Meta 分析的准则；③从纳入文献中记录数据；④数据的统计分析。

统计分析的通常的做法是，以每个研究结果的标准差平方的倒数为权重，将所有选中的研究结果（样本）加权平均，以这个结果作为最终的综合性结果。

4.4.2 空气污染与健康暴露反应关系的研究综述

空气污染对人体健康的影响，包括长期暴露后的慢性效应和短期暴露的急性效应两部分。在过去的 20 多年里，世界各国发表了大量的时间序列研究，但只有少数几项队列研究报道了空气污染暴露和人体健康间的暴露反应关系。在中国的某些大城市，如北京、上海、沈阳和重庆，也开展了时间序列研究和生态学研究。

为了推导适用于我国的空气污染对人体健康的暴露反应关系函数，我们进行了系统的文献回顾，通过 Meta 分析和统计学趋势分析的方法分析了现有的研究，并根据上述的标准选择最终的暴露反应关系函数。

4.4.2.1 空气污染与健康暴露-反应关系函数的形式

经典的大气污染与健康暴露-反应关系模式如图 4-1 所示，图 4-1 中 E 和 E_0 为污染和基线浓度的健康效应。从图中我们可以看出，大气污染物浓度与人群健康效应的相关关系实际上是一条曲线。

空气污染对人体健康的影响用污染物与健康危害终端的暴露-反应函数表示，即大气污染水平同暴露人口的健康危害终端之间呈统计学相关关系，在控制了其他干扰因素后，通过回归分析，估计出主要污染物单位浓度变化对暴露人口的健康危害终端的相关系数。

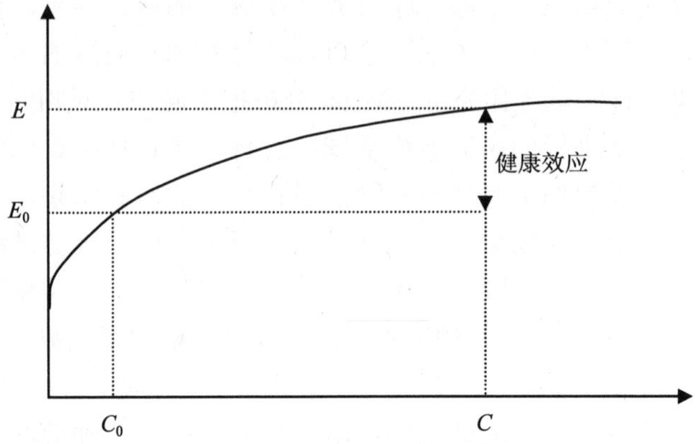

图 4-1　空气污染与人体健康效应的暴露-反应关系模型

大量的流行病学研究结果显示，环境污染物的浓度与人群相应的不良健康效应发生率之间存在一定的相关关系，并在一定条件下符合统计学规律，可以用统计学的方法进行定量的评价，在大量环境和健康统计数据的基础上建立某种大气污染物和相应健康效应的统计学定量关系。目前的研究认为，某种大气污染物与相应的健康效应的关系基本上符合一种污染物浓度的线性或对数线性的关系（Ostro，2004）。

线性关系：$RR=\exp(\alpha+\beta C)/\exp(\alpha+\beta C_0)=\exp[\beta(C-C_0)]$

在β比较小的情况下可以写为：

$$RR=1+\beta(C-C_0) \tag{4.1}$$

对数线性关系：$RR=\exp[\alpha+\beta\ln(C)]/\exp[\alpha+\beta\ln(C_0)]$

$=\exp[\beta(\ln C-\ln C_0)]$

$=\exp[\beta\ln(C/C_0)]$

$=(C/C_0)^{\beta}$

为了避免出现 $C_0=0$ 时的情况，分子分母加上一个 1，即

$$RR=[(C+1)/(C_0+1)]^{\beta} \tag{4.2}$$

这里 C 是某种大气污染物的当前浓度水平；C_0 是其基线（背景）浓度水平。RR 是相应大气污染物浓度下的人群健康效应的相对危险度。

4.4.2.2 长期暴露研究

（1）长期暴露的队列研究。队列研究利用空气污染浓度的空间差异来比较长期暴露与不同大气污染水平的人群中疾病和死亡的发

生率。通过对大量人群的长期随访，队列研究可以估计归因于大气污染的死亡数和平均寿命的降低。

美国人群队列研究的证据显示，长期暴露于室外大气污染与成人总死亡率、心肺有关疾病死亡率和肺癌死亡率相关。这些队列研究主要包括 Dockery 等 1993 年报道的哈佛六城市研究、Pope 等 1995 年报道的美国癌症协会队列研究和 Pope 等 2002 年报道的美国癌症协会扩展研究。表 4-8、表 4-9 显示了上述研究的背景信息和主要结果。

表 4-8 美国大气污染长期暴露队列研究的研究背景

作者	年份	地点	污染物	浓度范围	研究设计
Dockery 等	1993	美国 6 个城市	PM_{10}	18.2～46.5 μg/m³	队列研究
Pope 等	1995	美国 61 个城市	$PM_{2.5}$	9.0～33.5 μg/m³	队列研究
Pope 等	2002	美国 61 个城市	$PM_{2.5}$	Mean=17.7 μg/m³	队列研究

表 4-9 美国大气污染长期暴露队列研究的主要结果

作者	健康终端	污染物	*RR*	95%可信区间	Beta	标准误差
Dockery 等	全死因死亡率	PM_{10}	1.26	1.08，1.47	0.008 1	0.002 8
	肺癌死亡率		1.37	0.81，2.31	0.011 1	0.009 4
	心肺疾病死亡率		1.37	1.11，1.68	0.011 1	0.003 7
Pope 等	全死因死亡率	$PM_{2.5}$	1.17	1.09，1.26	0.006 4	0.001 5
	肺癌死亡率		1.03	0.80，1.33	0.001 2	0.005 3
	心肺疾病死亡率		1.31	1.17，1.46	0.011 0	0.002 3
Pope 等	全死因死亡率	$PM_{2.5}$	1.04	1.008，1.075	0.004 0	0.001 6
	肺癌死亡率		1.08	1.011，1.158	0.007 9	0.003 5
	心肺疾病死亡率		1.06	1.015，1.105	0.005 7	0.002 2

注：在 Dockery 等的研究中，*RR* 是指污染最严重城市与污染最轻城市的死亡率比。在 Pope 等的研究中，*RR* 是指颗粒物质量浓度每增加 10 μg/m³ 的相对危险度。Beta 是回归系数，Beta 乘以 100，是大气污染物质量浓度每增加 1 μg/m³，人群中健康效应增加的百分比。

（2）长期暴露的生态学研究。中国没有开展过大气污染对人群健康影响的队列研究，只有两项生态学研究，这些研究在某种意义上可以反映长期大气污染暴露对健康的影响。井立彬等和徐肇翊等分别在沈阳和本溪研究了大气污染对人群健康的长期影响。研究中采用生态学比较方法或生态学趋势方法，通过比较污染最严重地区和最清洁地区的污染物浓度，估计相对危险度。表 4-10、表 4-11 显示了上述研究的研究背景和主要结果。

表 4-10　中国各生态学研究的研究背景

作者	年份	地点	污染物	质量浓度范围	研究设计
徐肇翊等	1999	沈阳	TSP	290～620 μg/m^3	生态学研究
井立彬等	1996	本溪	TSP	353～560 μg/m^3	生态学研究

表 4-11　中国各生态学研究的主要结果

作者	健康终端	污染物	*RR*	95%可信区间	Beta	标准误差
井立彬等	全死因死亡率	TSP	1.08	1.02，1.14	0.000 770	0.000 284
	慢性阻塞性肺部疾病死亡率		1.24	1.04，1.44	0.002 151	0.000 830
	心血管疾病死亡率		1.24	1.08，1.41	0.002 151	0.000 680
	脑血管疾病死亡率		1.08	1.00，1.15	0.000 770	0.000 357
徐肇翊等	全死因死亡率	TSP	1.20	1.15，1.24	0.000 594	0.000 063
	慢性阻塞性肺部疾病死亡率		1.22		0.000 648	
	脑血管疾病死亡率		1.21		0.000 621	
	冠心病死亡率		1.11		0.000 340	

注：这里 *RR* 是指污染最严重地区相对于最清洁地区的相对危险度。Beta 乘以 100 是指 PM_{10} 质量浓度每增加 1μg/m^3，人群健康效应增加的百分比。

（3）队列研究与生态学研究的综合。为了获得适合我国的大气污染与健康长期影响的暴露反应关系，只有将现有的、为数不多的几个上述的队列研究和生态学研究结果综合起来。队列研究和生态学研究中采用的大气颗粒物指标不尽相同，包括 PM_{10}、$PM_{2.5}$ 和 TSP。为了便于应用以及结果的相互比较，我们将各种颗粒物指标转换为统一的指示污染物——PM_{10}。Aunan 和 Pan（2004）建议 PM_{10} 占 TSP 的比例为 0.60。Dockery 等的哈佛六城市研究（1993）结果显示，$PM_{2.5}$ 占 PM_{10} 的比例为 0.60～0.64；Lvovsky 等（2000）建议转换系数为 0.65；最近的中国 4 个城市研究发现，$PM_{2.5}$ 占 PM_{10} 的比例为 0.51～0.72；Wang 等（2005）对中国 28 个城市的研究发现，平均的比例为 0.55。本研究中，我们采用的 $PM_{2.5}$ 与 PM_{10} 间的转换系数为 0.60，PM_{10} 与 TSP 间的转换系数为 0.50。转换后的结果见表 4-12 和表 4-13。

表 4-12　PM_{10} 长期暴露研究结果概况

作者	健康终端	Beta	标准误差
Dockery 等，1993	全死因死亡率	0.008 166	0.002 779
	肺癌死亡率	0.011 124	0.009 447
	心肺疾病死亡率	0.011 124	0.003 736
Pope 等，1995	全死因死亡率	0.003 845	0.000 905
	肺癌死亡率	0.000 724	0.003 176
	心肺疾病死亡率	0.006 613	0.001 384
Pope 等，2002	全死因死亡率	0.002 411	0.000 985
	肺癌死亡率	0.004 729	0.002 078
	心肺疾病死亡率	0.003 440	0.001 300
井立彬等，1999	全死因死亡率	0.001 539	0.000 567
	慢性阻塞性肺部疾病死亡率	0.004 302	0.001 660
	心血管疾病死亡率	0.004 302	0.001 360
	脑血管疾病死亡率	0.001 540	0.000 713
徐肇翊等，1996	全死因死亡率	0.001 188	0.000 125
	慢性阻塞性肺部疾病死亡率	0.001 296	
	脑血管疾病死亡率	0.001 242	
	冠心病死亡率	0.000 680	

注：Beta 乘以 100 是指 PM_{10} 质量浓度每增加 1μg/m³，健康效应增加的百分比。

表 4-13　长期 PM_{10} 暴露对死亡率影响的暴露反应关系

作者	Dockery	Pope	Pope	井立彬	徐肇翊
	1	2	3	4	5
全死因死亡率/%	0.008 17	0.003 84	0.002 41	0.001 54	0.001 19
肺癌死亡率/%	0.011 12	0.000 72	0.004 73		
心肺疾病死亡率/%	0.011 12	0.006 61	0.003 44		
慢性阻塞性肺部疾病死亡率/%				0.004 30	0.001 30
心血管疾病死亡率/%				0.004 30	
脑血管疾病死亡率/%				0.001 54	0.001 24
PM_{10}/（μg/m³）	18.2～46.5	37.69	27.23	145～310	178～280

4.4.2.3 短期暴露的时间序列研究

时间序列研究被用来分析每日健康事件发生率，如住院率或死亡率，与每日大气污染物浓度以及其他危险因素（如气象因素）间的关联。在时间序列研究中，由于个体因素，如吸烟、营养、行为和遗传特征等，在整个研究期间内通常保持不变，因此不太可能成为混杂因素。研究者采用各种回归方法来估计大气污染暴露与健康结局间的关系。常用的回归分析方法是对反应变量（如日死亡人次或住院人次）进行对数变换，来估计相对危险度，或颗粒物浓度每变化一个单位健康结局改变的比例。

国内外大气污染对健康影响的时间序列研究很多。通常人们认为由于亚洲与西方人群之间的年龄结构、健康状况、生活方式的差异可能改变了人们对空气污染的易感性，空气污染物本身和与之相关的毒性也可能影响流行病学的研究结果。但是，2004 年美国健康影响研究所（HEI）出版了一本《亚洲发展中国家室外空气污染的健康影响——文献综述》，比较系统地回顾和分析了亚洲发展中国家室外空气污染健康影响的研究成果，发现空气污染对健康的影响结局十分相似，亚洲人群与西方人群对空气污染的反应并没有显著的差异。美国健康影响研究所通过 28 个亚洲研究的 Meta 分析得到的结果见表 4-14。

表 4-14 健康终端百分比变化的估计 [a、b]（污染物质量浓度每增加 10 μg/m^3） %

污染物	研究数量	估计的非均匀性 [c]	估计的效应-固定（95% CI）	估计的效应-随机（95% CI）	偏差检验 [d]	其他多城市研究的估计（95% CI）
全因死亡率						
PM_{10}	4	0.14	0.41（0.25，0.56）	0.49（0.23，0.76）		APHEA2[e]：0.6（0.4，0.8）；NMMAPS[f]：0.41（0.29，0.53）
TSP	10	0.55	0.20（0.14，0.26）	0.20（0.14，0.26）	0.53	—
SO_2	11	<0.001	0.35（0.26，0.45）	0.52（0.30，0.74）	0.03	APHEA1[g]：0.40（0.3，0.5）
呼吸系统门诊						
NO_2	4	<0.001	0.28（0.09，0.47）	0.95（0.05，1.94）		—
SO_2	4	0.03	0.07（0.28，0.41）	0.16（0.46，0.77）		—

注：a. 污染物质量浓度每增加 10 μg/m^3；b. 4 个或 4 个以上研究的综合计算结果；c. $P < 0.05$ 被认为统计显著；d. Begg 检验的 P 值，对于那些样本太少的没有进行检验，$P < 0.05$ 被认为统计显著；e. 29 欧洲城市（Katsouyanni，et al，2001）；f. 90 美国城市（Samet，et al.，2000b）；g. 12 欧洲城市（Katsouyanni，et al.，1997）。

APHEA——Air Pollution and Health: A European Approach; NMMAPS National Morbidity，Mortality，and Air Pollution Study.

表 4-15 和表 4-16 列出了一系列中国国内开展的时间序列研究的结果及其 Meta 分析的结果。

表 4-15 健康终端的暴露反应关系

（污染物质量浓度每增加 1 μg/m³，健康效应增加的百分比）

疾病终端（污染物）	系数/%	标准差	地点（时间）	文献
全因死亡率/% All-cause mortality				
PM_{10}	0.029	0.009	沈阳（1992）	Xu et al.，2000（TSP）
	0.03	0.01	上海（2000—2001）	Kan and Chen，2003（PM_{10}）
	0.036	0.016	北京（1989）	Xu et al.，1994（TSP）
	0.027	0.008	北京（1990—1991）	Dong et al.，1995（TSP）
SO_2	0.191	0.06	北京（1989）	Xu et al.，1994
	0.12	0.02	北京（1989）	Xu et al.，1994
	0.026	0.008	北京（1990—1991）	Dong et al.，1995
	0.161	0.059	香港	Wong et al.，2001
	0.024	0.009	沈阳（1992）	Xu et al.，2000
	0.039	0.024	香港（1995）	Venners et al.，2003
	0.159	0.025	上海（2000—2001）	Kan and Chen，2003
心脑血管疾病死亡率/% Mortality due to cardiovascular diseases				
PM_{10}	0.04	0.015	上海（2000—2001）	Kan and Chen，2003（PM_{10}）
	0.036	0.013	沈阳（1992）	Xu et al.，2000（TSP）
	0.068	0.04	北京（1989）	Xu et al.，1994（TSP）
	0.045	0.015	北京（1990—1991）	Dong et al.，1995（TSP）
	0.01	0.005	北京（1998—2000）	Chang et al.，2003（TSP）
SO_2	0.169	0.045	上海（2000—2001）	Kan and Chen，2003
	0.182	0.041	香港（1995）	Venners et al.，2003
	0.018	0.012	沈阳（1992）	Xu et al.，2000
	0.205	0.104	北京（1989）	Xu et al.，1994
	0.026	0.016	北京（1990—1991）	Dong et al.，1995
	0.04	0.008	北京（1998—2000）	Chang et al.，2003
呼吸系统疾病死亡率/% Mortality due to respiratory diseases				
PM_{10}	0.094	0.053	香港	Wong et al.，2001（PM_{10}）
	0.06	0.035	上海（2000—2001）	Kan and Chen，2003（PM_{10}）
	0.302	0.199	北京（1989）	Xu et al.，1994（TSP）
	0.286	0.146	北京（1989）	Xu et al.，1994（TSP）
	0.043	0.027	沈阳（1992）	Xu et al.，2000（TSP）
	0.034	0.068	北京（1990—1991）	Dong et al.，1995（TSP）
	0.053	0.015	北京（1998—2000）	Chang et al.，2003

疾病终端（污染物）	系数/%	标准差	地点（时间）	文献
SO_2	0.104	0.048	香港（1995）	Venners et al.，2003
	0.325	0.078	上海（2000—2001）	Kan and Chen，2003
	0.736	0.744	北京（1989）	Xu et al.，1994
	0.499	0.254	北京（1989）	Xu et al.，1994
	0.074	0.025	沈阳（1992）	Xu et al.，2000
	0.133	0.067	北京（1990—1991）	Dong et al.，1995
	0.042	0.013	北京（1998—2000）	Chang et al.，2003
门诊人次　Outpatient visits				
PM_{10}	0.352	0.128	北京（1990）	Xu et al.，1995a（TSP）
	0.025	0.006	北京（1990）	Xu et al.，1995b（TSP）
	0.019	0.007	北京（1990）	Wells et al.，1994（TSP）
	0.032	0.01	北京（1991）	Wells et al.，1994（TSP）
	0.005	0.003	北京（1991）	Wells et al.，1994（TSP）
SO_2	0.415	0.242	北京（1990）	Xu et al.，1995a
	0.047	0.012	北京（1990）	Xu et al.，1995b
	0.023	0.013	北京（1990）	Wells et al.，1994
	0.014	0.014	北京（1991）	Wells et al.，1994
	0.02	0.006	北京（1991）	Wells et al.，1994
儿科门诊人次　Pediatric outpatient visits				
PM_{10}	0.057	0.022	北京（1990）	Xu et al.，1995a（TSP）
	0.042	0.014	北京（1990）	Xu et al.，1995b（TSP）
	0.033	0.013	北京（1990）	Wells et al.，1994（TSP）
	0.083	0.022	北京（1991）	Wells et al.，1994（TSP）
	0.104	0.041	北京（1991）	Wells et al.，1994（TSP）
SO_2	0.127	0.037	北京（1990）	Xu et al.，1995a
	0.081	0.029	北京（1990）	Xu et al.，1995b
	0.074	0.023	北京（1990）	Wells et al.，1994
	0.061	0.027	北京（1991）	Wells et al.，1994
	0.558	0.137	北京（1991）	Wells et al.，1994
内科门诊人次　Internal medicine outpatient visits				
PM_{10}	0.07	0.037	北京（1990）	Xu et al.，1995a（TSP）
	0.037	0.008	北京（1990）	Xu et al.，1995b（TSP）
	0.02	0.01	北京（1990）	Wells et al.，1994（TSP）
	0.046	0.014	北京（1991）	Wells et al.，1994（TSP）
	0.024	0.021	北京（1991）	Wells et al.，1994（TSP）

疾病终端（污染物）	系数/%	标准差	地点（时间）	文献
SO_2	0.146	0.067	北京（1990）	Xu et al.，1995a
	0.065	0.018	北京（1990）	Xu et al.，1995b
	0.042	0.019	北京（1990）	Wells et al.，1994
	0.02	0.017	北京（1991）	Wells et al.，1994
	0.185	0.053	北京（1991）	Wells et al.，1994
急症人次 Emergency room visits				
PM_{10}	0.011	0.005	北京（1990）	Xu et al.，1995a（TSP）
	0.018	0.013	北京（1990）	Xu et al.，1995a（TSP）
	0.019	0.033	北京（1991）	Wells et al.，1994（TSP）
SO_2	0.037	0.008	北京（1990）	Xu et al.，1995a
	0.068	0.027	北京（1990）	Xu et al.，1995a
	0.157	0.07	北京（1991）	Wells et al.，1994
住院人次　Hospital admissions				
PM_{10}	0.11	0.015	北京（1991）	Wells et al.，1994
SO_2	0.21	0.066	北京（1991）	Wells et al.，1994
呼吸系统疾病住院人次　Hospital admissions for respiratory diseases				
PM_{10}	0.159	0.03	香港	Wong et al.，1999（PM_{10}）
	0.1	0.025	香港	Wong et al.，2002（PM_{10}）
	0.3	0.077	—	Ostro et al.，1996（PM_{10}）
	0.2	0.051	—	WHO，1995（PM_{10}）
SO_2	0.129	0.04	香港	Wong et al.，1999
	0.178	0.04	香港	Wong et al.，2002
	0.252	0.066	—	
心脑血管疾病住院人次　Hospital admissions for cardiovascular diseases				
PM_{10}	0.06	0.025	香港	Wong et al.，1999（PM_{10}）
	0.07	0.02	香港	Wong et al.，2002（PM_{10}）
SO_2	0.159	0.05	香港	Wong et al.，1999
	0.208	0.035	香港	Wong et al.，2002
成人慢性呼吸系统疾病 Chronic respiratory illness in adults				
PM_{10}	0.299	0.014	3 城市	Zhang et al.，1999（TSP）
	0.648	0.129	北京	Xu and Wang，1993（TSP）
	0.461	0.05	本溪	Jing et al.，2000（TSP）
	0.725	0.37	沈阳	Xiao et al.，1990（TSP）
儿童慢性呼吸系统疾病 Chronic respiratory illness in children				
PM_{10}	0.362	0.017	3 城市	Qian et al.，2000（TSP）
	0.969	0.045	4 城市	Qian et al.，2004（PM_{10}）
	4.756	0.815	香港	Yu et al.，2001（PM_{10}）
	0.447	0.054	4 城市	Zhang et al.，2002（PM_{10} and TSP）

表 4-16　中国城市大气污染健康终端效应时间序列研究的 Mate 分析结果

（污染物质量浓度每增加 1 μg/m³ 健康终端增加的百分比）

健康终端	污染物	系数/%	标准差（SE）
全因死亡率	PM_{10}	0.03	0.01
	SO_2	0.04	0.01
CVD 死亡率	PM_{10}	0.02	0.008
	SO_2	0.04	0.01
呼吸系统疾病死亡率	PM_{10}	0.06	0.02
	SO_2	0.06	0.02
门诊人次	PM_{10}	0.012	0.004
	SO_2	0.02	0.01
小儿科门诊人次	PM_{10}	0.05	0.02
	SO_2	0.08	0.03
内科门诊人次	PM_{10}	0.03	0.01
	SO_2	0.05	0.02
急诊人次	PM_{10}	0.01	0.01
	SO_2	0.04	0.01
住院人次	PM_{10}	0.11	0.015
	SO_2	0.21	0.066
CVD 住院人次	PM_{10}	0.07	0.02
	SO_2	0.19	0.04
呼吸系统疾病住院人次	PM_{10}	0.12	0.03
	SO_2	0.17	0.04
成人慢性呼吸系统疾病	PM_{10}	0.31	0.02
儿童慢性呼吸系统疾病	PM_{10}	0.44	0.02

表 4-17　PM_{10} 与患病率的暴露反应关系（Aunan and Pan，2004）

健康终端	疾病	Beta	标准差
住院	RD	0.12	0.02
	CVD	0.07	0.02
患病率/%	慢性支气管炎	0.48	0.04

4.4.3 推荐的暴露反应关系

4.4.3.1 空气污染对死亡率影响的暴露反应关系系数

长期队列研究是评价大气污染对人体健康慢性效应的最好的方法，而时间序列研究适合于揭示空气污染水平短期波动的急性影响。美国 EPA 在评价《清洁空气法》的健康效应中采用的是美国大气污染与健康效应的队列研究成果。队列研究中得到的对死亡率的长期效应包含了时间序列研究得到的短期效应，队列研究的暴露反应关系系数明显大于时间序列研究报告的暴露反应关系系数。

由于美国的长期队列研究和中国的生态学研究（假定生态学研究的结果反映了大气污染对死亡率的长期影响）中都报道了对全死因死亡率的影响（表 4-13），为了充分利用国际和中国的研究成果，结合中国的实际，我们选择全死因死亡率作为评价长期影响的健康终端。

有证据表明 PM_{10} 质量浓度每增加 1μg/m^3，死亡率增加的百分比随着污染物质量浓度水平的变化而改变。与中国的研究相比，美国的研究中各地区 PM_{10} 质量浓度较低，而中国的研究中 PM_{10} 质量浓度较高，见图 4-2 和表 4-13、表 4-15。

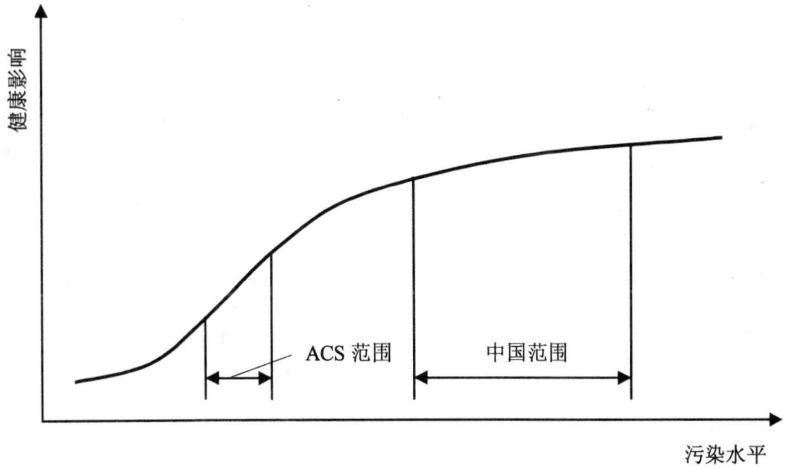

图 4-2 健康影响和空气污染水平之间的关系示意图

中国有 600 多个城市，污染物质量浓度变化范围相当大，因此全国使用统一的暴露反应关系系数不合适，若都用美国癌症协会研究的低浓度的结果明显高估了健康的危害，而都用沈阳和本溪高浓度的研究结果，又会低估了健康的危害。为了合理地估计中国大气污染对死亡率的长期影响，从而为政策制定者提供更多的信息，需要从已有的沈阳和本溪得到的高浓度暴露反应关系和美国 Pope 的低浓度的暴露反应关系得到更大的浓度范围的暴露反应关系，可以应用两种处理方法。

（1）指数函数内插法。根据国内外研究普遍发现，在 PM_{10} 质量浓度范围比较大时，暴露反应关系为对数线性函数，PM_{10} 质量浓度在 40～150 μg/m³ 应用指数函数内插法。暴露反应关系和 PM_{10} 质量浓度的关系分为以下 3 个部分（图 4-3）：①PM_{10} 质量浓度 C 大于等于 150 μg/m³ 时，采用中国研究的结果，系数为 0.001 2，也就是说，PM_{10} 质量浓度每增加 1 μg/m³，全死因死亡率增加 0.12%；②PM_{10} 质量浓度 C 小于等于 40 μg/m³ 时，采用美国队列研究的结果，系数为 0.002 4，即 PM_{10} 质量浓度每增加 1 μg/m³，全死因死亡率增加 0.24%；③PM_{10} 质量浓度 C 大于 40 μg/m³ 且小于 150 μg/m³ 时，暴露反应关系系数通过指数函数内插（即符合对数线性关系）的方法计算得到。暴露反应关系系数 Beta 和颗粒物 PM_{10} 质量浓度间指数函数内插的表达式为：

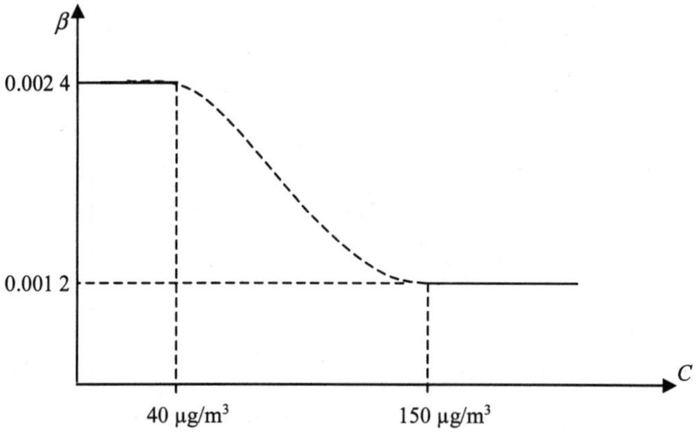

图 4-3 β的内插

β=0.002 4/$\delta^{(PM_{10}-40)}$

PM_{10}=40，β=0.002 4/$\delta^{(40-40)}$ = 0.002 4

PM_{10}=150，β=0.001 2

0.001 2=0.002 4/$\delta^{(150-40)}$ =0.002 4/δ^{110}

$\delta^{110}=2$，$\delta=1.006\ 321$

$40\ \mu g/m^3 \leqslant PM_{10} \leqslant 150\ \mu g/m^3$，内插的方程式为：

$\beta=0.002\ 4/1.006\ 321^{(PM_{10}-40)}$

$RR=\exp\beta(PM_{10\sim15})$

表 4-18 为 $40\ \mu g/m^3 \leqslant PM_{10} \leqslant 150\ \mu g/m^3$，$\beta$ 和 RR 的内插计算值。

表 4-18　内插的 β 与 RR

PM_{10}/（$\mu g/m^3$）	β	RR
40	0.002 400	1.061 837
50	0.002 253	1.082 064
60	0.002 116	1.099 892
70	0.001 987	1.115 456
80	0.001 865	1.128 9
90	0.001 751	1.140 37
100	0.001 644	1.150 016
110	0.001 544	1.157 983
120	0.001 450	1.164 416
130	0.001 361	1.169 452
140	0.001 278	1.173 225
150	0.001 200	1.175 86

（2）对数线性方程式外推法。应用文献 Ostro 提出的健康效应与污染物质量浓度的对数线性方程式，有关参数用中国的暴露反应关系来确定，在低质量浓度时与美国的队列研究进行对比，验证健康效应与污染物质量浓度的对数线性方程式的可信性。

中国的研究结论：在 PM_{10} 质量浓度 $150\mu g/m^3$ 以上，危害终端为全因死亡率，β 值为 0.001 2（PM_{10} 质量浓度每增加 $1\ \mu g/m^3$，人群全因死亡率增加 0.12%），应用方程式（4.3），则：

在 PM_{10} 质量浓度=$150\mu g/m^3$ 时，

$$RR=\exp[(c-15)\times\beta]=\exp[(150-15)\times0.001\ 2]=1.175\ 86 \quad (4.3)$$

应用健康效应与污染物质量浓度的对数线性方程式——方程式（4.4），代入在 PM_{10} 质量浓度=$150\ \mu g/m^3$ 时的 RR 值，确定 B 值（为了区别线性方程中的 β，改用 B，以避免混淆）。

$$RR=[(150+1)/(15+1)]^B=1.175\ 86 \quad (4.4)$$

得到，$B=0.072\ 17$

则在 PM_{10} 质量浓度 $\leqslant 150\ \mu g/m^3$ 时，健康效应与污染物质量浓

度的对数线性方程式为：

$$RR=[(c+1)/16]^{0.07217} \qquad (4.5)$$

结果对比：

应用方程式（4.5），PM_{10}质量浓度 c=40 μg/m³ 时，RR=1.070。

与 Pope 的结果对比，应用方程式（4.5）：

$RR=\exp[(c-15)\times\beta)=\exp[(40-15)\times 0.0024]=1.062$

两个结果很接近，误差不到 0.8%，表明方程式（4.5）是合理的。

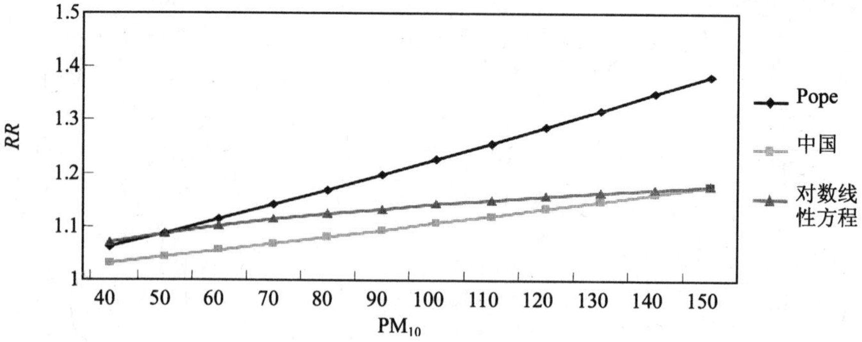

图 4-4　RR-PM_{10}的暴露反应函数曲线

指数内插法和对数线性方程式外推法得到的结果十分接近，表 4-19 为两种方法得到的 RR 值，从表可以看出两种方法的结果误差很小，不到 1%。表明这两种方法是可行的。

表 4-19　指数内插法和对数线性方程式外推法的比较

PM_{10}/（μg/m³）	RR		
	内插法	对数线性方程式外推法	误差/%
40	1.061 837	1.070 27	0.79
50	1.082 064	1.087 261	0.48
60	1.099 892	1.101 402	0.14
70	1.115 456	1.113 535	0.17
80	1.128 9	1.124 175	0.42
90	1.140 37	1.133 66	0.59
100	1.150 016	1.142 222	0.68
110	1.157 983	1.150 031	0.69
120	1.164 416	1.157 213	0.62
130	1.169 452	1.163 864	0.48
140	1.173 225	1.170 059	0.27
150	1.175 86	1.175 859	0.00

4.4.3.2 空气污染对慢性支气管炎发病的暴露反应关系系数

慢性支气管炎患病是空气 PM_{10} 污染对健康的一个主要危害，慢性支气管炎是一种很难治愈而且对人体功能危害较大的一种疾病。慢性支气管炎患病率与 PM_{10} 污染的暴露反应关系系数 β 为 0.48%(每增加 1 μg/m^3)，见表 4-17。

慢性支气管炎的患病率和年龄结构数据来自第三次卫生服务调查，根据中国第三次卫生服务调查的数据分析，中国慢性支气管炎的疾病平均持续时间为 22 年，见表 4-20。

表 4-20　中国慢性支气管炎患病年龄分布

（第三次卫生服务调查，2003 年）

年龄组	0～4	5～14	15～24	25～34	35～44	45～54	55～64	65～	合计
平均年龄	2	9.50	19.5	29.5	39.5	49.5	59.5	68.5	
老慢支患病率，1/1 000	0.3	0.3	0.2	1.4	3.3	8.6	18.1	38.5	
人口年龄结构/%	4.8	15.7	13.7	14.7	16.8	15.8	8.9	9.5	100
患病人数 (1) /人	144	471	274	2 058	5 544	13 588	16 109	36 575	74 763
个体疾病持续时间 (2) /a	73.3	67.2	57.9	48.3	39.2	30.1	21.3	12.2	
累计持续时间/（人·a）	12 554	35 451	18 551	135 024	196 070	302 789	271 293	320 692	1 292 424
平均每个病人疾病持续时间=累计持续时间/患病人数合计=22 年									

注：（1）患病人数=人口基数（百万）×人口年龄结构×老慢支患病率；

（2）个体疾病持续时间=中国老慢支患者的平均死亡年龄（75.3）－年龄组平均年龄。

4.4.3.3 大气污染对住院的暴露反应关系系数

大气污染对住院的影响，见上述的中国研究的 Meta 分析的结果，本书推荐的健康终端暴露反应关系系数见表 4-17。

4.4.4 研究的局限性

上述提到的暴露反应关系方程是基于最近 15 年来中国和其他国家开展的研究。一系列因素可能影响暴露反应关系系数的大小，而且这些因素也可能在研究开展以后发生了巨大的变化，如人群的一般健康状况和居住条件、空气污染水平和污染物成分。此外，与较早的研究相比，研究方法的发展也增加了新近研究的可信性。既往研究的主要局限可能来源于以下几个方面。

4.4.4.1 大气污染水平和污染类型的改变

以前，中国城市地区大气污染主要来源于煤的燃烧，且在5～10年前，研究者仍然重点关注 SO_2 对人体健康的影响。近年来，随着能源结构的改变，中国城市地区的大气污染已经由煤烟型空气污染转变为煤烟和汽车尾气混合污染。SO_2 的排放逐渐降低，颗粒物已经成为中国大多数城市关注的首要污染物。

4.4.4.2 研究区域的局限性

Aunan 和 Pan（2004）的 Meta 分析主要基于几个大城市而不是中小城市的研究结果。然而，中小城市的大气污染特征通常与大城市不同，且年龄结构和人群对大气污染的易感性也会因城市不同而变化。因此暴露反应关系方程的外推需要格外的小心。

4.4.4.3 方法学的不确定性

中国迄今尚未开展类似美国开展的大样本流行病学队列研究，大多数研究属于生态学研究。生态学研究无法收集个体水平的详细信息，这就意味着不同地点的研究结果可能由于个体特征的不同而不可比。生态学研究的不确定性主要来源于人群不同健康状况的混杂、不同效应修饰因素和其他可能影响的健康结局频率的生态学差异。时间序列研究中的不确定性主要与温度、湿度、流感发生以及其他随时间变化可能影响健康结局的因素的混杂作用。上述两种类型的研究，都因其暴露和健康效应评价不是基于个体水平而其可靠性受到怀疑。在我们的研究中，我们采用美国队列研究的结果来估计大气污染对长期死亡率的影响，因为现在中国没有可利用的类似的研究。这可能导致评价结果的不确定性。

4.5 健康危害估算模型

评价空气污染健康危害的一般公式：

$$P_{di} = (f_{pi} - f_{ti}) \cdot P_e \qquad (4.6)$$

式中：P_{di} ——由于污染造成的健康危害数量（过早死亡人数、住院人数、发病人数等）；

f_{pi}——污染条件下健康危害终端 i 的年发生率（如住院率‰、门诊率‰等）；

f_{ti}——健康危害终端 i 的基线，即清洁条件下健康危害终端 i

的年发生率；

P_e——暴露人口。

f_{ti} 可以从健康危害的一般表达式（4.8）得出，即：

$$f_{pi} = f_{ti} \times \exp(\Delta c_i \times \beta_i / 100) \tag{4.7}$$

$$f_{ti} = \frac{f_{pi}}{\exp(\Delta c_i \cdot \beta_i / 100)} \tag{4.8}$$

在 β_i 值比较小的时候，exp（$\Delta c_i \times \beta_i/100$）≈$1+\Delta c_i \times \beta_i/100$，则：

$$f_{pi} = f_{ti}(1 + \Delta c_i \times \beta_i / 100) \tag{4.9}$$

$$f_{ti} = \frac{f_{pi}}{1 + \Delta c_i \cdot \beta_i / 100} \tag{4.10}$$

式中：β_i——回归系数，即污染物质量浓度每变化 1 μg/m^3 健康危害 i 变化的百分数；

c_i——实际空气污染物的质量浓度与健康危害空气污染物的质量浓度阈值之差，μg/m^3。

$$c_i = c_{pi} - c_{ti}$$

式中：c_{pi}——暴露区实际空气污染物的质量浓度，μg/m^3；

c_{ti}——健康危害空气污染物的质量浓度阈值。

在已知健康终端的相对危险度 RR 时，可以用以下计算公式计算健康危害的实物量：

因为　　$RR = f_p / f_t$

所以

$$P_{di} = \frac{(RR_i - 1)}{RR_i} \bullet f_{pi} \bullet P_e \tag{4.11}$$

鉴于暴露反应关系的支持和有关卫生统计数据的实际情况，实际计算中，主要计算终端为：

- 死亡率。
- 循环系统疾病和呼吸系统疾病住院。
- 慢性呼吸系统疾病及其中慢性支气管炎患病率/发病率。
- 慢性呼吸系统疾病工作日损失。

附录　空气污染的健康经济损失计算步骤

（1）空气污染引起早死的健康损失计算步骤见附图 1；

（2）空气污染引起慢性支气管炎发病的健康损失计算步骤见附图 2；

（3）空气污染引起住院的健康损失计算步骤见附图 3。

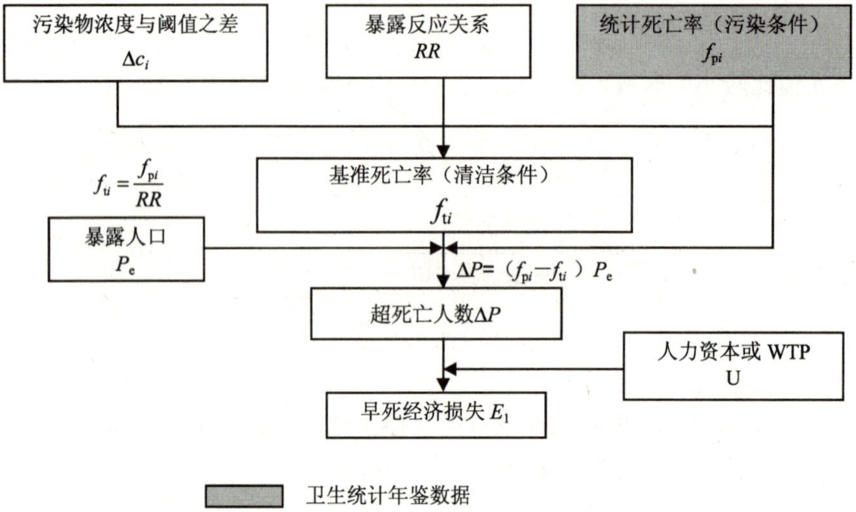

附图 1　污染死亡损失计算步骤

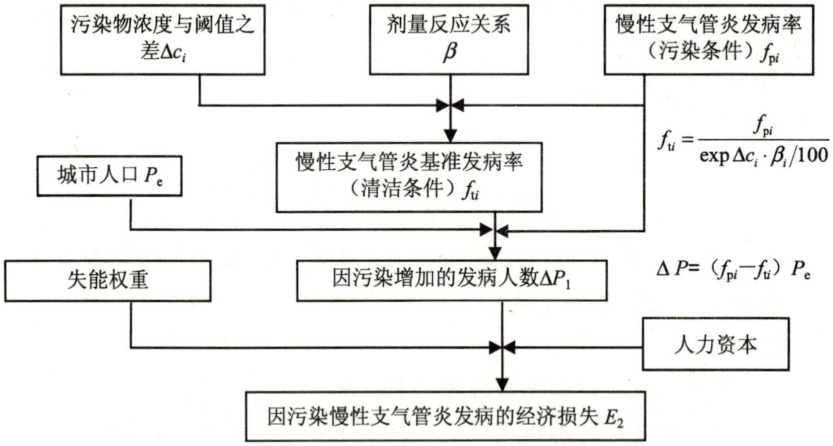

附图 2　污染慢性支气管炎发病经济损失计算步骤

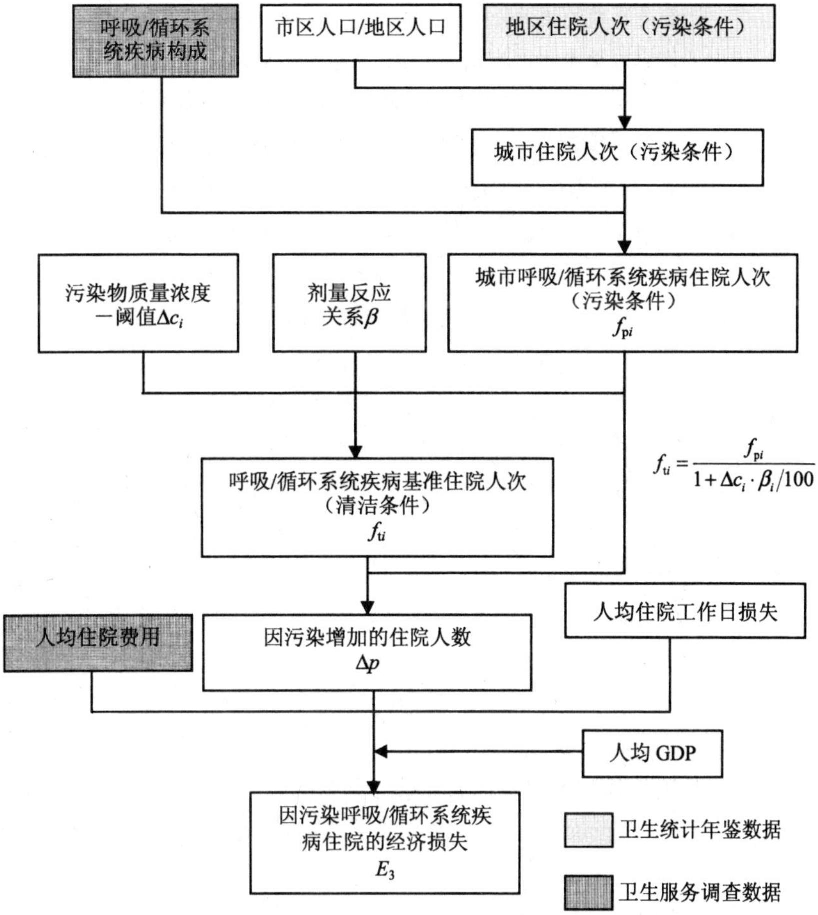

附图 3　污染呼吸/循环系统疾病住院医疗费用损失计算步骤

参考文献

[1] 常桂秋，潘小川，谢学琴，等. 北京市大气污染与城区居民死亡率关系的时间序列分析. 卫生研究，2003，32（6）：565-568.

[2] 董景五，徐希平，Dockery DW，等.北京城区 1990—1991 年空气污染与日死亡率. 卫生研究杂志，1995，24：212-214.

[3] 董景五，徐希平，Dockery DW，等，北京 1991 年隆福医院空气污染与门诊的相关关系. 中华流行病学杂志，1996，17（1）：13-16.

[4] 戴海夏，宋伟民，高翔，等. 上海市 A 城区大气 PM_{10}、$PM_{2.5}$ 污染与居民

日死亡数的相关分析. 卫生研究，2004，33（3）：293-297.
[5] 高军，徐希平，陈育德，等. 北京市东、西城区空气污染与居民死亡情况的分析. 中华预防医学杂志，1993，27（6）：340-343.
[6] 高军，徐希平，李包罗，等. 北京市海淀区空气污染与居民死亡情况的调查. 中国慢性病预防与控制杂志，1993，1：207-210.
[7] 阚海东，陈秉衡，贾健. 上海市大气污染与居民每日死亡关系的病例交叉研究. 中华流行病学杂志，2003，24（10）：863-867.
[8] 井立彬，徐肇翊，等. 本溪市大气污染与死亡率的影响. 中国公共卫生学报，1999，15（3）：211-212.
[9] 井立彬，秦怡，徐肇翊，等. 本溪市大气污染急慢性呼吸系统疾病的关系. 环境与健康杂志，2000，17（5）：268-270.
[10] 徐肇翊，刘允清，俞大乾，等. 沈阳市大气污染对死亡率的影响. 中国公共卫生学报，1996，15：61-64.
[11] Aunan K. and Pan XC. 2004. Exposure-response functions for health effects of ambient air pollution applicable for China – a meta-analysis. Science of the Total Environment，329：3-16.
[12] Aunan K. and Li Z. 1999. Health damage assessment for Guangzhou -using exposure-response functions.
[13] HEI（Health Effects Institute）. 2004. Health Effects of Outdoor Air Pollution in Developing Countries of Asia：A Literature Review：Health Effects Institute.
[14] Kan H，Chen B. A case-crossover analysis of air pollution and daily mortality in Shanghai. Journal of Occupational Health 2003b，45：119-124.
[15] Ostro B D. 1996. A methodology for estimating air pollution health effects. World Health Organisation（WHO） Report WHO/EHG/96.5. WHO，Geneva.
[16] Qian Z，Chapman RS，Tian Q，Chen Y，Lioy PJ，Zhang J. 2000. Effects of air pollution on children's respiratory health in three Chinese cities. Archives of Environmental Health，55（2）：126-134.
[17] Qian Z，Chapman RS，Hu W，Wei F，Korn LR，Zhang J. Using air pollution based community clusters to explore air pollution health effects in children. Environment International 2004（In press）.
[18] Scott A.Venners，Binyan Wang，Zhonggui Peng，et al. 2003. Particulate Matter，Sulfur Dioxide，and Daily Mortality in Chongqing，China. Environmental Health Perspective，111：542-567.
[19] Venners SA，Wang B，Peng Z，Xu Y，Wang L，Xu X. 2003. Particulate matter，

sulfur dioxide, and daily mortality in Chongqing, China. Environmental Health Perspectives, 111 (4): 562-567.

[20] Wells G J, Xu X, Johnson T M. 1994. Valuing the health effects of air pollution: Application to industrial energy efficiency projects in China. Subreport 8 in the series China – Issues and Options in GHG emission control. World Bank, Washington DC.

[21] WHO (World Health Organisation), 1995. Update and revision of the air quality guidelines for Europe. Meeting of the Working Group "Classical" Air Pollutants. Bilthoven, The Netherlands 11-14 Oct. 1994. WHO-Regional Office for Europe, Copenhagen.

[22] Wong CM, Ma S, Hedley AJ, Lam. 2001. Effect of air pollution on daily mortality in Hong Kong. Environmental Health Perspectives, 109 (4): 335-340.

[23] Wong CM, Atkinson RW, Anderson HR, Hedley AJ, Ma S, Chau PYK, Lam TH. 2002. A tale of two cities: Effects of Air pollution on hospital admissions in Hong Kong and London compared. Environmental Health Perspectives, 110: 67-77.

[24] Wong TW, Lau TS, Yu TS, Neller A, Wong SL, Tam W, Pang SW. 1999. Air pollution and hospital admissions for respiratory and cardiovascular diseases in Hong Kong. Occup Environ Med, 56: 679-683.

[25] Xiao HP, et al. 1990.Effects of air pollution on human respiratory disease in Shenyang. Chinese Journal of Public Health, 6 (5): 195-198. (In Chinese)

[26] Xu X. 1998. Air pollution and its health effects in urban China. In: Energizing China: Reconciling Environmental Protection and Economic Growth (McElroy MB, Nielsen CR, Lydon P, eds.). Cambridge, MA: Harvard University Press.

[27] Xu X, Li BL, Huang HY. 1995a. Air pollution and unscheduled hospital outpatient and emergency room visits. Environmental Health Perspectives, 103: 286-289.

[28] Xu X, Dockery DW, Christiani DC, Baoluo L, Huang H. 1995b. Association of airPollution with hospital outpatient visits in Beijing. Archives of Environmental Health, 50 (3): 214-220.

[29] Xu X, Gao J, Dockery D, Chen Y. 1994. Air pollution and daily mortality in residential areas of Beijing, China. Archives of Environmental Health, 49 (4): 216-222.

[30] Xu X, Wang L. 1993. Associations of indoor and outdoor particulate level with

chronic respiratory illness. American Review of Respiratory Diseases，148：1516-1522.

[31] Xu Z，Yu D，Jing L，Xu X. 2000. Air pollution and daily mortality in Shenyang，China. Archives of Environmental Health，55（2）：115-120.

[32] Yu TI，Wong TW，Wang XR，Song H，Wong SL，Tang JL. 2001. Adverse effects of low-level air pollution on the respiratory health of schoolchildren in Hong Kong. Journal of Occupational and Environmental Medicine，43（4）：310-316.

[33] Zhang J，Qian Z，Kong L，Zhou L，Yan L，Chapman RS. 1999. Effects of air pollution on respiratory health of adults in three Chinese cities. Archives of Environmental Health，54（6）：373-382.

[34] Zhang J，Hu W，Wei F，Wu G，Korn LR，Chapman RS. 2002. Children's respiratory morbidity prevalence in relation to air pollution in four Chinese cities. Environmental Health Perspectives，110：961-967.

第5章 水污染的健康实物量危害

5.1 水污染对健康影响的途径和介水疾病

水与人体健康的关系十分密切，一方面水是维持人体健康的必需因素，另一方面水又是传播疾病的重要介质。水污染对健康的影响比空气污染对健康的影响复杂得多。空气污染直接被人吸入，影响人体健康，而水污染（人类活动排放污染物）要通过人饮用或通过食物或接触才能影响人体健康，这个过程长且复杂（介水疾病的传播途径见图 5-1），与人们的供水方式（如是否有自来水）、卫生条件（如是否有规范的厕所）和卫生习惯（如饭前洗手）以及生活方式（如饮用烧开的水）有关。因而，介水疾病的复杂传播途径给计量水污染对健康的影响带来困难。

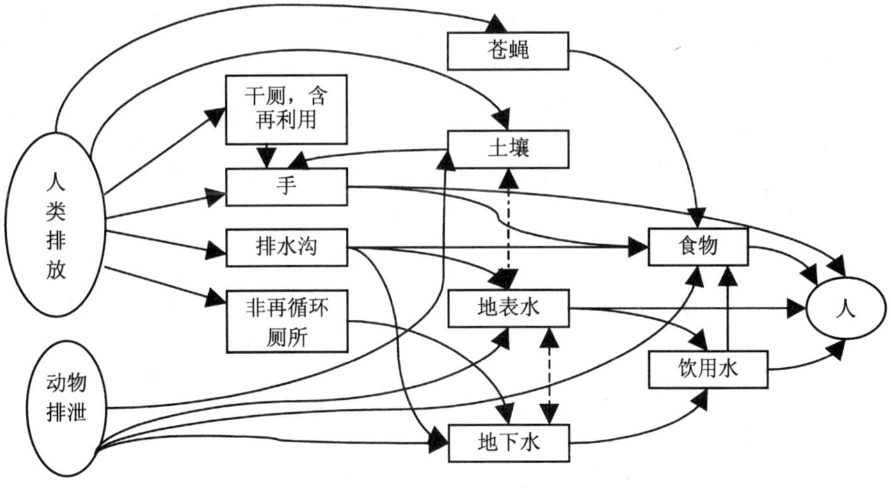

图 5-1　介水疾病的传播途径

5.2 水环境污染物对人体健康的危害与生活饮用水卫生标准

水中污染物主要有两大类：一类为生物性污染物，包括大肠杆菌、甲肝病毒等各类细菌和病毒；另一类为化学性污染物，包括无机物汞、砷、铬、氟、铅和有机化合物，如酚类化合物、苯类化合物、油类等。水体受到生物性污染后，最常见的危害是居民通过饮用、接触等途径而引起介水传染病的流行。这类疾病包括霍乱、伤寒、痢疾、肝炎等肠道传染病，以及血吸虫病等寄生虫病和钩端螺旋体病等。水体受到化学性污染后，主要的危害是循环系统和消化系统癌症，包括胃癌、肝癌、食管癌、结肠癌、膀胱癌等恶性肿瘤。

饮用水中的污染物来源主要有 3 个方面：工业废水和生活污水排放、大气污染、城市与农田径流。2005 年，全国七大江河水系的 411 个地表水监测断面中，仅有 41%的断面符合Ⅲ类以上水质标准，可作为集中式饮用水源，劣Ⅴ类水质占 27%，丧失了使用功能，属严重污染。全国 75%的湖泊出现不同程度的富营养化，近岸海域污染也较重，饮用水源安全受到严重威胁。

根据第三次全国卫生服务调查数据，目前约有 20.9%的三类农村地区人口和 50.35%的四类农村地区人口仍然在饮用不安全饮用水（不含井台加高、加井盖、定期投药以及雨水收集等低标准的安全饮用水），经济越贫困的地区，不安全饮用水的住户比例越高。同时，一些城市饮用水源地已监测到微量有机毒物，直接影响人的健康。另外，由于目前绝大部分水厂仍采用传统的氯化消毒处理工艺，对水源水中的大量有机污染物特别是溶解性有机污染物无能为力，而且在氯化消毒的同时，氯还会与水源水中的某些有机和无机成分反应，生成一系列卤代有机副产物，其中大部分对人体健康构成潜在威胁。因此经过氯化消毒的自来水仍然含有微量有机污染物，近年来的许多实验室检测出自来水厂出厂水的突变性大于水源水，其诱因就是氯化副产物。

饮用水水质对人民健康至关重要，而且由于我国化学工业越来越发达，影响健康的有害物质的数量和种类也越来越多。为了保障人民身体健康，从 2007 年 7 月 1 日开始执行新的国家生活饮用水卫生标准（GB 5749—2006）（见附录），替代原国家生活饮用水卫生标准（GB 5749—1985），新标准的规定指标由原标准的 35 项增至 106 项。新标准规定，生活饮用水中，有机化合物指标，包括绝大多数农药、环境激素、持久性化合物，是评价饮水与健康关系的重点；同时增加检测甲醛、苯、甲苯和二甲苯的含量。根据试验验证，各类指标中，可能对人体健康产生危害或潜在威胁的指标占 80%左右，属于影响水质感官性状和一般理化指标，即不直接影响人体健康的指标约占 20%。主要指标有感官性质和一般化学指标、毒理学指标和细菌学指标。

5.2.1 感官性状和一般化学指标

（1）色。纯水为无色透明的液体。清洁水在水层浅时应为无色，水层深时呈浅蓝绿色。天然水中如果存在腐殖质、泥土、浮游生物、铁和锰等金属离子，均可使水体着色。纺织、印染、造纸、食品、有机合成工业的废水中，常含有大量的染料、生物色素和有色悬浮微粒等，因此常常是使环境水体着色的主要污染源。有色废水常给人以不愉快感，排入环境后又使天然水着色。水色大于 15 度时，多数人喝水时，即可察觉；大于 30 度时，所有人均感到厌恶。生活饮用水水质标准（以下简称国标）要求色度不得超过 15 度，并不得呈现其他异色。

（2）浑浊度。浑浊度是由于水中含有泥沙、黏土、有机物、浮游生物和微生物等悬浮物质所造成的。浑浊度在 10 度时，人们可察觉水质浑浊。浑浊度高可导致某些有害物质（如多氯联苯、苯并[a]芘等）、细菌、病毒的含量增高。新国标要求生活饮用水的浑浊度不超过 1，水源与净水技术条件限制时为 3，原国标要求生活饮用水的浑浊度不超过 3 度，特殊情况不超过 5 度。

（3）臭和味。纯净的水应该是无臭无味的。由于生活污水或工业废水的污染、天然物质的分解以及细菌活动的代谢物等使水体产生异臭和异味。饮用水如有异臭和异味，会使人产生厌恶感，并提示水体已受到污染，水体中可能存在着对人体有害的化学物质和致病菌。新国标要求生活饮用水不得有异臭、异味。

（4）肉眼可见物。肉眼可见物主要是指水中的藻类、浮游生物、悬浮物、飘浮物等肉眼可见的杂质。水中存在肉眼可见物会令人厌恶，并会使饮用者对水体的水质产生怀疑。新国标要求饮用水中不允许出现肉眼可见物。

（5）pH。pH 值为水中氢离子活度的负对数。pH 值可间接地表示水的酸碱度。水的 pH 值在 6.5～9.5 范围内，并不影响饮用和健康。但过低可腐蚀管道，影响水质；过高可使溶解盐类析出，并降低氯消毒效果。新国标要求生活饮用水的 pH 值应在 6.5～8.5 范围内。

（6）总硬度（以碳酸钙计）。水的硬度主要是由于水中含有钙、镁的碳酸盐、酸式碳酸盐、硫酸盐、氯化物以及硝酸盐而形成的。硬度过高，可引起胃肠道功能的暂时性紊乱，但一般在短期内即能适应。硬水对日常生活影响较大，可形成水垢，影响茶味，消耗肥皂等。新国标要求生活饮用水中总硬度的含量应小于 450 mg/L。

（7）铁。天然水和废水中，铁的存在形式各式各样，可以胶体形式存在，也可以无机或有机的含铁络合物形式存在，还可存在于较大的悬浮颗粒中；可以是二价的，也可以是三价的。水中铁的污染来源主要是选矿、冶炼、炼铁、机械加工、工业电镀、酸洗废水等。铁是人体的必需微量元素之一，其化合物属低毒或微毒。二价铁具有一定的全身毒性作用，三价铁盐毒性较小，对黏膜具有轻度刺激性和腐蚀性。水环境中铁类化合物的浓度为 1 mg/L 时，有明显金属味；浓度为 0.5 mg/L 时，色度可大于 30 度。饮用水中铁超过 0.3 mg/L 时，会对衣服、器皿着色及产生沉淀和异味。新国标要求生活饮用水铁的含量应小于 0.3 mg/L。

（8）锰。地下水中由于缺氧，锰以可溶态的二价锰形式存在，而在地表水中还有可溶性三价锰的络合物和四价锰的悬浮物存在。锰的主要污染源是黑色金属矿山、冶金、化工排放的废水。锰是人体正常代谢必需的微量元素，一般人每天从食物中摄入 3～9 mg 锰。但过量的锰进入机体后可引起中毒。锰中毒表现主要为神经衰弱综合征和植物神经功能障碍，继续发展可出现明显的锥体外系损害为主的神经体征。水中有微量锰时，呈黄褐色。锰的氧化物能积沉在水管壁上，遇水压波动时可造成“黑水现象”。当水中锰超过 0.15 mg/L 时，能使衣服和白色瓷器设备着色。新国标要求生活饮用水锰的含量应小于 0.1 mg/L。

（9）铜。铜以单质或各种矿物形式存在。除了采矿，热交换以及其他工业用途都可以把铜排入水环境。铜的高浓度溶液广泛地用于除草剂以控制海藻类的繁殖；在农业上也常用其作杀菌剂。水中含铜 0.5 mg/L 时，具有明显的金属味；超过 1.0 mg/L 时，可使衣服及白瓷器染成绿色。铜是人体必需的微量元素，对于造血、细胞生长、某些酶的活性及内分泌腺功能均有重要作用。当进入人体内的铜化合物超过一定限度时，就要引起疾病。铜在体内主要贮留在肝、脑、肾等组织。铜代谢障碍所引起的疾病称为肝豆状核变性病，是一种遗传性疾病。铜急性中毒时，表现剧烈呕吐、腹泻，有时伴有腹绞痛、便血、剧烈头痛、出冷汗和脉弱，严重中毒可因休克、肝肾损害而致死。新国标要求生活饮用水铜的含量应小于 1.0 mg/L。

（10）锌。锌的主要污染源是电镀、冶金、颜料及化工等部门排放的废水。饮用水中含锌 50 mg/L 时，会引起恶心和昏厥。水中含锌 10 mg/L 时呈现浑浊，含锌 5 mg/L 时有金属涩味。锌是人体内必需的微量元素。缺锌时，能使骨骼生长迟缓，肝脾肿大，性腺功能减退。过量的锌可对胃肠道产生强烈刺激。吸收后主要贮留在肝和胰。过量的锌盐经口进入人体可发生急性中毒。新国标要求生活饮用水锌的含量应小于 1.0 mg/L。

（11）挥发酚（以苯酚计）。根据酚类能否与水蒸气一起蒸出，分为挥发酚与不挥发酚。挥发酚多指沸点在 230 以下的酚类，通常属一元酚。酚类主要来自炼油、煤气洗涤、炼焦、造纸、合成氨、木材防腐和化工等废水。酚属高毒类，为细胞原浆毒物，低浓度能使蛋白质变性，高浓度能使蛋白质沉淀，对各种细胞有直接损害，对皮肤和黏膜有强烈腐蚀作用。长期饮用被酚污染的水，可引起头昏、出疹、瘙痒、贫血、恶心、呕吐及各种神经系统症状。酚类化合物对人及哺乳动物有促癌作用。新国标要求生活饮用水挥发酚类的含量应小于 0.002 mg/L。

（12）硫酸盐。硫酸盐在自然界中分布广泛。地表水和地下水中硫酸盐主要来源于岩石、土壤中矿物组分的风化和溶淋，金属硫化物氧化也会使硫酸盐含量增大。水质中硫酸盐超过 750 mg/L 时，饮用后可致轻度腹泻。新国标要求生活饮用水硫酸盐的含量应小于 250 mg/L。

（13）氯化物。氯化物是水和废水中一种常见的无机阴离子。几乎所有的天然水中都有氯离子存在。同时，在生活污水和工业废水中均含有相当数量的氯离子。海水入侵地下水，会使氯化物含量明显增高。氯离子是保持人体细胞内外体液量、渗透压以及水和电解质平衡不可缺少的要素。氯化物含量过高时，可干扰人体电解质平衡，使人体细胞外渗透压增加，导致细胞失水，代谢过程出现故障。新国标要求生活饮用水氯化物的含量应小于 250 mg/L。

（14）溶解性总固体。水中溶解性固体的主要成分是钙、镁、钠的重碳酸盐、氯化物和硫酸盐。当其质量浓度高于 1 200 mg/L时，可产生苦咸味。新国标要求生活饮用水溶解性总固体的含量应小于 1 000 mg/L。

5.2.2 毒理学指标

（1）氟化物。氟化物广泛存在于自然水体中。有色冶金、钢铁和铝加工、焦炭、玻璃、陶瓷、电子、电镀、化肥、农药厂的废水及含氟矿物的废水中常常都存在氟化物。氟化物是人体必需的微量元素之一，缺氟易患龋齿，饮水含氟的适宜质量浓度为 0.5～1.0 mg/L。当长期饮用含氟量高于 1.0～1.5 mg/L 的水时，易患斑齿病，如水中含氟量高于 4 mg/L 时，则可导致氟骨病。氟可与骨组织的羟磷灰石的羟基交换，并通过抑制骨磷酸酶或与体液中的钙离子结合成难溶性氟化钙，从而导致钙、磷代谢紊乱，引起低钙血症、氟斑牙及氟骨症等。新国标要求生活饮用水氟化物的含量应小于 1.0 mg/L。

（2）氰化物。氰化物的主要污染源是电镀、有机、化工、选矿、炼焦、造气、化肥等工业排放废水。氰化物可能以 HCN、CN 和络合氰离子的形式存在于水中。氰化物使水呈苦杏仁味，氰化物剧毒。氰化物的毒性作用是由于氰基离子与细胞色素氧化酶中的铁结合成铁氰络合物，阻止氧化酶的氧化还原作用，妨碍组织内呼吸的正常进行。氰化物引起急性中毒时，表现出剧烈头痛，神志模糊甚至昏迷，全身抽搐，大小便失禁，感觉和反射消失，瞳孔散大，呼吸深慢，血压上升或下降，心率缓慢等，常因呼吸停止而死亡。慢性中毒时，可引起神经衰弱、头痛、头晕、耳鸣、失眠、全身无力，心率缓慢和血压降低等。新国标要求生活饮用水氰化物的含量应小于 0.05 mg/L。

（3）砷。砷是一种既有金属性质又有非金属性质的元素。它的化合物在自然界广泛存在，大部分是砷盐和砷硫化铁。在天然水中普通的砷化合物是砷酸盐（五价砷）、亚砷盐（三价砷）、甲烷胂酸及二甲胂酸。砷的污染主要来源于采矿、冶金、化工、化学制药、农药生产、纺织、玻璃、制革等部门的工业废水。同时，砷及其化合物还是除草剂的成分之一。砷是人体的非必需元素，元素砷的毒性极低，而砷的化合物均有剧毒，三价砷化合物比其他砷化合物毒性更强，人所共知的毒药“砒霜”即是三氧化二砷（三价砷）。砷可以在人体内积累，是致癌物质，人们还怀疑它有致突变作用。砷化物的毒性作用，主要是亚砷酸离子与人体细胞酶蛋白的巯基结合，使细胞酶失去活性，引起代谢障碍，促使细胞死亡。砷化物对神经细胞的危害最大，它还能通过血液循环，直接损害毛细血管，使其扩张松弛，渗透性增加。当人体摄入的砷量超过排出量时，砷就会在肝、肾、脾、肺、肌肉、骨骼等部位积蓄起来，尤以指甲和毛发储留最多。毒性强的砷化合物在肝、肾内结合迅速并且牢固，比毒性弱、结合差的砷化物排出慢。砷化物慢性中毒症状与急性中毒症状相似，只是发展缓慢，表现为食欲不振、腹痛、腹泻和消化不良、肝肿大、疼痛、有黄疸，个别严重者可发生肝硬化。新国标要求生活饮用水砷化物的含量应小于 0.01 mg/L，原国标要求生活饮用水砷化物的含量应小于 0.05 mg/L。

（4）硒。水中硒以无机的六价、四价、负二价及某些有机硒的形式存在。含硒废水主要来源于炼油、精炼铜、制造硫酸及特种玻璃等行业。硒是动物体内一种必需的微量元素，但在某种条件下，又具有一定的毒性。硒的毒理作用，一般认为除了二甲基硒的作用外，与硒影响酶系统有关。二甲基硒可引起呼吸系统刺激和炎症。硒可使毛细血管扩张及渗透性增加，引起肺和胃肠道充血、水肿。硒对细胞呼吸酶系统有催化作用，干扰中间代谢能引起中毒，使人脱发、脱指甲、四肢发麻甚至偏瘫等。新国标要求生活饮用水硒的含量应小于 0.01 mg/L。

（5）汞。汞及其化合物属于剧毒物质，可在体内积蓄。进入人体的无机汞离子可转变为毒性更大的有机汞，由食物链进入人体，引起全身中毒。天然水中含汞极少。仪表厂、食盐电解、贵金属冶炼、军工等工业废水中可能存在汞。汞及其化合物可通过呼吸道、消化道或皮肤被人体吸收。发生在日本的“水俣病”就是由甲基汞慢性中毒引起的。甲基汞有较高的化学稳定性，各种加工、烹调方法都不能把它除掉。甲基汞极易被肠道黏膜吸收（80%以上）。当摄入量超过排出量时，就会在体内积蓄。甲基汞在脑组织中的蓄积程度虽然不如其他器官，但一旦进入脑组织后，衰减非常缓慢，并对大脑皮质和小脑皮质有特异的选择性损害。症状表现为视野缩小，听力下降，手、脚、嘴唇麻痹发抖，步态不稳，口齿不清，严重者出现神经紊乱，运动失调，进而疯狂痉挛致死。甲基汞还能通过胎盘进入胎儿循环，损害胎儿。新国标要求生活饮用水汞的含量应小于 0.001 mg/L。

（6）镉。镉不是人体必需的微量元素。在自然界，镉通常以硫酸盐形式出现，并常与锌矿石和铅矿石伴生。在矿区和冶炼厂附近，积累在土壤中的镉可导致邻近水域局部地区镉有很高的浓度。镉的主要污染源有电镀、采矿、冶炼、染料、电池和化学工业等排放的废水。镉是剧毒性物质，且有协同作用，可使进入体内的其他毒物的毒性增大。镉进入人体后，可以在人的肝、肾、胰腺和甲状腺内积累。由于肾小管中毒变性及钙质吸收能力下降，可引起骨、消化道、血管的病变，表现有神经痛、肾炎、骨质松软、骨折、高血压、贫血、内分泌失调等症状。镉还有致癌、致畸、致突变作用。日本的“痛痛病”是因为体内镉积累过多，引起肾功能失调，骨质中钙被镉取代，使骨骼弱化，极易自然骨折，疼痛难忍而得名。这种病潜伏期长，短则 10 年，长则 30 年，发病后很难治疗。新国标要求生活饮用水镉的含量应小于 0.005 mg/L。原国标要求生活饮用水镉的含量应小于 0.01 mg/L。

（7）铬（六价）。铬的化合物常见的价态有三价和六价。受水中 pH 值、有机物、氧化还原物质、温度及硬度等条件影响，三价铬和六价铬的化合物可以互相转化。铬是人体所必需的微量元素之一。铬的毒性与其存在价态有关，通常认为六价铬的毒性比三价铬高 100 倍，六价铬更易为人体吸收而且在体内积蓄。铬的工业来源主要是含铬矿石的加工、金属表面处理、皮革鞣制、印染等行业。六价铬化合物对人体有害，在高浓度时具有明显的局部刺激作用和腐蚀作用，并能经胃肠道、呼吸道和皮肤吸收；在低浓度时是常见的致敏物质。进入体内的铬主要分布在肝、肾、脾和骨骼内。铬在体内具有一定的积蓄作用和致癌作用。新国标要求生活饮用水六价铬的含量应小于 0.05 mg/L。

（8）铅。天然水中含铅量很少。选矿厂、涂料厂、冶炼厂、蓄电池厂、矿井的废水中常含有程度不等的铅。汽车排出的废气中含有的四乙基铅，可由雨水淋洗造成水质污染。儿童、婴儿、胎儿和孕妇对铅较成人敏感。铅是有毒金属，可引起溶血，也可使大脑皮质的兴奋和抑制的正常功能紊乱，引起一系列的神经系统症状。铅及其化合物主要从呼吸道、消化道进入机体，主要沉积于骨骼系统，少量存留于肝、脾、肾、脑、肌肉等器官和血液内。新国标要求生活饮用水铅的含量应小于 0.01 mg/L，原国标要求生活饮用水铅的含量应小于 0.05 mg/L。

（9）硝酸盐（以氮计）。制革废水、酸洗废水、某些生化处理设施的出水和农田排水可含大量的硝酸盐。水中硝酸盐是在有氧环境下，各种形态的含氮化合物中最稳定的氮化合物，亦是含氮有机物经无机化作用最终阶段的分解产物。亚硝酸盐可经氧化生成硝酸盐，硝酸盐在无氧环境中，亦可受微生物的作用而还原为亚硝酸盐。硝酸盐在人胃中还原为亚硝酸盐后，还可以与仲胺作用形成亚硝胺，现在普遍认为这是一种强致癌物质。新国标要求饮用水的硝酸盐氮不得超过 10 mg/L（水源限制时 20 mg/L）。

5.2.3 细菌学指标

（1）细菌总数。水中的细菌来源于土壤、地面垃圾和人及动物的排泄物。细菌总数是评价水质清洁和净化效果的一项重要指标。细菌总数含量高时，表明水体受到污染，水中可能含有大量的对人体有害的致病菌和病毒，饮用后会引起各种传染性疾病。国标要求饮用水中细菌总数不超过 100 个/ml。

（2）总大肠菌群。大肠菌群本身是无害的。但肠道致病菌如伤寒杆菌、霍乱弧菌、痢疾杆菌及沙门氏菌等存在时必定有大肠杆菌存在。该菌在外界环境中生存的时间与肠道致病菌基本一致或稍长，如果大肠菌群已经死灭，那么同时存在的致病菌的危险亦即消失。所以，大肠菌群的存在与否是水体是否被粪便污染的指标。水中大肠菌群含量高时，表明水体已被粪便污染，水中可能含有大量的致病菌，饮用后会引起各种传染性疾病。新国标要求饮用水中大肠菌群从老国标不超过 3 个/L 提高到不得检出。

5.3 水污染与介水疾病健康的暴露反应关系

为了探索水中污染物与人体健康的关系，国内外学者进行了大量的流行病学调查，调查研究方法主要包括两种：一种是生态学的方法，分析人群健康指标如癌症的发病率、死亡率和水中污染指标的关系，被称为群体危险性研究；另一种是病例对照研究和队列研究方法，研究暴露与健康效应的关系，称为个体危险性研究。国内外的众多研究结果显示，水体有机污染对人体比较公认的危害有各种癌症、不良生殖结局、心血管疾病、神经性疾病。

如上节所述，水体中污染物主要包括生物性污染物和化学性污染物，从理论上来说，应该选取肝炎病毒、痢疾杆菌、致癌物质等水体污染物作为水污染因子开展暴露反应关系研究，但国内外相关文献中很少有直接采用肝炎病毒和痢疾杆菌等直接致病病菌作为水污染因子开展研究的，主要原因是直接致病因子一般都不是常规的饮用水或水源水监测指标。

目前，对于水—健康暴露反应关系来讲，不仅国内还处于初级的研究阶段，在国际上也是一项难题，现成的、比较成熟的剂量反应关系几乎没有。

5.3.1 WHO 全球介水疾病的疾病负担研究

WHO 在全球介水疾病的疾病负担研究中，将复杂的疾病传播途径用 9 种情景来简化和描述，见表 5-1 和图 5-2。

表 5-1 选择的暴露情景

情景	描 述	环境排放入口的病原体负荷
Ⅵ	没有改良的给水和基本的卫生设施，有关服务没有扩展，没有例行的给水控制	非常高
Ⅴb	给水得到了改良，没有基本的卫生设施，有关服务没有扩展，没有例行的给水控制	非常高
Ⅴa	有基本的卫生设施，但是给水没有得到了改良，有关服务没有扩展，没有例行的给水控制	高
Ⅳ	给水得到了改良，有基本的卫生设施，但有关服务没有扩展，没有例行的给水控制	高
Ⅲc	Ⅳ，饮用水得到改良（通常是管道通到家）	高
Ⅲb	Ⅳ，个人卫生得到改善	高
Ⅲa	Ⅳ，用户饮用水得到消毒	高
Ⅱ	有管制的给水和充分的卫生设施保障，下水得到部分处理，发达国家符合这种情景	中—低
Ⅰ	理想的状态，腹泻疾病没有通过水、卫生设施和卫生状况传播	低

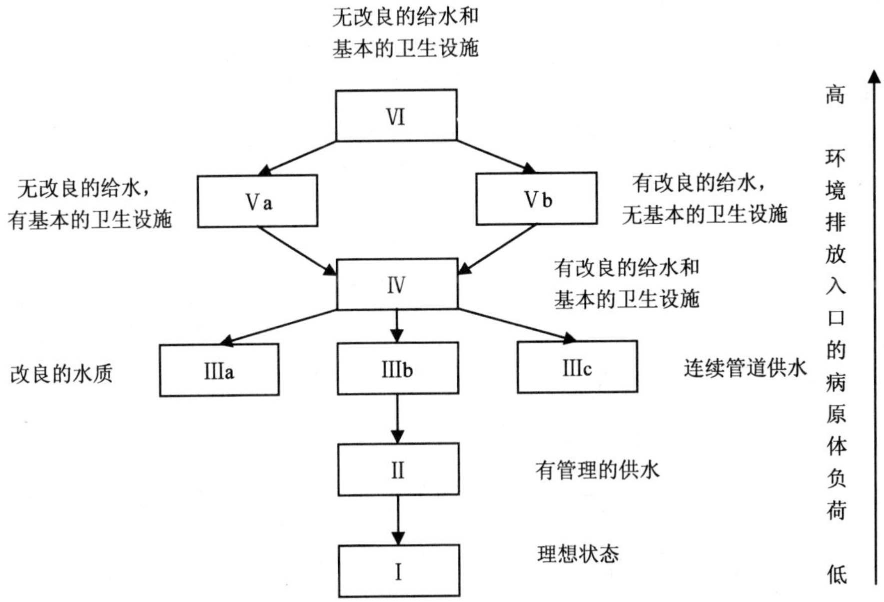

图 5-2　各种情景病原体负荷的变化

通过情景分析和案例研究得到了各种情景（表 5-1）相对于理想情景（情景Ⅰ）的相对危险度（*RR* 值），见表 5-2。

表 5-2　各情景的 *RR* 值

方法	情景						
	Ⅰ	Ⅱ	Ⅲ	Ⅳ	Ⅴa	Ⅴb	Ⅵ
最小估计	1	2.5	2.5	3.8	3.8	4.9	6.1
现实估计	1	2.5	4.5	6.9	6.9	8.7	11

5.3.2 我国有关水污染健康暴露反应关系的研究

通过查阅相关文献，我们总结出一些研究成果（表 5-3）。从表中可以看出，水与健康的关系按主题分可以分为恶性肿瘤、介水传染病、地方病、遗传学损害和其他 5 个方面的内容；从研究方法来看，主要有生态学研究、横断面研究、病例对照研究等方法；从健康效应终点来看，包括各种癌症、传染病、地方病、脑血管病等；从主要结论来看，主要有两方面，一是水质与健康终端相关性结论，二是不同影响因素的 *OR* 值。

我国的饮用水常规监测中仅有细菌总数和大肠菌群两个微生物指标，并没有具体的某种细菌或病毒的指标，并且由于资金和观念的限制，我国很少开展类似国外的志愿者实验，所以我国对于水中某种具体的微生物和相应健康效应的暴露-反应关系研究较少，仅有一些关于水污染与相应健康效应的典型案例报道或一些缺乏依据的主观臆断。在常永官重庆经济损失分析报告中，提出了污染饮用水地区人群肝炎感染率是干净水的 2 倍；在挪威环境经济分析中心（ECON）2000 年向世界银行提交的关于中国环境经济损失模型的报告中，提出当水质综合指数大于 0.70 时，甲肝 70%的病例由水污染引起。另外，我国的一些研究人员对于改水的成本效益开展过一些有益的研究，陶勇等对新疆和田县农村改水效益评价的研究表明，1995 年肝炎、痢疾、伤寒和霍乱 4 种传染病所造成的人均经济损失为 1.67 元；陈新峰等对张家港市改水前后肠道传染病效益的评估结果表明，1993—1998 年因改水少发生肠道传染病病人共 19 634 人，6 年间卫生改水的经济效益总和达 1 098 亿元。

关于恶性肿瘤病因学的研究较多（表 5-3），但探讨较多的是饮食因素，对于饮用水与恶性肿瘤的关系相对研究较少，目前比较集中的有水污染与胃癌和肝癌的关系。有些医学实验证实硝酸盐氮与胃癌有正相关性，如 John 等对加拿大安大略省的 40 个生态区的胃癌发病率和含有阿特拉津与硝酸盐的饮用水的关系做了研究，发现男性的胃癌年龄标化发病率与饮用水的阿特拉津呈正相关。我国的王志强等人在胃癌高发现场福建省长乐县漳港乡 16 年定群回顾性调查资料表明，饮用河水人群其胃癌死亡率为 124.05/10 万，明显高于井水组 74.85/10 万，相对危险度为 1.66（$P<0.01$）。王志强等人对福建省 11 个县胃癌高、中低发区地表水、地下水水质资料分析结果表明：高发区水质有机物污染指标（氨氮、亚硝酸盐氮、氯化物、耗氧量等）及重金属（铅、汞）污染物含量明显高于中低发区。此外，还有许多研究指出中国原发性肝癌的主要危险因素是饮用水污染、乙型肝炎病毒感染和黄曲霉毒素污染。徐厚铨等开展了对南四湖区域人群肝癌危险因素的病例对照研究，研究表明：饮用湖水、作业接触湖水、饮酒和吃鱼为该区肝癌的危险因素，其比值比（OR）为 6.55、3.24、1.86 和 2.55；他们于 1992 年又开展对 1989—1991 年南四湖水质污染与肿瘤回顾性定群研究，结果表明，饮用湖水者，胃癌、食道癌和肝癌死亡率均高于饮井水者，其相对危险度分别为

1.56（$P<0.05$）、1.50（$P>0.05$）和 1.63（$P<0.01$），见表 5-4、表 5-5、表 5-6。

表 5-3 中国水污染——人体健康研究概况

研究主题	序号	研究方法	健康效应终点	主要结论
恶性肿瘤	1	生态学研究	肝癌	肝癌死亡率与 NO_2^-、腐植酸、COD 等呈正相关
	2	病例对照研究	上消化道恶性肿瘤	上消化道恶性肿瘤的高发与饮水水源类型有关；饮用沟塘水（$P<0.01$，OR=1.31）是上消化道恶性肿瘤的危险因素，饮用自来水年限长（$P<0.01$，OR=0.66）是保护因素
	3	横断面研究	胃癌、食道癌、肝癌	饮用湖水者胃癌、食道癌、肝癌死亡率均高于饮井水者，相对危险度分别为 1.56（$P<0.05$）、1.50（$P>0.05$）和 1.63（$P<0.01$）
	4	生态学研究	肝癌	水中藻类和藻毒素污染与肿瘤发病有关联
介水传染病	5	生态学研究	霍乱	pH 值、悬浮物、高锰酸盐指数、氨氮、亚硝酸盐氮、硝酸盐氮与霍乱的流行有密切相关
	6	横断面研究	腹泻、痢疾、肝炎、伤寒	改水人群介水传播肠道传染病的发病率低于未改水人群（$P<0.05$）
	7	生态学研究	腹泻	腹泻病人感染致泻大肠埃希菌与水源水污染有密切关系
地方病	8	生态学研究	大骨节病	饮水中含苯环有机物（无论是芳香烃或者是烷基苯酚）可能是致大骨节病的主要有机化合物
	9	生态学研究	地方性砷中毒	地砷病的患病率随饮水中无机砷水平的升高而上升，其中以 As（Ⅲ）最为显著（$P<0.01$，OR = 1.8），而有机砷的影响不明显
	10	横断面研究	氟斑牙	饮用高 F^-、低 Ca^{2+}水的地方性氟斑牙患病率高于对照区（$P<0.01$）
	11	病例对照研究	肝损害	饮用氟浓度高于 2.0 mg/L 的水可能会引起儿童肝损害
遗传学损害	12	横断面研究	Hela 细胞 DNA 损伤	非挥发性有机污染物对细胞 DNA 有断裂损伤作用（$P<0.01$）
其他	13	生态学研究	脑血管病	饮水中总硬度、镉、铅和居民脑血管病呈正相关

表 5-4 国内有关饮用水与恶性肿瘤健康效应相对危险度研究汇总表

地点	调查水源类型	对照水源类型	疾病终端	相对危险度 *OR*	备注
南四湖	湖水，主要污染物为有机污染物	井水	胃癌死亡率	1.56	$P<0.05$
			食道癌死亡率	1.50	$P>0.05$
			肝癌死亡率	1.63	$P<0.01$
广西扶绥县	塘水，主要污染物为有机污染物，见表 5-5	饮用深井水	癌症死亡率	2.44	$P<0.01$
粤北某农村	污染河流附近井水，主要污染物为重金属，见表 5-6	远离污染河流井水	肿瘤死亡率	4.52	矿山污染严重的河流

表 5-5 广西扶绥县不同水源类型的水质

水源类型	样本数/个	NH_4/(mg/L)	NO_2^-/(mg/L)	NO_3^-/(mg/L)	腐殖酸/(mg/L)	COD/(mg/L)	SS/(mg/L)	肝癌死亡率/(1/10 万)
塘水	15	0.52±0.38	0.127±0.054	0.91±0.46	0.710±0.25	5.50±0.63	10.55±3.59	67.08
河水	8	0.18±0.12	0.074±0.025	1.05±0.49	0.295±0.071	0.85±0.23	4.94±1.90	45.59
深井水	13	0.13±0.10	0.061±0.036	1.64±0.76	0.15±0.13	0.44±0.20	6.87±1.65	27.5
F 值		8.33	8.02	12.57	41.78	11.59	13.09	—
P 值		<0.01	<0.01	<0.01	<0.01	<0.01	<0.01	—

表 5-6 粤北两村家庭自用井水水质比较

元素	观察村（n=15）$x±s$/（mg/L）	对照村（n=19）$x±s$/（mg/L）	标准/（mg/L）	观察村质量浓度的超标倍数	r	*F* 值	*P* 值
铅	0.034 7±0.022 9	0.009 7±0.003 7	0.01	2.47	0.594	17.417	0.000
砷	0.087 2±0.057 4	0.038 9±0.018 3	0.01	7.72	0.523	12.056	0.002
汞	0.002 5±0.001 0	0.000 3±0.000 6	0.001	1.50	0.769	46.451	0.000
镉	0.007 0±0.010 3	0.004 0±0.006 6	0.005	0.40	0.177	1.037	0.316
锰	0.390 1±0.116 9	0.065 9±0.101 6	0.1	2.90	0.209	1.458	0.236

以上有关中国水污染与健康的暴露-反应关系的研究，数据资料不够充足，方法论不清晰，并没有系统地提出水污染和介水传染病的暴露-反应关系。为了获得全面可靠的水污染与人体健康的暴露反应关系，在世界银行和国家环境保护总局开展的 ECM/VEHR 项目中，研究人员用时近 4 年、分别利用 3 种来源的数据开展了 3 项水污染物与人体健康效应关系的研究，3 项研究的数据来源、研究方法和主要结论见表 5-7。

表 5-7　近期开展的水污染与人体健康效应研究

序号	数据资料	数据来源	地域/人口范围	研究方法	主要结论	存在的问题
1	（1）1992—2002 年江淮流域 24 个城市的断面水和饮用水资料；（2）1984 年全国饮用水水质调查中的江淮流域 65 个城市的饮用水资料；（3）1992—2000 年江淮流域 44 个疾病监测点的甲肝、痢疾、伤寒和副伤寒的发病率资料；（4）1991—2001 年江淮流域 65 个城市的水污染相关恶性肿瘤的死亡率资料	国家疾病预防控制中心、国家卫生部、中国环境监测总站	江淮流域 65 个县级城市	生态学方法 Spearman 相关分析，Possion 回归分析	江淮流域断面水和饮用水 11 年间污染水平均有逐渐下降的趋势，断面水水质的恶化会在一定程度上影响饮用水水质，二者呈中度相关；江淮流域饮用水大肠菌群数和相应暴露人群甲肝、痢疾发病率的暴露-反应关系呈指数关系；饮用水 COD、饮用水氯化物和饮用水氟化物的浓度与暴露人群的胃癌、肝癌、肺癌、食道癌和恶性肿瘤总计的死亡率呈统计学正相关关系	（1）介水性传染病剂量反应关系的确定仅基于湖北省两个地区的资料获得，不具有全国代表性；（2）水质监测资料和恶性肿瘤资料时间不对应，恶性肿瘤暴露反应关系研究结论的可靠性稍差，离实际应用还有一定的距离
2	全国第 3 次卫生服务调查 7 000 余户家庭的痢疾发病、取水和卫生情况报告	国家卫生部	全国 31 个省 95 个县	生态学方法	非自来水供水人群中，5 岁以下儿童腹泻患病的风险是自来水供水人群的 1.52 倍	仅获得 5 岁以下儿童腹泻患病的风险归因比
3	（1）2004 年 25 个省 251 个县的饮用水水质监测资料；（2）2004 年 22 个省 317 个县的传染病资料	国家疾病预防控制中心	全国 22 个省 156 个县	生态学方法	饮用水水质和传染病发病没有确切的相关关系	全国饮用水水质监测网络 2003 年刚建立，监测手段和方法不统一，数据质量较差

5.4 水污染健康危害的估算方法

5.4.1 水污染因子和健康终端的确定

ECM/VEHR 项目研究基本上收集了全国 20 年来所有的饮用水水质和疾病资料，但并没有获得理想的水污染健康剂量反应关系，据此我们可以得出以下结论：

（1）水污染对健康的危害很大，但水污染造成的健康经济损失估算面临两大技术难点：①暴露-反应关系的科学依据尚不够充分，水污染与健康暴露反应的研究是一项极具复杂性和挑战性的工作，短期内还难以找到非常科学可靠的暴露反应关系，有待通过案例调查研究进行更深入全面的研究；②由于从污染的水源到人饮用进入人体的过程复杂，受污染饮用水的暴露人口难以获得，若污染因子采用污染物浓度或污染物浓度综合指数，其对应的暴露人口就更难以获得了。

（2）虽然短期内难以解决水污染与健康暴露反应关系这一世界性难题，但考虑到水污染的主要健康危害对象是农民，2004 年农村自来水的普及率仅为 40%，如果不对这部分危害进行评价，将是污染损失评估的重大缺项，对于农村地区污染防治的政策建议不利。

（3）为了获得水污染对健康影响的粗略估计，考虑到相关数据的可得性，可以确定如下的污染因子与危害终端：

- 污染因子：以取水方式（自来水和非自来水，或湖水、农村河流地表水、井水等）作为水污染评价因子，具体的取水方式，可以根据具体研究对象的情况而定。其主要原因在于：①根据全国农村饮用水监测网络体系对 2004 年全国农村饮用水的水质监测综合评价结果，农村自来水供水仍然有 30% 不符合安全饮用水标准，虽然同时也有小部分非自来水满足安全饮用水标准，但总体来说，可以认为非自来水供水是一种不安全的饮水方式，选取非自来水取水方式作为水污染评价因子是相对保守的；②非自来水供水人口有年鉴数据支持。虽然农村改水技术中心已经建立了全国农村饮用水监测网络体系，但覆盖人口有限而且由于尚在建设过程中数据质量不理想，而卫生统计年鉴中公布的各省自来水普及率是国家爱卫会的长期调查指标，连续性和可靠性较好；③有相对可靠的暴露反应关系研究。国内有较多的文献以改水前后、不安全/安全饮用水或自来水/非自来水作为污染因子进行暴露反应关系的研究或效益的评价。

- 危害终端：①生物性污染物引起的健康损害。肝炎、痢疾、伤寒和霍乱 4 类介水性传染病；②化学性污染物引起的健康损害。循环系统和消化系统癌症，主要包括胃癌、肝癌、食道癌、结肠癌、膀胱癌等恶性肿瘤疾病总计。

5.4.2 水污染健康危害的估算模式

5.4.2.1 饮用水污染带来的恶性肿瘤死亡造成的过早死亡人数的计算

（1）水污染造成的恶性肿瘤过早死亡人数计算模型。

$$P_{ed}=10^{-5}\bullet(f_p-f_t)P_e \tag{5.1}$$

$$f_p=f_t\bullet OR \tag{5.2}$$

$$P_{ed}=10^{-5}[(OR-1)/OR]f_pP_e \tag{5.3}$$

式中：P_{ed}——现状水污染造成的恶性肿瘤过早死亡人数，万人；

f_p——现状水污染条件下恶性肿瘤的死亡率，1/10 万；

f_t——清洁条件下恶性肿瘤的死亡率，1/10 万；

P_e——评价对象人口数量，万人；

OR——饮用水污染引起的恶性肿瘤相对危险比值。

（2）举例。南四湖调查地区，饮用湖水污染造成的恶性肿瘤过早死亡人数的计算。

山东医科大学卫生系徐厚铨等于 1992 年开展对 1989—1991 年南四湖水质污染与肿瘤回顾性定群研究，研究表明：饮用湖水人数 217 473 人，饮用湖水者胃癌、食道癌和肝癌死亡率均高于饮井水者，分别为 22/10 万、20/10 万和 18/10 万，其相对危险度分别为 1.56（$P<0.05$）、1.50（$P>0.05$）和 1.63（$P<0.01$）。

根据方程式（5.3），由于饮用湖水引起胃癌、食道癌和肝癌超额死亡人数为：

$$
\begin{aligned}
P_{\text{ed}} &= [(1.56-1)/1.56]\times 22\times 217\,473\times 10^{-5}+\\
&\quad [(1.50-1)/1.50]\times 20\times 217\,473\times 10^{-5}+\\
&\quad [(1.63-1)/1.63]\times 18\times 217\,473\times 10^{-5}\\
&= [(0.56/1.56)\times 22+(0.50/1.50)\times 20+\\
&\quad (0.63/1.63)\times 18]\times 217\,473\times 10^{-5}\\
&=47
\end{aligned}
$$

从上面的计算可以得到：南四湖调查地区，21.74 万人由于饮用湖水，1991 年污染造成的恶性肿瘤过早死亡人数为 47 人。

5.4.2.2 农村儿童中过高的腹泻发病率的估算

环境保护部（原国家环保总局）与世界银行的合作项目中国环境成本模型（CECM）利用卫生部（MoH）卫生统计信息中心《第三次国家卫生服务调查》的数据推算中国农村地区五岁以下儿童患腹泻的暴露-反应函数。此次调查遍布中国 31 个省市自治区的 95 个县，调查的问题涉及家庭特征、个体因素、传染性疾病以及治疗成本。由于此次调查中没有包括与受调查水质直接相关的指标，该研究认为在调查的各种取水方式中自来水是最安全的饮用水源。虽然研究人员也意识到自来水并不一定等同于安全、清洁的水源，饮用水质超标的情况也时有发生，尤其在中国的农村地区。但是，考虑到调查中缺乏有关水质的数据，只能用自来水作为安全水源的替代性指标。建立的多元模型对干扰因素有所控制，在分析中考虑了卫生设施的作用，引入了母亲的受教育程度和经济发展水平。然而，为了减少可能存在的疾病群聚效应，分析及其结果以农村家庭而不是个人数据为基础。

5.4.2.3 疾病结局

该项研究通过计算中国农村地区有 5 岁以下儿童且有一个以上腹泻病例的家庭占所有 5 岁以下儿童家庭的比例估算家庭腹泻发病率。

5.4.2.4 污染暴露评估

此次调查把饮用水源划分为 5 种，见表 5-8。该研究采取了较保守的方案，即把自来水当作唯一安全的饮用水源。据早期的一项调查估计，Ⅳ类农村地区约有 50%人口的饮用水仍然达不到国家卫生标准。这意味着其中至少有 30%的人（考虑到地表水占近 20%）的饮用水源（包括手摇泵取水、井水即地下水和收集雨水）是不安全的，因此把自来水划分为唯一安全的饮用水源是保守的方法。

表 5-8　中国农村地区的用水与卫生情况

调查样本数	水源	百分比
水 （n=7 036）	自来水	33.6
	手摇泵	33.3
	井水	8.2
	收集雨水	3.3
	其他（地表水）	21.7

5.4.2.5 抽样人口特征描述

整理和缩减数据之后，对以上调查做了一个描述性的分析，以突出有 5 岁以下儿童的抽样农村家庭的社会经济和人口统计概况，见表 5-9。

表 5-9　社会经济和人口统计概况

列为贫困家庭（n=7 042）	农村阶层（n=7，042）/%		收入（n=7 042）/%		健康支出（n=7 042）/%	
2.9%	高经济收入层	18.7	＜1 000 元	26.4	＜100 元	5.2
	中层—中高收入	28.1	1 000～1 699 元	34.2	100～299	27.4
	中层—中低收入	35.4	1 700～2 999 元	23.1	300～499	18.1
	低经济收入层	17.8	≥3 000 元	16.4	≥500 元	49.3
母亲教育程度（n=6 188）	无	12.4	民族（n=7 028）	汉	78.1	
	初等	32.8		其他	21.9	
	中等	47.7	卫生状况（n=7 038）	安全	81.5	
	高等	7.1		不安全	18.5	

从此表中可以清楚地看出，受调查的一小部分家庭被政府列为贫困家庭。然而，这些家庭中有大部分（84%）家庭年收入不足 3 000 元，其中一半家庭的健康支出超过 500 元。

这些家庭中有 88%的母亲曾经受过某种程度的教育（大多是初等和中等教育水平）。受调查人口中有近 1/5 没有安全的卫生条件，露天如厕。

5.4.2.6 基于两周患病率调查的腹泻家庭

在过去两周内报道至少有一个 5 岁以下儿童曾患腹泻的家庭被认为是腹泻家庭。调查显示，有 2.2%的家庭报告在调查前两周内至少有一个儿童患过腹泻，即两周家庭患病率为 2.2%。

5.4.2.7 暴露-反应函数

该研究利用了《第三次国家卫生服务调查》的资料，建立回归模型，估算没有自来水的家庭相对有自来水的家庭患腹泻的风险。模型把自来水作为暴露变量（比较有自来水和没有自来水的家庭），并且包括以下控制变量（混杂因素）：

（1）卫生设施。用 0～1 变量比较有卫生设施的家庭和没有卫生设施的家庭患腹泻的风险。

（2）收入。用一个连续变量表示收入每增加一个单位腹泻风险的变化百分比。

（3）母亲的教育程度。用序列分类变量比较母亲受不同程度的教育时相对于未受教育的基准组患腹泻的风险。

表 5-10 显示了回归模型应用的风险比（95%的置信区间）及其各自的腹泻 *P* 值。

表 5-10　回归模型的腹泻风险比

变量		风险比	95%置信区间	*P* 值
自来水		0.66	0.44～0.99	0.046
卫生状况		0.64	0.38～1.06	0.028
收入		1.05	0.89～1.23	0.150
母亲教育程度（基准组：未受教育）	初等	0.84	0.50～1.41	0.513
	中等	0.82	0.50～1.35	0.436
	高等	1.41	0.69～2.89	0.343

如表 5-10 所示，回归分析表明，有自来水（安全水源的替代性指标）的家庭面临腹泻的风险是没有自来水家庭的 0.66 倍（也就是说没有自来水供应的家庭面临腹泻的风险是有自来水家庭面临风险的 1.52 倍），该数据在 5%水平上具有统计显著性。

5.4.2.8 中国农村地区过高腹泻发病病例的数量的估算模型

（1）人群的健康归因危险百分比（AF_p）计算模型

$$AF_p = \left[P_e\left(RR-1\right)\right] / \left[1+P_e\left(RR-1\right)\right] \tag{5.4}$$

式中：AF_p——人群归因危险百分比；

P_e——暴露于风险因素的人口比例；

RR——暴露人群健康结局的相对风险比。

已知：

- 据调查，2.2%的家庭报告在调查前两周内至少有一个儿童患过腹泻，即两周家庭腹泻流行率为 2.2%。
- RR=1.52，没有自来水供应的家庭患腹泻的概率是有自来水供应家庭的 1.52 倍。
- 没有自来水供应家庭的比例 P_e= 0.664。

与没有自来水供应（安全水源的替代性指标）有关的腹泻人群的归因分值 AF_p 计算如下：

$$AF_p = \left[0.664(1.52-1)\right] / \left[1+0.664(1.52-1)\right] = 0.255$$

这说明中国农村地区 5 岁以下的儿童中大约有 26%的腹泻发病病例都是由于缺乏自来水供应而造成的。

（2）中国农村地区 5 岁以下的儿童腹泻发病病例的计算

$$C\text{（u5）}=\alpha\text{（y）}\times P\text{（u5）}=26\alpha\text{（2w）}\times P\text{（u5）}\times \gamma \quad (5.5)$$

式中：C（u5）——中国农村地区 5 岁以下的儿童腹泻发病病例数；

α（y）——中国农村地区有 5 岁以下儿童的家庭腹泻年发病率；

α（2w）——中国农村地区有 5 岁以下儿童的两周家庭腹泻发病率；

P（u5）——中国农村地区有年龄在 5 岁以下儿童的家庭总数，据调查为 50 358 115 个；

γ——每个有年龄在 5 岁以下儿童的农村家庭平均有儿童的数量，据调查为 1.1 个。

用式（5.5）计算中国农村地区 5 岁以下的儿童腹泻发病病例：

C（u5）= 26α（2w）×P（u5）×γ

=26×0.022×50 358 115×1.1

=31 285 326

（3）中国农村地区因缺乏自来水供应造成的 5 岁以下的儿童腹泻发病病例的计算

$$C_p\text{（u5）}=AF_pXC\text{（u5）} \quad (5.6)$$

式中：C_p（u5）——中国农村因缺乏自来水供应造成的 5 岁以下的儿童腹泻发病病例数。

根据式（5.6）计算：

$$C_p\text{（u5）}=0.255\times 31\,285\,326=8\,079\,758$$

中国农村因缺乏自来水供应造成的每年 5 岁以下儿童腹泻发病

病例总数大约为 800 万个。

5.5 水污染健康危害估算的不确定性

5.5.1 暴露反应关系的不确定性

（1）模型本身。计算水污染对健康造成的损失首先要建立两者之间的暴露反应关系，它是计算健康损失价值量的基础，但是，暴露反应关系的建立需要有科学合理的方法，同时结合详尽的调查数据来支撑，才能够得到一个较为合理的结果。目前进行的研究，方法还不够严谨，还需要不断地完善和修改。

（2）地域差异。由于任何一个关于暴露反应关系的研究，都是针对具体的案例而进行的，如一个具体的区域、某一受体或某一种污染物等。可以说，每个研究都是在一定的具体条件下得出其结果的。我国人多地广，各地区在人口素质、生活方式等方面存在较大的差异，所以在某一地区建立的暴露反应关系有一定的适用范围，并不一定适合其他地区。将某地区得到的暴露反应关系应用到全国或其他地区时，将带来不确定性，如何调整各地区之间的差异，需要进一步的论证。

（3）影响因素。水中的污染物有很多，包括无机污染物、有机污染物及生物性污染物等，不同的污染物对人体健康的影响差异巨大，指标选取少了，不能完全反映出污染物与健康之间的关系；指标选取过多，又会造成计算的不便，如何在暴露反应关系中选取准确合适的指标，还需要不断的验证。同时，不仅不同的污染物对人体健康的影响差异巨大，其他一些混杂因素，如性别、生活习惯、居住环境、工作环境、受教育水平等对人体健康的影响也给研究增加了难度。

因此，在暴露反应关系的研究中，应根据实际情况，采用特定的方法来控制这些相关因素对人体健康的影响，在实际应用中，根据所能得到的具体数据来选用合适的暴露反应关系。

5.5.2 污染因子和污染暴露的不确定性

由于水污染的复杂性和目前我国水环境质量监测布点多集中在城市河流和大江大河处，饮水不安全多的农村地区缺乏水质监测，连饮用水水源类型的统计也不健全。结果造成了两个方面的不确定性：

（1）污染因子。水污染健康的暴露因子多选用水质类型，这是十分粗略的分类，同一类型水源的水质也有较大差异，这样必然带来不确定性。

（2）饮用不同水源的人口统计不健全，给暴露人口数量带来不确定性。

附录　生活饮用水水质要求

（摘自生活饮用水卫生标准 GB 5749—2006，2007 年 7 月 1 日执行）

生活饮用水水质应符合下列基本要求，保证用户饮用安全。

（1）生活饮用水中不得含有病原微生物。

（2）生活饮用水中对健康有害的化学物质不得危害人体健康。

（3）生活饮用水中放射性物质超过限值者，应进行核素分析和评价，判定能否饮用。

（4）生活饮用水的感官性状以用户能否接受为准。本标准所列感官性状指标的限值，表示水质感官性状良好。

（5）生活饮用水应经消毒处理，以保证微生物学指标符合本标准要求。集中式供水出厂水中消毒剂不宜超过限值，但应有适当余量；管网末梢及用户受水点水中消毒剂余量也应符合要求。

（6）生活饮用水水质应符合附表 1、附表 2 和附表 3 要求。

（7）农村小型集中式供水和分散式供水因条件限制尚不能使供水水质完全符合附表 1、附表 2 和附表 3 的部分项目，依照附表 4 要求执行。

附表 1　水质常规检验项目及限值

项　目	限　值
1. 微生物指标*	
总大肠菌群（MPN/100 mL 或 CFU/100 mL）	不得检出
耐热大肠菌群（MPN/100 mL 或 CFU/100 mL）	不得检出
大肠埃希氏菌（MPN/100 mL 或 CFU/100 mL）	不得检出
菌落总数/（CFU/mL）	100
2. 毒理指标	
砷/（mg/L）	0.01

项　目	限　值
镉/（mg/L）	0.005
铬（六价）/（mg/L）	0.05
铅/（mg/L）	0.01
汞/（mg/L）	0.001
硒/（mg/L）	0.01
氰化物/（mg/L）	0.05
氟化物/（mg/L）	1.0
硝酸盐（以 N 计）/（mg/L）	10，水源限制时 20
三氯甲烷/（mg/L）	0.06
四氯化碳/（mg/L）	0.002
溴酸盐（使用臭氧时）/（mg/L）	0.01
甲醛（使用臭氧时）/（mg/L）	0.9
亚氯酸盐（使用二氧化氯消毒时）/（mg/L）	0.7
氯酸盐（使用复合二氧化氯消毒时）/（mg/L）	0.7
3. 感官性状和一般化学指标	—
色度（铂钴色度单位）	15
浑浊度（NTU-散射浊度单位）	1，水源与净水技术条件限制时为 3
臭和味	无异臭、异味
肉眼可见物	无
pH（pH 单位）	大于 6.5；小于 8.5
溶解性总固体/（mg/L）	1 000
总硬度（以 $CaCO_3$ 计）/（mg/L）	450
耗氧量（COD_{Mn} 法，以 O_2 计）/（mg/L）	3，（超过Ⅲ类水源，原水＞6 mg/L 时为 5）
挥发酚类（以苯酚计）/（mg/L）	0.002
阴离子合成洗涤剂/（mg/L）	0.3
铝/（mg/L）	0.2
铁/（mg/L）	0.3
锰/（mg/L）	0.1
铜/（mg/L）	1.0
锌/（mg/L）	1.0
氯化物/（mg/L）	250
硫酸盐/（mg/L）	250
4. 放射性物质	—
总 α 放射性/（Bq/L）	0.5
总 β 放射性/（Bq/L）	1

注：MPN，最大可能数；CFU，菌落形成单位。当水样检出总大肠菌群时，应进一步检验大肠埃希氏菌或耐热大肠菌群；水样未检出总大肠菌群，不必检验大肠埃希氏菌或耐热大肠菌群。水样中检出大肠埃希氏菌或耐热大肠菌群表示该水体已受到人或动物粪便污染。

附表 2　水质常规检验项目（根据所使用的消毒剂确定检验项目）

消毒剂名称	接触时间	出厂水中限值	出厂水中余量	管网末梢水中余量
氯气及游离氯制剂（游离氯）/（mg/L）	与水接触至少 30 min 出厂	4	≥0.3	≥0.05
氯胺（总氯）/（mg/L）	与水接触至少 120 min 出厂	4	≥0.5	≥0.05
臭氧（O_3）/（mg/L）	与水接触至少 12 min 出厂	0.3		0.02；如加氯，总氯≥0.05
二氧化氯（ClO_2）/（mg/L）	与水接触至少 30 min 出厂	0.8	≥0.1	≥0.02

附表 3　水质非常规检验项目及限值

项　目	限　值
1. 微生物指标	—
贾第鞭毛虫/（个/10L）	<1
隐孢子虫/（个/10L）	<1
2.毒理指标	—
锑/（mg/L）	0.005
钡/（mg/L）	0.7
铍/（mg/L）	0.002
硼/（mg/L）	0.5
钼/（mg/L）	0.07
镍/（mg/L）	0.02
银/（mg/L）	0.05
铊/（mg/L）	0.000 1
氯化氰（以 CN^- 计）/（mg/L）	0.07
三卤甲烷（三氯甲烷、一氯二溴甲烷、二氯一溴甲烷、三溴甲烷之总和）	该类化合物中每种化合物的实测浓度与其各自限值的比值之和不超过 1
一氯二溴甲烷/（mg/L）	0.1
二氯一溴甲烷/（mg/L）	0.06
三溴甲烷/（mg/L）	0.1
二氯甲烷/（mg/L）	0.02
1,2-二氯乙烷/（mg/L）	0.03
1,1,1-三氯乙烷/（mg/L）	2
环氧氯丙烷/（mg/L）	0.000 4
氯乙烯/（mg/L）	0.005

项　目	限　值
1,1-二氯乙烯/（mg/L）	0.03
1,2-二氯乙烯/（mg/L）	0.05
三氯乙烯/（mg/L）	0.07
四氯乙烯/（mg/L）	0.04
六氯丁二烯/（mg/L）	0.000 6
二氯乙酸/（mg/L）	0.05
三氯乙酸/（mg/L）	0.1
三氯乙醛（水合氯醛）/（mg/L）	0.01
苯/（mg/L）	0.01
甲苯/（mg/L）	0.7
二甲苯/（mg/L）	0.5
乙苯/（mg/L）	0.3
苯乙烯/（mg/L）	0.02
2,4,6 三氯酚/（mg/L）	0.2
苯并[*a*]芘/（mg/L）	0.000 01
氯苯/（mg/L）	0.3
1,2-二氯苯/（mg/L）	1
1,4-二氯苯/（mg/L）	0.3
三氯苯（总量）/（mg/L）	0.02
邻苯二甲酸二（2-乙基己基）酯/（mg/L）	0.008
丙烯酰胺/（mg/L）	0.000 5
微囊藻毒素-LR/（mg/L）	0.001
甲草胺/（mg/L）	0.02
灭草松/（mg/L）	0.3
百菌清/（mg/L）	0.01
滴滴涕/（mg/L）	0.001
溴氰菊酯/（mg/L）	0.02
乐果/（mg/L）	0.08
2,4-滴/（mg/L）	0.03
七氯/（mg/L）	0.000 4
六氯苯/（mg/L）	0.001
六六六（总量）/（mg/L）	0.005
林丹（γ-六六六）/（mg/L）	0.002
马拉硫磷/（mg/L）	0.25
对硫磷/（mg/L）	0.003
甲基对硫磷/（mg/L）	0.02
五氯酚/（mg/L）	0.009

项　目	限　值
莠去津/（mg/L）	0.002
呋喃丹/（mg/L）	0.007
毒死蜱/（mg/L）	0.03
敌敌畏（含敌百虫）/（mg/L）	0.001
草甘膦/（mg/L）	0.7
3. 感官性状和一般化学指标	—
氨氮（以 N 计）/（mg/L）	0.5
磷酸盐（只用于加磷酸盐类缓蚀阻垢剂，以 PO_4^{3-} 计）/（mg/L）	5
硫化物/（mg/L）	0.02
钠/（mg/L）	200

附表 4　农村小型集中式供水和分散式供水水质要求

项　目	限　值
1. 微生物指标	—
菌落总数/（CFU/mL）	500
2. 毒理指标	—
砷/（mg/L）	0.05
氟化物/（mg/L）	1.2
硝酸盐（以 N 计）/（mg/L）	20
3. 感官性状和一般化学指标	—
色度（铂钴色度单位）	用户可接受（参考值 20）
浑浊度（NTU-散射浊度单位）	3，特殊情况时为 5，分散式供水者，用户可接受
臭和味	用户可接受
肉眼可见物	用户可接受
pH（pH 单位）	不小于 6.5；不大于 9.5
溶解性总固体/（mg/L）	用户可接受（参考值 1 500）
总硬度（以 $CaCO_3$ 计）	用户可接受（参考值 550）
耗氧量（COD_{Mn} 法，以 O_2 计）/（mg/L）	5
铁/（mg/L）	用户可接受（参考值 0.5）
锰/（mg/L）	用户可接受（参考值 0.3）
氯化物/（mg/L）	用户可接受（参考值 300）
硫酸盐/（mg/L）	用户可接受（参考值 300）

参考文献

[1] 夏全，唐义林，江建平，等. 海安县生活饮用水与上消化道恶性肿瘤关系的研究[J]. 环境与健康杂志，2001，18（3）：166.

[2] 陈晓东，林萍，吕永生，等. 饮用水源藻类及其毒素污染与消化系统肿瘤的关系[J]. 中国公共卫生，2003，19（5）：548-550.

[3] 董柏青，廖和壮，唐振柱. 广西不同江河水质与区域霍乱流行的相关性研究[J]. 广西预防医学，2001，7（1）：5-11.

[4] 顾晓明，赵虹，宋欣欣，等. 新疆喀什地区农村改水与人群肠道传染病关系的研究[J]. 环境与健康杂志，2000，17（1）：34-35.

[5] 丁业荣，时全，李朝阳. 致泻大肠埃希菌在水源水中的分布与腹泻病关系的研究[J]. 中国人兽共患病杂志，2005，21（11）：968-972.

[6] 李志斌，陶明，李志刚，等. 大骨节病病区饮水有机物调查研究[J]. 西安医科大学学报，1999，20（3）：392-395.

[7] 卢光明，戚其平，于文学，等. 内蒙古三个地砷病区饮水中形态砷化物水平及其对发病的影响[J]. 中华预防医学杂志，1996，3（1）：55.

[8] 岳喜同，徐红琳，翟敏，等. 饮水氟化物和钙含量与地方性氟中毒关系调查[J]. 环境与健康杂志，1999，16（3）：162-163.

[9] 丁浩敏，刘俊玲，夏涛，等. 饮水氟浓度与儿童肝损害的剂量-效应关系[J]. 环境与健康杂志，2005，22（4）：243- 245.

[10] 张金荣，唐非，谷康定，等. 自来水中有机污染物对细胞 DNA 的损伤作用[J]. 中国公共卫生，2004，20（7）：784-785.

[11] 张应平，范治金. 政和县饮用水水质与居民死因的相关性研究[J]. 海峡预防医学杂志，2000，6（4）.

[12] 苏德隆. 饮水与肝癌[J]. 中华预防医学，1980，14（2）：65-73.

[13] 徐厚铨，韩玉荣，胡平，等. 南四湖区域人群肝癌危险因素的病例——对照研究[J]. 环境与健康杂志，1995，12（5）：210-212.

[14] 王倩，陈昌杰，黄巍. 中国生活饮用水有机污染与肝癌死亡率的相关研究[J]. 卫生研究，1992，21（4）：181-183.

[15] 王志强. 胃癌高发现场长乐县饮水类型，改水与胃癌死亡率的比较[J]. 中国公共卫生学报，1997，16（1）：7-10.

[16] 王志强，等. 福建省 11 个县饮用水水质与胃癌死亡率的关系. 中国公共卫生学报，1997，16（2）：79-80.

[17] 蔡宏道．现代环境卫生学[M]．北京：人民卫生出版社，1995：322-323．

[18] Annette Prüss，David Kay，Lorna Fewtrell，and Jamie Bartram. 2002. Estimating the Burden of Disease from Water，Sanitation，and Hygiene at a Global Level. Environmental Health Perspectives，110（5）.

第6章 健康危害的经济评价

6.1 医疗费用法

医疗费用法或疾病成本法通过治疗疾病花费的费用来计量患病造成的直接经济损失，包括治疗费用、住院费用、病人和陪护人员的工作日损失费用等。通常可以通过卫生统计和卫生服务调查获取这些数据。但是目前我国的卫生统计和卫生服务调查只能提供有限的支持，有些数据必须通过推算和分解才能应用。

1998 年卫生部卫生服务调查获得疾病别住院和门诊费用数据，2003 年卫生服务调查没有直接给出住院和门诊的费用数据，但是给出了 1998−2003 年就诊、住院费用年均增长率。我们可以通过计算得出 2003 年的疾病别健康成本单价，费用成本分大、中、小城市 3 个层次，包括直接费用和间接费用两部分。如表 6-1、表 6-2 和表 6-3 所示。

表 6-1　2003 年城市居民疾病别就诊医疗费用

年份	疾病别	直接费用/元			间接费用/元
		大城市	中城市	小城市	城市合计
1998	呼吸系病	118.20	76.50	41.70	6.00
1998−2003 年均增长/%		11.83	13.85	18.35	
2003		206.73	146.33	96.82	9.00

表 6-2　2003 年城市居民自我就诊医疗费用

年份	自我治疗费用/元		
	大城市	中城市	小城市
2003	76	156	111

表 6-3　2003 年城市居民疾病别住院医疗费用

年份	疾病别	直接费用/元				间接费用/元
		城市合计	大城市	中城市	小城市	城市合计
1998	呼吸系病	2 934	4 582	2 396	1 180	670
	循环系病	4 956	6 799	4 202	3 130	670
1998－2003 年均增长/%		12.09	11.68	13.72	11.99	
2003	呼吸系病	5 191.52	7 960.35	4 556.92	2 078.63	514
	循环系病	8 769.31	11 811.96	7 991.72	5 513.67	514

6.2 空气污染健康损失的修正的人力资本法

修正的人力资本法见 3.6 节。修正的人力资本 HC_m 的计算公式：

$$HC_m = \frac{C_{ed}}{P_{ed}} = GDP_{pc0}\sum_{i=1}^{t}\frac{(1+\alpha)^i}{(1+r)^i}$$

式中：r——社会贴现率；

α——人均 GDP 年增长率；

GDP_{pc0}——基准年人均 GDP。

6.2.1 大气污染引起的过早死亡平均损失寿命年数（t）的确定

所谓损失寿命年是指一个人的死亡年龄与社会期望寿命的差，然而不同疾病的平均死亡年龄不同，城市和农村的期望寿命也有区别。大气污染与呼吸系统和循环系统疾病中的心脑血管疾病密切相关，同时在我国污染主要集中在城市地区，因此本书着重考虑这类疾病对城市居民的寿命影响。

从表 3-6 可知，我国呼吸系统疾病、心脏病、脑血管疾病死亡的总平均损失寿命年分别为 16.68 年、18.15 年和 18.03 年。本次计算的损失寿命年取值为 18 年。

6.2.2 基准年人均 GDP（GDP_{pc0}）

以 2003 年为例，人均 GDP 可以从中国城市统计年鉴中获得，计算时可应用各相应城市的人均 GDP 数据。

6.2.3 人均 GDP 增长率α的确定

人均 GDP 增长率α，取决于 GDP 增长率和人口增长率。根据中国宏观经济发展战略，到 2020 年我国的 GDP 将是 2000 年 GDP 的 4 倍，则平均年增长率为 7.2%，人口增长率控制在 1%左右，到 2010 年控制在 14 亿以内，则：

$$\alpha=\frac{IR_{\text{GDP}}-IR_{\alpha}}{1+IR_{\alpha}}=\frac{7.2\%-1\%}{1+1\%}=6\%$$

式中：IR_{GDP}——GDP 增长率；

IR_{α}——人口增长率。

由计算结果可知，人均 GDP 的增长率α与 GDP 增长率相差大约 1 个百分点。由于实际发展速度可能高于计划值，因此，人均 GDP 的增长率取 6%、7%和 8% 3 个档次计算。

6.2.4 贴现率 r 的确定

根据 1993 年国家颁布的建设项目经济评估参数，社会贴现率为 10%。但随着我国经济总量的增加、结构的变化，以及物价指数和利率的变化，目前正在重新修订建设项目经济评估参数，参考有关部门的研究，建议的社会贴现率为 8%。

计算中，取贴现率为 8%。为了给有关决策者更多的信息，同时对贴现率 7%和 9%的情况进行敏感性比较。

6.2.5 重点城市修正的人力资本 HC_{m} 的计算（以 2003 年为基准年）

（1）人均 GDP 增长率对修正的人力资本的影响。本次计算所采用的人均 GDP 为各主要城市全市人均 GDP。以人均 GDP 增长率 6%、7%、8%和贴现率 8%计算得到的各主要城市修正的人力资本价值（表 6-4）。

表 6-4　不同人均 GDP 增长率的修正人力资本 HC_m

（基准年：2003 年）

GDP 增长率	a/%	6	7	8
贴现率	r/%	8	8	8
$\sum_{i=1}^{t}[(1+a)/(1+r)]^i$		15.14	16.49	18
以 a=7 为 1		0.92	1	1.09
城市	全市人均 GDP/（元/人）	HC_m/（万元/人）		
北　京	32 061	48.54	52.87	57.71
天　津	26 532	40.17	43.75	47.76
石家庄	15 188	22.99	25.05	27.34
太　原	15 210	23.03	25.08	27.38
呼和浩特	18 791	28.45	30.99	33.82
沈　阳	23 271	35.23	38.37	41.89
大　连	29 206	44.22	48.16	52.57
长　春	18 705	28.32	30.84	33.67
哈尔滨	14 872	22.52	24.52	26.77
上　海	46 718	70.73	77.04	84.09
南　京	27 307	41.34	45.03	49.15
杭　州	32 819	49.69	54.12	59.07
宁　波	32 639	49.42	53.82	58.75
合　肥	10 720	16.23	17.68	19.30
福　州	20 520	31.07	33.84	36.94
厦　门	35 009	53.00	57.73	63.02
南　昌	14 382	21.77	23.72	25.89
济　南	23 590	35.72	38.90	42.46
青　岛	23 398	35.42	38.58	42.12
郑　州	17 063	25.83	28.14	30.71
武　汉	21 457	32.49	35.38	38.62
长　沙	14 810	22.42	24.42	26.66
广　州	48 372	73.24	79.77	87.07
深　圳	54 545	82.58	89.94	98.18
南　宁	7 874	11.92	12.98	14.17
海　口	16 730	25.33	27.59	30.11
重　庆	8 077	12.23	13.32	14.54
成　都	18 051	27.33	29.77	32.49
贵　阳	10 962	16.60	18.08	19.73
昆　明	16 312	24.70	26.90	29.36
西　安	12 233	18.52	20.17	22.02
兰　州	14 540	22.01	23.98	26.17
西　宁	7 110	10.76	11.72	12.80
银　川	11 788	17.85	19.44	21.22
乌鲁木齐	19 900	30.13	32.82	35.82

由表 6-4 可以看出，修正的人力资本高居前五位的分别是深圳、广州、上海、厦门和杭州，重庆、南宁和西宁为后三位。分别为深圳 82.58 万元、89.94 万元、98.18 万元，广州 73.24 万元、79.77 万元、87.07 万元，上海 70.73 万元、77.08 万元、84.09 万元，厦门 53.00 万元、57.76 万元、63.02 万元和杭州 49.69 万元、54.15 万元、59.07 万元，后三位为重庆 12.23 万元、13.33 万元、14.54 万元，南宁 11.92 万元、12.99 万元、14.17 万元和西宁 10.76 万元、11.73 万元、12.80 万元。

人均 GDP 增长率对修正的人力资本有一定影响，如果将人均 GDP 增长率 7%计为 1，则人均 GDP 增长率 6%为 0.92，人均 GDP 增长率 8%为 1.09，即大约人均 GDP 增长率增加 1 个百分点，修正的人力资本约增加 9%。

（2）贴现率对修正的人力资本的影响。以人均 GDP 增长率为 7%和贴现率分别为 7%、8%、9%计算得到修正人力资本（表 6-5）。

由表 6-5 可以看出，修正的人力资本高居前五位的依然是深圳、广州、上海、厦门和杭州，重庆、南宁和西宁为后三位。前五位的人力资本分别为深圳 98.18 万元、90 万元、82.74 万元，广州 87.07 万元、79.81 万元、73.38 万元，上海 84.09 万元、77.08 万元、70.87 万元，厦门 63.02 万元、57.76 万元、53.11 万元和杭州 59.07 万元、54.15 万元、49.79 万元，后三位为重庆 14.54 万元、13.33 万元、12.25 万元，南宁 14.17 万元、12.99 万元、11.94 万元和西宁 12.80 万元、11.73 万元、10.79 万元。贴现率对修正的人力资本有影响，如果将贴现率 8%计为 1，则贴现率 7%为 1.09，贴现率 9%为 0.92，也即大约贴现率增加 1 个百分点，修正的人力资本减少 9%。

6.3 失能调整生命年的经济损失评价方法

失能调整生命年的计算见 3.5 节。失能调整生命年的经济损失计算的公式：

$$HC_{\mathrm{n}} = D \times \mathrm{GDP}_{\mathrm{pc0}} \sum_{i=1}^{t} \frac{(1+\alpha)^i}{(1+r)^i}$$

式中：r——社会贴现率；

α——人均 GDP 年增长率；

$\mathrm{GDP}_{\mathrm{pc0}}$——基准年人均 GDP；

D——失能权重。

表 6-5　不同贴现率的修正人力资本 HC_m

（基准年：2003 年）

GDP 增长率 a/%		7	7	7
贴现率 r/%		7	8	9
$\sum_{i=1}^{t}[(1+a)/(1+r)]^i$		18	16.50	15.17
以 r=8 为 1		1.09	1	0.92
城市	全市人均 GDP/（元/人）	HC_m/（万元/人）		
北　京	32 061	57.71	52.90	48.64
天　津	26 532	47.76	43.78	40.25
石家庄	15 188	27.34	25.06	23.04
太　原	15 210	27.38	25.10	23.07
呼和浩特	18 791	33.82	31.01	28.51
沈　阳	23 271	41.89	38.40	35.30
大　连	29 206	52.57	48.19	44.31
长　春	18 705	33.67	30.86	28.38
哈尔滨	14 872	26.77	24.54	22.56
上　海	46 718	84.09	77.08	70.87
南　京	27 307	49.15	45.06	41.42
杭　州	32 819	59.07	54.15	49.79
宁　波	32 639	58.75	53.85	49.51
合　肥	10 720	19.30	17.69	16.26
福　州	20 520	36.94	33.86	31.13
厦　门	35 009	63.02	57.76	53.11
南　昌	14 382	25.89	23.73	21.82
济　南	23 590	42.46	38.92	35.79
青　岛	23 398	42.12	38.61	35.49
郑　州	17 063	30.71	28.15	25.88
武　汉	21 457	38.62	35.40	32.55
长　沙	14 810	26.66	24.44	22.47
广　州	48 372	87.07	79.81	73.38
深　圳	54 545	98.18	90.00	82.74
南　宁	7 874	14.17	12.99	11.94
海　口	16 730	30.11	27.60	25.38
重　庆	8 077	14.54	13.33	12.25
成　都	18 051	32.49	29.78	27.38
贵　阳	10 962	19.73	18.09	16.63
昆　明	16 312	29.36	26.91	24.75
西　安	12 233	22.02	20.18	18.56
兰　州	14 540	26.17	23.99	22.06
西　宁	7 110	12.80	11.73	10.79
银　川	11 788	21.22	19.45	17.88
乌鲁木齐	19 900	35.82	32.84	30.19

失能权重的确定

美国专家 Abbey（1995）等人对慢性支气管炎的失能效应进行了队列研究，研究样本为 3 914 个加利福尼亚居民，为了限制抽烟对估计空气污染引起病例的混扰影响，研究对象主要是不抽烟的居民。要求被调查者完成呼吸系统症状的标准问卷（1977 年和 1987 年），反应率达到 87%。然后，研究人员用计算机根据他们是否有支气管炎（哮喘或肺气肿）将调查者分类。确定为明确的支气管炎要在大多数的日子里（至少在两年内，一年有 3 个月），有咳嗽症状（咳嗽的类型）和（或）有痰（痰的类型）。研究人员根据症状的严重程度（包括是否仅仅咳嗽和咳嗽也有痰）将案例分类。根据咳嗽的频率、生痰的频率和呼吸短促的程度，将慢性支气管炎病例分为 6 级：0 级表明无症状，1 级表明慢性支气管炎症状很少，2～5 级症状逐渐严重，通过专家打分的方法对失能情况给出相应的失能权重，见表 6-6。

表 6-6　慢性支气管炎的分级

<table>
<tr><th colspan="2">等级</th><th>咳嗽</th><th>有痰</th><th>样本占百分数/%</th><th>失能权重</th></tr>
<tr><td>2</td><td>轻微</td><td>3 个月或以上的多数日子，早晨第一件事就咳嗽或其他时间咳嗽</td><td>3 个月或以上的多数日子，早晨第一件事就咳嗽或其他时间咳嗽而且有痰</td><td>23.6</td><td>0.05</td></tr>
<tr><td>3</td><td rowspan="2">中等</td><td>3 个月或以上的多数日子，早晨第一件事就咳嗽并且其他时间咳嗽</td><td>3 个月或以上的多数日子，早晨第一件事就有痰而且其他时间也有痰</td><td>23.9</td><td rowspan="2">0.4</td></tr>
<tr><td>4</td><td>3 个月或以上的多数日子，早晨第一件事就咳嗽并且其他时间咳嗽；中等活动有轻微的呼吸短促，正常行走没有呼吸短促</td><td>3 个月或以上的多数日子，早晨第一件事就有痰而且其他时间也有痰；中等活动有轻微的呼吸短促，正常行走没有呼吸短促</td><td>31.0</td></tr>
<tr><td>5</td><td>严重</td><td>3 个月或以上的多数日子，早晨第一件事就咳嗽并且其他时间咳嗽；正常行走呼吸短促</td><td>3 个月或以上的多数日子，早晨第一件事就有痰而且其他时间也有痰；正常行走呼吸短促</td><td>21.6</td><td>0.7</td></tr>
<tr><td colspan="4">案例总计</td><td colspan="2">100.0</td></tr>
</table>

资料来源：

1. Abbey，David E. May 1994. “Appendix A”and “Appendix B.” In：*Incidence Of Respiratory Symptoms And Chronic Disease in a Non-Smoking Population as a Function of Long Term Cumulative Exposure to Ambient Air Pollutants（Adventist Health Study Of Smog Follow-Up Study）*. Prepared for the California Air Resources Board.

2. Lisa A. Robinson，Wilhelmine Miller，Alternative Approaches for Estimating Health-Related Quality of Life Impacts：Non-road Engine Air Emissions Regulation Case Study，Final Report December 2005.

根据表 6-6 的数据，按样本等级比例加权计算：

慢性支气管炎的失能权重=23.6%×0.05+（23.9%+31%）×0.40+21.6%×0.70=0.382 6

世界卫生组织（WHO）计算世界各国疾病负担时公布了主要疾病的失能权重、慢性阻塞性肺疾病失能权重，无治疗为 0.43，治疗为 0.39。一般慢性阻塞性肺疾病平均失能权重取 0.40。

我国对慢性疾病伤残的失能权重也有一些研究，李安乐和贺凤英在杭州开展了居民慢性非传染性疾病的疾病负担评价的研究。疾病负担测量的对象是杭州市人口，调查采用二阶段随机抽样的方法，抽取 4 个区县、4 个街道共 800 户作为研究对象，对研究对象进行访视调查。发病资料是根据 1998 年抽样调查结果进行推算的；死亡数据来自杭州死因监测资料；残疾资料来自该次调查。

$$\text{失能平均权重}=0.096X_1+0.220X_2+0.400X_3+0.600X_4+0.81X_5+0.092X_6$$

其中 X 为患者在不同程度失能的分布比例，X 前面的系数为不同失能的权重，见表 3-7 失能程度的分级和权重。用调查资料通过上述公式计算得到不同疾病的失能权重：恶性肿瘤 0.76，内分泌、营养、代谢及免疫性疾病 0.57，血液、造血器官疾病 0.45，神经与精神性疾病为 0.69，心脑血管疾病 0.73，呼吸系统疾病 0.66，消化系统疾病 0.49，泌尿生殖系统疾病 0.56。

6.4 健康（死亡）风险减少的支付意愿调查法

6.4.1 统计生命价值的概念

事实上，空气污染减少会使每个接触空气污染的人降低死亡风险。如果暴露于空气污染的 1 万人中，每年每人的死亡风险平均能降低万分之一，那么，这样就可以拯救一条生命——统计生命。统计生命价值通常用支付意愿调查来获得。改善空气质量的计划能够降低暴露人群中每个人的死亡风险，评价死亡风险降低程度的支付意愿法研究的是每个人愿意支付多少钱获得一个单位的风险降低。例如，某人愿意在未来支付 200 元人民币使其死亡风险降低万分之一，这 200 元就是这个人降低万分之一死亡风险的价值。而统计生命的价值就是把每个人为降低风险而愿意支付的金额加起来得到的总数。如果空气污染程度减少一个单位可以使每个人的死亡风险降低万分之一，那么 1 万个人中就能挽救一条统计生命。这 1 万个人为降低风险而愿意支付的总和就是统计生命价值。如果每人愿意支付的金额为 200 元，则统计生命价值=10 000 ×200（元）=200 万元人民币。

6.4.2 测量统计生命价值的方法

现实生活中，我们怎么能知道人们为了降低万分之一的风险而愿意支付多少钱呢？通常可以通过劳务市场上的补偿性工资进行估算，或是通过问卷调查，直接询问人们为降低一个单位的死亡风险愿意支付多少钱？

6.4.2.1 工资差额法

工资差额法在第 3 章已经进行了一般性叙述，工资差额法是通过在劳务市场上调查风险工作的补偿性工资来估算对死亡风险的支付意愿。补偿性工资所隐含的意思是，不同的工作有不同的特点，包括意外死亡的风险。如果劳动者能充分了解各种致命和非致命伤害的风险，而且劳动力市场是竞争性市场，假设工人和其他工作特点是常数，那么风险大的工作应该支付较高的报酬。根据经验，补偿性工资可以用一个等式解释工人工资中的变量，这个等式是工人特征（年龄、教育程度、人力资本）和工作特点（包括致命和非致命伤害）的函数（Viscusi，1993）。从理论上讲，死亡风险的细微变化对工资的影响应该等于工人接受这个风险而获得的补偿金额。对于细微的风险变化，补偿金额也就是工人对降低一单位风险应支付的金额。

要通过补偿性工资法得出可靠的统计生命价值的估计值，就有必要确保工人了解工作的致命风险，有充分竞争的劳动力市场，从而才会出现补偿性工资。如果根据经验衡量工资差额，就需要对工作的死亡风险有精确预测，理想的做法是根据行业和职业类别细分。研究人员还必须把足够的其他工资决定因素包括在内，以至于致命的工作风险不会增加其他工人或工作特点的影响。例如，一般工伤风险的数据都是在行业层面收集的，因此充分控制行业内部工资差额的其他来源是很重要的。①

美国开展过补偿性工资研究，根据经验得出的统计生命价值的估计值介于 60 万美元到 1 350 万美元之间（1990 年）（Viscusi，1993；美国环保局，1997）。在中国台湾地区，Liu 和其他人（1997）报告的统计生命价值为 41.3 万美元（1990 年）；Liu 和 Hammitt（1999）研究得出的统计生命价值为 65 万美元。但是，在中国大陆还没有开展类似的研究。应该强调指出，补偿性工资研究中考察的工人平均年龄为 40 岁，而且在某种程度上，假设劳动力市场的风险是自愿承担的。这两点都为用补偿性工资评价环境风险的变化带来了困难。如果像 Pope 与其他作者（1995，2002）所述，空气污染造成的死亡风险与基准死亡风险成比例的话，中国空气中固体颗粒物浓度减少能挽救的统计生命中，估计有 59%是年龄在 65 岁以上的老人。由于年龄越大的人剩下的时间越少，因此为死亡风险愿意支付的数额也越少。这样的话，补偿性工资可能会高估了他们的统计生命价值。但是，环境风险是非自愿承担的，这一事实说明，在其他因素不变的情况下，补偿性工资又可能低估环境风险降低的价值。

6.4.2.2 支付意愿调查评价法

在发达国家开展的环境项目的成本效益分析法中，一般使用统计生命价值（VSL）来评价死亡风险。统计生命价值是指，每个人为降低死亡风险都愿意支付一定死亡金额，这些数额的加合就相当于一个统计生命。由于补偿性工资差异存在的问题，评价生命风险价值变化更值得采用直接的询问调查法，因为这种方法可以根据风险降低所处的年龄和所评价的风险性质进行调整。支付意愿（Willingness to Pay，WTP）评估既有优点，又有缺点。它的一个优点是可以更明显地看出降低一个单位风险的支付意愿如何随着年龄和收入变化而变化。这种研究方法的缺点是评估的事件属于小概率事件，使受访人回答询问的困难显得很突出。

中国在这一领域的研究相对较晚，据文献报道，在中国开展了四次支付意愿调查评估研究，对死亡风险的定量降低进行评价：哈密特和周（Hammitt，Zhou，2005）；汪虹等人，2001；张晓，2002；克鲁普尼克等人（Krupnick et al.，2006），国家环境保护总局与世界

① 补偿性工资的估计值往往对工资计算等式的具体标准非常敏感。Black 等人（2003）应美国环保局要求，在对补偿性工资研究数据进行重新分析时指出，研究结果很不稳定，无法在政策中使用。

银行的合作研究。这些研究在平均支付意愿的基础上得出的统计生命价值见表 6-7。根据数据对应的研究和模型类型，统计生命价值的估计值从 25 万元到 170 万元不等。

表 6-7　在中国调研获得的统计生命价值估计值

研　　究	百万元（人民币）
王红等人（2000）	0.3～1.25
张晓（2002）	0.24～1.7
哈密特和周（Hammitt，Zhou，2005）*	0.26～0.51
克鲁普尼克等人（Krupnick et al.，2006）	1.40

*根据北京样本估计。

哈密特和周的研究中进行了外部范围检验。遗憾的是，受访人对死亡风险的支付意愿没有因风险的变化而发生变化。2005 年在中国国家环境保护总局与世界银行的合作研究（中国环境污染损失模型研究）中，在上海和重庆分别开展了减少空气污染对健康风险支付意愿的调查。

6.4.3 上海和重庆降低死亡风险的支付意愿研究简介

世界银行与环境保护部（原国家环境保护总局）合作项目《中国环境成本模型研究》在上海和重庆开展支付意愿评估估算降低死亡风险的价值。调查活动分别在 2005 年的冬季、夏季和 2006 年春季开展。调查问卷除了细小的变化外，基本上与 Alberini、Krupnick 等人（2004）在美国、加拿大、英国、法国、意大利和日本开展调研使用的问卷相同。目标人群的年龄在 40～80 岁。问卷的设计遵循 1993 年美国海洋与大气管理局（NOAA）提出的以下原则：①问卷调查应采取面对面采访形式；②问卷应经过预调查；③核心估值问题应采用二分式问卷，而不是开放式或支付卡方式问卷；④应提醒被调查者为获得所描述物品或服务而需要做出的牺牲。

（1）调查样本的取样。该研究的取样采取三层抽样法，按城市的行政区—街道办事处—个体，把样本分层排列、随机抽取。在上海，最初与 1 920 位受访人取得了联系，并邀请他们参加二分选择法调查，最终有 1 224 人参加了调查，接受率为 64%。另有 600 人通过价值卡出价法参加调查。在重庆，调研人员邀请 1 250 人参加调查，得到 1 067 人的反馈，反馈率为 85.4%。

（2）了解被访问者的基本人口学信息。问卷从一些人口学的问题开始，询问被访问者人口学信息（年龄、性别、民族等）和关于健康状态、自己和他们家庭的慢性疾病的历史。例如询问您和您有血缘关系的父母、兄弟或姐妹曾患有以下疾病吗？将主要疾病列出，让被访问者用最简单的方式回答，在表中打勾。

（3）测试受访对象对风险概率的了解。该调查是建立在风险概率的基础上的，因而调查在询问受访对象的基本情况后，就要测试受访对象对概率的了解。询问受访对象以下问题：

日常生活中，我们会遇到许多“机会或可能性”，如您购买了彩票就有中奖的机会，努力工作就有升迁的机会，等等。值得注意的是，这些机会有多大在理论上是可以计算的。比如我们掷硬币获得其中一面的机会是50%。滚动骰子，获得其中一个数字的机会是1/6。

交代了概率的基本概念后，引入死亡的概率。一个人死亡的机会（可能性）也可用数字大小来表示，如一个50岁的人在未来10年内死亡的机会（可能性）为5/1 000，表示与他同龄的1 000个人中未来10年内会有5人死亡。现在，我们将问您一些关于死亡机会（可能性）的问题。

进一步假设两个人：第一个人，死亡机会=未来10年5/1 000；第二个人，死亡机会=未来10年10/1 000，未来10年内哪一位的死亡机会更大？

1）第一个　　　　　　2）第二个

（4）传达基线死亡风险，使被访问者对死亡风险有一个定量的概念，以便进一步接受死亡风险定量的考量。根据疾病控制中心的统计数据，介绍我国基线死亡风险的定量数据。提供的数据能描述随着年龄的增加，每10年的死亡机会会不断增加。为了达到调查的目的，请被访问者将这个死亡机会（概率）记住。假如10年内死亡机会为64/1 000。它的含义是：您可以假设在和您同年龄段、同民族、同性别的1 000人中，从现在开始10年内，64人会死亡，936人会存活下来。由于您不知道未来10年内会死亡或生存下来，因此，只能说您的死亡机会（可能性）是64/1 000。

（5）介绍降低死亡风险的途径。向被访问者介绍不同年龄和性别引起死亡的原因，介绍减少风险的行为、进行风险教育和定性的成本。正如上面所述，要求人们定量评价风险减少的价值的一个困难是：虽然人们经常从事减低风险的行为（如进行癌症测试、服药降低血压或胆固醇水平），但是他们不知道这些行为能减少多少风险。我们基于可以获得的统计数据说明减少风险行为的有效性和这些行为的成本范围，用抽象的表述，例如非常昂贵、昂贵和便宜。

例如，这里我们假设有一种中草药 A，若长期使用能对上述疾病进行有效的治疗和预防，因此可以降低您的死亡机会。询问被访问者是否愿意采用这种减少死亡风险的方式或产品。当然，您也可以想象成您认为最有效降低死亡机会的其他方式。

（6）对降低死亡风险的支付意愿的测试。研究人员告诉受访人这种产品可以降低他们的死亡风险，在未来 10 年期间，如果能将死亡风险降低 10‰和 5‰（即每年降低万分之一和万分之五），他们愿意支付多少钱。通过双界二分选择法（DC）或价值卡出价法竞价。调查问卷在电脑上自动运行，并配有画外音。

（7）内部和外部（主观和客观）测试。由于支付意愿评估询问的问题是假设性的，因此这类研究通常要对给出的答案进行检验，考察其内在真实性和外在真实性。外在真实性的检验，通过改变风险降低的程度，考察不同受访人之间的支付意愿是否随着风险的降低而增加。得到的答案是支付意愿不会随着风险的降低而增加，这也说明受访人没有正确认识风险的变化，或者是把风险变化当做是一般性的商品（健康良好），而不是定量的风险降低。内部范围检验是针对既定的受访人考察其支付意愿是否会随着风险降低而增加。外部真实性检验还包括考察答案是否如预料那样，会因收入水平不同而不同。

随后有一系列更广泛的问题。这些问题的目的是测试被访问者对调查中的一些概念的理解，情景和基线中的各种要素和能够影响调查可信度的其他要素的认知。

最后还有若干问题询问有关生活基本状况，这些问题在例行公事的体检中用来测试身体、心理和情绪健康状态，以便对结果进行分析和检验。

（8）调查结果。调查结果表明，受访人非常关注死亡风险的降低，并愿意为此付费。的确，用上述国家采用的相同的估测方法得出的平均统计生命价值与这些国家的结果属于一个范围（就购买力平价 PPP 而言）。把调查中采用二分选择法得到的数据集中起来用保守的估计方法计算，每年减少万分之五的风险，则平均统计生命价值为 140 万元。当把上海和重庆的数据分别进行分析时，重庆的统计生命价值略低于上海，但是两个城市的统计生命价值的差距要比两个城市的收入差距水平小得多。在上海使用二分选择法和价值卡出价法得出的统计生命价值在统计上没有什么差异。调查结果只通过了部分有效性检定。使用价值卡出价法的大部分结果通过了外部范围检定（对两组人的支付意愿进行了比较，一组降低万分之五的风险，另一组降低万分之十），但使用二分选择法时重庆只有一些受高等教育的受访人通过了检定。回归结果比较直观，与期望一致。例如，收入高、受教育程度高的人以及健康状况不好的人都愿意为降低风险支付更多的费用。

6.4.4 中国统计生命价值选择的建议

Krupnick 等人（2006）根据上海和重庆研究收集的数据，得出的统计生命价值为 140 万元人民币。收入对统计生命价值有一定影响，通常用收入弹性表示，但是对一个国家的不同地区，美国和欧洲的做法是，不论收入差异把因空气污染丧生的所有的生命都赋予同一个价值。美国采取这种做法是出于政治原因而非经济原因。鉴于中国城市之间的人均收入差别较大，考虑上海、重庆与中国其他地区的工资差异，为了得到适用于全国的统计生命价值，对结果做出了调整。对收入进行调整后，Krupnick 等人（2006）的研究建议中国的统计生命价值大约为 100 万元①。这一数值同表 6-7 其他研究得出的数值属于同一范围。

上面曾提到，开展原始评估的一个关键原因是考察降低死亡风险的支付意愿如何随着受访人的年龄而变化，以及考察老年人的支付意愿。② 在一些国外研究文献中，少量资料证明降低死亡风险的支付意愿在人的后半生有所下降。根据与 Krupnick 等人（2006）开展的类似调查，Alberini 等人（2004）在美国和加拿大开展了研究，发现 70 岁以上人群的支付意愿比 40～69 岁人群的支付意愿低 25%左右。而中国在这个问题上的调查结果却不太一致。对上海和重庆的两个样本进行分析，把支付意愿作为两个变量的函数（Krupnick et al.，2006），在其他要素不变的条件下，65 岁以上人群的支付意愿要比该年龄以下的人低 28%左右。但是，从上海采集的第三个样本

---

① 根据中国平均可支配收入与上海、重庆的平均可支配收入的比例做出了调整，调整时使用了 Krupnick 等人（2006）提供的收入弹性值 0.48。

② 由于这个原因，我们选择的样本受访人超过 1/3 为 60 岁或 60 岁以上。

得到的分析结果却不同于前一个。鉴于这一点，研究推荐的统计生命价值不会随年龄的变化而变化。

参考文献

[1] Urban air quality management strategy in Asia—Guidebook，Edited by Jitendra J. Shah et.

[2] WHO air quality guidelines global update 2005（Report on a Working Group meeting，Bonn，Germany，18-20 October 2005）.

[3] 国务院人口普查办公室，国家统计局人口和社会科技统计司. 中国 2000 年人口普查资料. 北京：中国统计出版社，2002，8.

[4] 倪宗瓒，等. 卫生统计学. 北京：人民卫生出版社，2000.

[5] 中国人民共和国卫生部. 中国卫生统计年鉴 2004. 北京：中国协和医科大学出版社，2004，9.

[6] 中国城市统计年鉴 2004. 北京：中国统计出版社，2005.

[7] 建设部标准定额研究所. 建设项目经济评价参数研究. 北京：中国计划出版社，2004.

[8] 同济大学，建设部标准定额研究所. 政府投资项目经济评价方法与参数研究. 北京：中国计划出版社，2004.

[9] 李乐安，贺凤英. 杭州市居民慢性非传染性疾病的疾病负担评价. 中华流行病学杂志，2005（26）：11.

[10] Alberini A，Cropper M，Krupnick A，Simon N. 2004. Does the Value of Statistical Life Vary with Age and Health Status？ Evidence from the U.S. and Canada. *Journal of Environmental Economics and Management* 48：769-792.

第7章 大气污染的农业损失

农作物的生长离不开空气、阳光、水和土壤，环境质量是农作物生产的重要生产要素，环境质量的恶化将导致农作物产量的减少、品质的下降和病虫害的增加。据有关报道，空气中的污染物，如酸雨、SO_2、O_3、VOCs 和 NO_2 等，都会对农作物的生长产生影响。大气环境质量恶化造成的农作物经济损失主要表现为农作物产量减少损失的经济价值，可以用市场价值法来计量。

7.1 大气污染对农作物的危害

7.1.1 酸雨和 SO_2 污染对农作物的危害

1858 年，英国伦敦化学家 Robert Angus Smith 首先观察到酸雨的危害，1872 年 Smith 首次应用酸雨这个术语。1970 年代初，瑞典政府给联合国人类环境提交了一份报告《跨国界的大气污染》，首先提出酸雨对生态的危害，引起了各国的关注。1982 年 6 月在瑞典斯德哥尔摩举行国际环境会议，公认酸雨为当前全球性的重要环境污染问题之一。

酸沉降是由于 SO_2（电厂和金属冶炼）和 NO_x（交通和电站）的排放在沉降中形成硫酸盐和硝酸盐。酸沉降有干沉降和湿沉降两种形式，气体或气溶胶可以作为干沉降而沉降；酸雨是湿沉降。雨水在空气中与 CO_2 平衡（没有影响 pH 值的其他因素）形成微弱的酸性，pH 值为 5.6。然而，在自然的条件下，雨水经常更酸一些。人类活动形成酸雨的典型的 pH 值可能为 3.5～5.0。氨的排放将使酸沉降硝化，而且可以通过硝化作用使土壤酸化。

酸雨和 SO_2 对农作物的伤害分为急性伤害和慢性伤害两种。在

酸雨或 SO_2 与农作物接触，叶片在短时间（24～72 h）内出现的可见伤害，称为急性伤害。这种伤害一般在污染物浓度较高的情况下出现，由于高浓度污染物的影响引起叶片细胞死亡，主要症状为叶脉间出现不规则的坏死，严重时全叶细胞死亡，造成枯枝枯叶，甚至整株衰亡。当农作物长期与低浓度的降雨或低浓度的 SO_2 接触时，出现叶绿素或色素变化，破坏细胞的正常活动，导致细胞死亡，以可见伤害症状或叶片过早脱落等形式表现，称为慢性伤害。

酸沉降还可以通过土壤酸化而对农作物产生长期的影响。酸雨对土壤的影响是累进式的，当酸雨的输入超过土壤的缓冲能力时，土壤呈酸化，随着酸化的发展，土壤中的钾、氮、磷、钙、镁等营养物质逐渐被淋失而贫瘠化；土壤酸化对土壤中的硝化、反硝化、氨化、固氮等作用受到一定程度的抑制；同时，酸化使土壤中的铝等金属元素的活性增加，对植物产生毒害。这些综合性的影响造成农作物的减产、品质的下降和病虫害的增加。

7.1.2 臭氧污染对农作物的危害

臭氧被认为是对农作物损害最大的污染物。根据在欧洲和美国的一些调查研究，EC（1998b）用暴露反应公式计算出了由于臭氧致使一些农作物产量的减少。农作物对臭氧的暴露量用 AOT40 来计量，AOT40 是当臭氧小时平均体积分数 φ_{O_3} >40 nl/L 时，计算白天每小时平均臭氧体积分数（φ_{O_3}）和 40 nl/L 的差，再将这些差求和。即：

$$AOT40=\sum_{i=1}^{n}(\varphi_{O_3}-40)_i \text{ 当 } \varphi_{O_3}>40\ \text{nl/L 时，}$$

公式中，n 是超过阈值 40 nl/L 的小时数。AOT40 有两个单位：h・nl/L 或 h・μl/L。

臭氧对农作物损害根据 AOT40 指数计算，表 7-1 表示在计算控制臭氧从而改善空气质量时应用的暴露反应公式。

这些公式是从大量的实验中得来的，实验中将一些栽培品种置于严格控制的条件下，使得其他与产量有关之因素均适合生长。有些原因可能会导致试验田内的反应不同，如不同栽培作物的敏感度不同，与其他污染物的相互作用、湿度以及水量等。

表 7-1　臭氧暴露反应公式，EC（1998b）

庄稼类型	损失百分比/%（每 1h • μl/L AOT40）
有耐药力的农作物：玉米、覆盆子、甘蓝、大麦、橄榄、带叶农作物、橄榄油、甜菜、草莓	0
轻微敏感农作物：牧草、大米、高粱、粟米、燕麦、裸麦	1.0
敏感农作物：小麦、土豆、柠檬、亚麻、大麻、苜蓿、番茄、橙子、桃子、梨、蛇麻草、亚麻子、大豆、向日葵、李子、柚子、橘子、洋葱、油菜子、豆、葡萄、西瓜、胡萝卜、黄瓜、枣椰子、芝麻	1.75
极度敏感农作物：烟草	3.57
肉和奶产品	0.5

东亚完成了一些对于臭氧导致农作物损害的研究。一项由考伯亚师和奥克达（1995）完成的研究显示了季平均臭氧与两种日本大米栽培物收成减少之间的暴露反应关系式，此关系式可与在美国发现的美国农作物关系式相媲美。日本的这项研究发现，在臭氧平均体积分数在 20～100 nl/L 对于作物的收成有影响。对巴基斯坦的大米作物的研究发现，在大米作物上有显著的影响（沃黑德等人，1995a；麦格斯和阿师莫，1998），研究期间平均体积分数水平在 40～43 nl/L，导致了大米作物收成减少 37%～57%。使用这个日本研究发现的关系式，这种水平上的臭氧体积分数只能导致约 5%的大米作物收成减少。另一项在巴基斯坦的研究中发现对两种冬小麦作物的作用比欧洲和美国研究基础上的预测高得多。在这项研究中，相对臭氧体积分数为 35.6 nl/L，估计作物的收成比在活性炭过滤空气中减少了 35%～47%。阿南等人（2000）研究了臭氧对农作物的影响。中国臭氧前体物的排放预计在未来 20 年内会翻几番，而且光氧化剂的水平也会显著增加。地表臭氧的增加也就因此成为关系到中国农业生产前景的一个问题。今后农作物产量将由于臭氧浓度的升高而减少，并且这种影响已经在几种农作物上面体现出来。春小麦、大豆和玉米特别易受臭氧伤害，依据是：臭氧水平高峰期恰为这些农作物的增长期。目前这种水平有可能使大豆收成减少 10%以上，而春小麦减少 5%。但不确定性依然很大，需要关于中国条件下臭氧对农作物影响更为准确的知识。排除不确定因素不谈，这个结论可以作为在不远的将来农作物收成可能严重下滑的一个警示。

查美德斯等人最近的研究表明，高浓度的颗粒物目前在中国造成70%最好的庄稼产量减少5%～30%。

但如前所述，虽然臭氧被认为是对农作物伤害最大的空气污染物，但是由于缺乏系统的监测数据，目前我国区域性环境污染损失的计算中还没有包含臭氧造成的损失。此外，针对 VOCs 和 NO_2 与农作物减产之间的暴露-反应关系开展的研究也很少。因此，本书仅将酸雨和 SO_2 作为空气污染和农作物减产的标志污染物。

7.2 酸雨和 SO_2 污染的农作物减产计算公式

计算公式如下：

$$L=\sum_{i=1}^{i}a_iP_iS_iQ_i$$

式中：L—— 环境污染引起农作物减产损失的价值；

P_i——i 种农作物的市场价格；

S_i——i 种农作物的种植面积；

Q_i——对照点 i 种农作物的单位面积产量；

a_i——环境污染引起 i 种农作物减产的百分数（暴露反应关系）。

7.3 危害阈值与暴露反应关系

7.3.1 SO_2、酸雨和 SO_2 污染对农作物减产的阈值剂量

近20年来，国内外就酸雨和 SO_2 污染对农作物的直接影响进行了大量的模拟研究。我国在“六五”到“八五”期间将酸雨列入国家重点科研课题，开展了 SO_2、酸雨污染对农作物产量的影响的盆栽实验，研究了酸雨对农作物影响的暴露反应关系。“八五”期间开展的盆栽实验中，酸雨模拟是以我国酸雨较为严重的浙江地区天然降雨的离子构成、降雨总量和降水频率为依据。降水平均离子浓度为：SO_4^{2-} 112.3、NO_3^- 13.5、NH_4^+ 68.2、Ca^{2+} 59.9、Mg^{2+} 7.6，pH 值用 SO_4^{2-}和 NO_3^-含量的重量比为 SO_4^{2-}∶NO_3^-=8.32∶1 的混合酸调节。模拟研究对各种农作物以其整个生育期的降雨量处理，采用人工降雨器，每次降水持续时间平均 11～14 min，供试作物有油菜、

菜豆、胡萝卜、白菜、大豆、棉花、小麦、水稻、大麦等。模拟酸雨量与上述农作物生育期接受的自然降雨量相一致。

酸雨和 SO_2 对农作物的减产阈值剂量定义为在农作物减产 5%时的污染物剂量。通过上述盆栽实验，减产阈值和酸雨 pH 和 SO_2 浓度的影响见表 7-2。从表可知，农作物对酸雨 pH 和 SO_2 浓度的敏感性：蔬菜＞经济作物＞粮食作物；水稻对酸雨和 SO_2 最不敏感，对多数农作物酸雨与 SO_2 复合污染对农作物减产的影响有协同效应。

表 7-2 SO_2、酸雨污染对农作物减产剂量阈值

农作物	SO_2 /（mg/m^3）	酸雨/pH	SO_2 和酸雨复合污染	
			SO_2/（mg/m^3）	酸雨/pH
水稻	0.457	—	—	—
小麦	0.186	4.44	0.166	4.46
大麦	0.140	4.59		
棉花	0.199	4.37	0.176	4.63
大豆	0.174	4.49	0.157	4.54
油菜	0.098	5.01	0.114	4.79
胡萝卜	0.093	5.04	0.120	4.46
番茄	0.134	4.36	0.079	4.63
菜豆	0.072	5.25	0.096	4.94

7.3.2 SO_2、酸雨污染对农作物产量影响的暴露反应关系

SO_2、酸雨污染对农作物产量影响的盆栽实验结果见表 7-3。

表 7-3 SO_2、酸雨污染对农作物产量影响的盆栽实验结果

农作物	SO_2 污染	酸雨污染	SO_2 和酸雨复合污染
水稻	$Y=26.01-2.85X_1$	—	$Y=26.61-4.82X_1+0.049X_2$
小麦	$Y=23.52-6.33X_1$	$Y=17.20+1.17X_2$	$Y=17.84-7.14X_1+1.04X_2$
大麦	$Y=34.11-12.22X_1$	$Y=27.29+1.55X_2$	$Y=25.84-15.51X_1+1.53X_2$
棉花	$Y=30.60-7.70X_1$	$Y=24.07+1.26X_2$	$Y=22.15-8.84X_1+1.62X_2$
大豆	$Y=40.82-11.75X_1$	$Y=34.68+1.12X_2$	$Y=30.57-13.24X_1+1.95X_2$
油菜	$Y=31.12-15.81X_1$	$Y=16.85+2.71X_2$	$Y=19.4-13.02X_1+1.83X_2$
胡萝卜	$Y=105.58-56.97X_1$	$Y=54.96+9.67X_2$	$Y=71.03-41.82X_1+5.22X_2$
番茄	$Y=92.70-34.67X_1$	$Y=72.82+3.78X_2$	$Y=72.95-31.96X_1+2.60X_2$
菜豆	$Y=43.69-30.14X_1$	$Y=9.00+6.39X_2$	$Y=22.90-30.11X_1+3.01X_2$

注：Y——盆栽实验的产量；X_1——SO_2 质量浓度，mg/m^3；X_2——pH 值。

资料来源：冯宗炜，曹洪法，等（酸沉降对生态环境的影响及其生态恢复，中国环境科学出版社，1999 年）。

通过以上数据，可以转化出不同 SO_2 浓度和 pH 值的减产率，得到 SO_2 质量浓度和 pH 值对农作物减产的暴露反应关系见表 7-4，用于计算酸雨污染对农作物减产影响。

表 7-4　SO_2、酸雨污染对农作物产量影响的暴露反应关系

农作物	减产比率/%		
	单一 SO_2 污染/（mg/m^3）	单一酸雨污染 pH 值	SO_2 和酸雨复合污染/（mg/m^3）（pH 值）
水稻	$0.109\,6\,X_1$		$0.029\,2+0.179\,3\,X_1-0.001\,82\,X_2$
小麦	$0.269\,1\,X_1$	$0.275\,9-0.049\,3\,X_2$	$0.246\,1+0.301\,7\,X_1-0.043\,949\,X_2$
大麦	$0.358\,3\,X_1$	$0.241\,3-0.043\,1\,X_2$	$0.249+0.450\,8\,X_1-0.044\,466\,X_2$
棉花	$0.251\,6\,X_1$	$0.226\,7-0.040\,5\,X_2$	$0.290\,6+0.283\,1\,X_1-0.051\,886\,X_2$
大豆	$0.287\,8\,X_1$	$0.153\,2-0.027\,3\,X_2$	$0.263\,2+0.319\,1\,X_1-0.047\,X_2$
油菜	$0.508\,X_1$	$0.473\,9-0.084\,6\,X_2$	$0.345\,7+0.439\,2\,X_1-0.061\,724\,X_2$
胡萝卜	$0.539\,6\,X_1$	$0.496\,3-0.088\,6\,X_2$	$0.291\,6+0.417\,1\,X_1-0.052\,064\,X_2$
番茄	$0.374\,X_1$	$0.225\,2-0.040\,2\,X_2$	$0.166\,4+0.365\,2\,X_1-0.029\,711\,X_2$
菜豆	$0.689\,9\,X_1$	$0.799-0.142\,7\,X_2$	$0.424+0.757\,4\,X_1-0.075\,712\,X_2$

资料来源：张林波，曹洪法，沈英娃，等，中国环境科学，Vol.18　No.1，1998 年。

表 7-4 针对单一 SO_2 污染、单一酸雨污染及 SO_2 和酸雨复合污染 3 种情况，分别提供了的 3 个暴露反应关系，3 种情况的划分方法如下：

- 无污染区：SO_2 质量浓度 < 0.040mg/m^3，酸雨 pH > 5.0。
- SO_2 单一污染区：SO_2 质量浓度 > 0.040mg/m^3，酸雨 pH > 5.0。
- 酸雨单一污染区：SO_2 质量浓度 < 0.040mg/m^3，酸雨 < pH5.0。
- 酸雨、SO_2 复合污染区：SO_2 质量浓度 > 0.040mg/m^3，酸雨 < pH5.0。

7.4 模型试算——以四川省为例

7.4.1 四川省大气污染的基本状况

四川省是我国“两控区”的省份之一，是主要的酸雨控制区。根据 2002 年国家环保总局环境监测总站的监测数据（表 7-5），四川省大气污染状况依然严重。

表 7-5　四川省 2002 年部分城市大气污染状况

城市	SO_2 年均值/（mg/m^3）	酸雨频率/%	pH 年均值
成都	0.051 3	28.2	4.44
都江堰	0.019 0	—	—
自贡	0.059 9	15.8	5.34
攀枝花	0.032 0	33	4.96
泸州	0.047 0	24.4	5.01
德阳	0.036 0	0	6.19
广汉	0.106 0	—	—
绵阳	0.032 0	42.1	4.91
江油	0.067 5	—	—
遂宁	0.042 0	6.8	6.35
内江	0.056 0	20.7	5.48
乐山	0.016 3	63.2	4.5
峨眉山	0.009 0	—	—
南充	0.039 6	52.2	5.05
眉山	0.024 0	22.4	5.21
宜宾	0.121 4	90.7	4.04
广安	0.135 0	—	—
资阳	0.038 0	0	6.9

资料来源：原国家环保总局环境监测总站 2002 年环境监测报告。

7.4.2 四川省的农业生产状况

根据现有环境监测总站统计的 18 个城市的环境监测数据状况，结合四川省农业统计年鉴，选定了 14 个城市作为大气污染损失测算的重点，2002 年其农作物播种面积和产量见表 7-6、表 7-7。

表 7-6　2002 年四川省部分农业作物播种面积　　单位：万 hm^2

城市	水稻	小麦	棉花	大豆	油菜籽
成都	25.91	12.97	0.07	2.5	9.39
自贡	8.2	5.08	0	1.03	1.13
攀枝花	1.32	0.7	0	0.51	0.03
泸州	14.89	6.08	0	2.93	1.28

城市	水稻	小麦	棉花	大豆	油菜籽
德阳	12.48	7.89	0.11	0.83	5.72
绵阳	11.95	11.9	0.13	1.98	8.82
遂宁	5.64	7.55	1.27	2.65	4.31
内江	8.9	7.3	0	1.75	2.51
乐山	9.1	2.41	0	2.45	2.58
南充	13.62	13.94	0.92	4.74	7.16
宜宾	15.04	8.15	0	2.3	1.45
眉山	11.85	7.94	0.29	1.23	4.21
资阳	10.53	12.63	0.44	5.06	5.53
广安	12.09	6.38	0	2.82	3.48

资料来源：2002 年中国农业统计年鉴。

注：缺蔬菜播种面积的数据。

表 7-7　2002 年四川省部分城市农业作物产量　　单位：万 t

城市	水稻	小麦	棉花	大豆	油菜籽
成都	25.91	12.97	0.07	2.5	9.39
自贡	71.99	14.95	0	3.5	1.8
攀枝花	8.87	2.25	0	0.85	0.03
泸州	112.74	16.44	0	5.59	1.52
德阳	98.82	42.75	0.07	3.1	13.7
绵阳	89.65	47.83	0.1	3.44	18.19
遂宁	46.58	32.67	1.13	7.01	8.81
内江	66.26	21.1	0	4.18	4.21
乐山	62.14	5.96	0	3.28	3.54
南充	111.49	56.73	0.61	17.66	15.36
宜宾	114.48	24.42	0	4.99	2.11
眉山	92.16	29.27	0.04	2.29	6.51
资阳	74.9	42.62	0.31	8.82	11.61
广安	94.70	20.43	0	5.89	4.89

资料来源：2002 年中国农业统计年鉴。

注：蔬菜产量数据缺失。

7.4.3 酸沉降对农作物减产的经济损失

根据暴露反应关系对酸雨区 SO_2 质量浓度和 pH 值的关系式适用范围，对表中列举的城市进行大气污染类型进行归类和筛选（表 7-8）。

表 7-8 筛选后的城市大气污染类型

城市	类型	SO_2 年均值/（mg/m^3）	pH 年均值
成都	酸雨+SO_2	0.051 3	4.44
都江堰	酸雨	0.019 0	—
自贡	SO_2	0.059 9	5.34
攀枝花	酸雨	0.032 0	4.96
泸州	SO_2	0.047 0	5.01
广汉	SO_2	0.106 0	—
绵阳	酸雨	0.032 0	4.91
江油	SO_2	0.067 5	—
遂宁	SO_2	0.042 0	6.35
内江	SO_2	0.056 0	5.48
乐山	酸雨	0.016 3	4.5
南充	酸雨	0.039 6	5.05
眉山	酸雨	0.024 0	5.21
宜宾	酸雨+SO_2	0.121 4	4.04
广安	SO_2	0.135 0	—

根据表 7-4 的暴露反应关系计算的酸雨引起 i 种农作物减产的百分数 α，见表 7-9。

表 7-9 酸雨引起 i 种农作物减产的百分数 α（暴露反应关系）

城市	水稻/%	小麦/%	棉花/%	大豆/%	油菜籽/%
成都	3.03	6.64	7.47	7.09	9.42
自贡	0.66	1.61	1.51	1.72	3.04
攀枝花	0	3.14	2.58	1.78	5.43
泸州	0.52	1.27	1.18	1.35	2.39
绵阳	0	3.38	2.78	1.92	5.85
内江	0.61	1.51	1.41	1.61	2.84
乐山	0	5.405	4.45	3.035	9.32
南充	0	2.69	2.22	1.53	4.67
宜宾	4.36	10.52	11.54	11.21	14.97
眉山	0	1.90	1.57	1.10	3.31
广安	1.48	3.63	3.40	3.89	6.86
遂宁	0.46	1.13	1.06	1.21	2.13

农作物产品价格见表 7-10。

表 7-10　主要农产品 2002 年的批发价格

年份	水稻/（元/t）	小麦/（元/t）	棉花/（元/t）	大豆/（元/t）	油菜籽/（元/t）
2002	900	1 040	8 000	2 400	1 840

资料来源：根据 2002 年中国农业统计年鉴，国内主要批发市场批发价格计算。

根据酸沉降对农作物减产的经济损失计算公式，2002 年四川省酸沉降对农作物减产的经济损失约为 3 亿元，计算结果见表 7-11。

表 7-11　大气污染所造成的四川省的农业损失

城市	水稻/万元	小麦/万元	棉花/万元	大豆/万元	油菜籽/万元
成都	706.83	896.11	41.85	425.28	1 626.90
自贡	425.14	250.49	—	144.74	100.73
攀枝花	—	73.41	—	36.30	3.0
泸州	522.67	216.25	—	181.47	66.78
绵阳	—	1 683.16	22.28	158.16	1 958.44
内江	366.01	330.69	—	161.68	220.37
乐山	—	335.02	—	238.91	607.085
南充	—	1 589.14	108.21	649.96	1 319.0
宜宾	4 493.85	2 671.12	—	1 342.05	581.03
眉山	—	579.81	5.0224	60.27	396.89
广安	1 261.06	771.88	—	549.23	617.06
遂宁	192.98	384.01	95.53	203.36	345.87
合计	30 017.07				

说明：

（1）在四川省现有统计资料的这些城市中，部分城市的 pH、SO_2 年均值显示，城市的大气污染已经得到有效的控制，因此在计算四川省大气污染所造成农业损失中，这些城市不在计算范围之内。

（2）所统计的这 12 个城市是四川省大气污染比较严重的城市。因此，四川省仅测算这 12 个城市大气污染所造成的污染经济损失量。

（3）关于棉花。四川省不是产棉大省，许多城市的棉花种植面积和产量很低，2002 年农业统计年鉴没有统计数据，因此，在计算过程中把几个城市的棉花种植面积和产量规定为零。

参考文献

[1] 张林波，曹洪法，沈英娃，等．苏、浙、皖、闽、湘、鄂、赣 7 省酸沉降农业危害——酸沉降农业生态综合危害分析．中国环境科学，1998，18（1）：12-15.

[2] 冯宗炜，曹洪法，周修萍，等．酸沉降对生态环境的影响及其生态恢复．北京：中国环境科学出版社，1999.

第8章 酸雨和 SO_2 污染的林业损失

8.1 酸雨和 SO_2 污染对林业的危害

酸雨和 SO_2 对森林的危害有直接危害和间接危害两类。直接危害是酸雨和 SO_2 直接对植物生长生理生化反应的影响，主要表现为酸雨和 SO_2 单一或复合影响造成植物外表伤害症状，这些伤害与其抗污能力的生理生化活动的变化相联系，参加清除污染物的酶，如POD、SOD，对污染的反应较敏感。一般来讲，在酸雨和 SO_2 污染的暴露下，凡 SOD 活性降低、POD 活性升高快、叶汁酸度增加 pH 值下降、细胞膜透性明显增大的植物，抗御酸雨和 SO_2 污染的能力差，属于敏感植物，反之，属于抗性植物。酸雨和 SO_2 污染在许多方面是相似的，两者复合后，产生协同效应。

间接危害是酸雨通过土壤酸化造成对森林生长的影响。间接影响包括：土壤水中的铝中毒水平的提高，土壤糖营养物质的流失（特别是镁），磷的有效性降低，降低了植物的活性；酸雾水可以减少植物的耐寒性；在大多数自然森林中氮的沉降将增加植物的生长力，但是氮的沉降太多将使土壤酸化而导致对植被的危害；其他营养物质的减少或对压力因素的敏感性增加。大多数植被的危害是人为和自然压力（如干旱、严寒和病虫害）的综合影响。

8.1.1 国际研究

8.1.1.1 对森林生长的影响

在欧洲（UN/EC，2001）和美国（Driscoll et al.，2001；NAPAP，1998），起初对酸沉降对森林可能造成影响的研究十分重视。尽管这样，污染因子与森林危害的定量关系很难获得。自 1980 年代后期以来，欧洲的联合国—欧盟合作项目对空气污染对森林的危害进行评价和监测。图 8-1 描述了一些国家落叶的趋势。除去东欧的一些地区以外，SO_2 的直接影响可能起了重要作用。最近在欧洲的某些地区（波兰和捷克）树木的生命力有所改善与污染的减轻和有利的气候条件有关，但也缺乏可靠的科学依据。

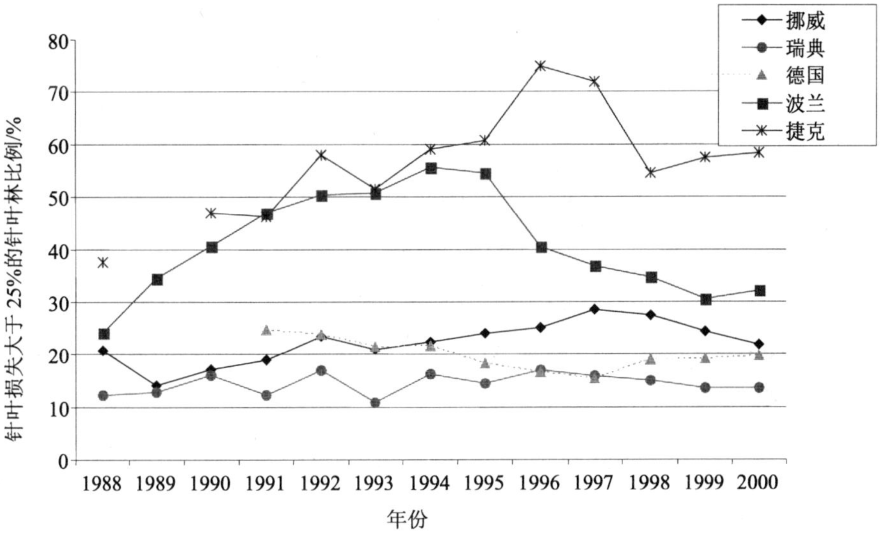

图 8-1　欧洲某些国家落叶的趋势

联合国—欧盟项目的最新报告指出：在欧洲的许多地区观察到树冠的恶化状况是自然和人为因素的综合结果。统计分析的树冠状况可以用生长的年龄、气候状况、生物因素、土壤条件和空气污染压力来解释，欧洲的部分地区严重落叶可能因污染物长时间的沉积作用造成。

明显迹象表明，欧洲最近几十年大气污染物的沉积改变了森林生态系统的物理和生态状况。此外，恶劣的气候，一连串的炎热和干燥周期和近几年的强烈风暴，也影响着森林的状况。

欧洲某些国家落叶的趋势见图 8-1。国家之间的水平差异部分原因可能是方法论造成的。

迄今为止，在北美和加拿大，酸沉降对森林影响的观察主要集中在红杉和糖枫。有明显的证据表明，酸沉降引起了红杉因耐寒性能降低而顶死（Driscoll et al.，2001）。在某些地区由于酸化土壤阳离子（Ca^{2+}、Mg^{2+}）的流失造成了对糖枫的危害。

1998 年，美国国家酸沉降评价项目发表了一个报告，森林生态部分指出：硫和氮的沉降对美国某些高敏感的森林生态系统引起了不利影响。美国东部高海拔地区的云杉森林最敏感。东部、南部和西部的大多数森林生态系统目前没有观察到硫和氮沉降的有害影响。然而，如果在这些地区硫和氮的高沉降不减少，目前它们的有害影响由于慢性的长时间的暴露将扩大到更多的森林。

Matson 等（1999）评价了在热带森林生态系统过程中日益增多的人为加入氮的直接和间接效应。他得出结论：热带森林中人为加入氮未必增加森林的生产力，甚至可能减少它对酸度和磷及阳离子有效性的影响。

8.1.1.2 酸雨对森林危害的临界负荷

临界负荷的概念应用于对酸沉降敏感的地区，说明那里的酸沉降超过了森林和地表水可以承受的程度，因而将排放与生态影响连接起来。在欧洲，临界负荷在制定减排政策中发挥了重要作用。科学依据是有争议的，特别是关于对森林的影响，它是基于假设：土壤水中的高铝浓度（更确切地说是高 Al/Ca）是引起对森林的危害的主要原因。因为这个假设是有疑问的，铝在土壤中的化学行为十分复杂，森林的临界负荷值非常不确定。

8.1.1.3 酸雨对森林的危害与气候变化的关系

气候变化可能通过各种途径增强或减轻酸沉降的影响。降雨的数量和强度变化将影响酸化因素的浓度和沉降，也可能通过水的径流改变影响土壤和水的酸化。在那些自然压力增加的地方，与污染压力的相互作用可能变得特别激烈。然而，寒冷压力的减少应该减轻对红云杉或许还有其他物种的影响。温度的增加将增加酸化过程中的许多重要过程的速度，如土壤硝化和其他微生物过程。

8.1.1.4 酸雨对森林危害的经济评价

SO_2 和 NO_x 在浓度较低的时候对自然生态系统产生各种各样环境效益，包括对森林和清洁水系统，但是这些效益很难货币化。有趣的是，1970 年代和 1980 年代在欧洲和北美，水系统和森林生态系统的危害掀起了对酸沉降的最初的兴趣和科学研究。而现在，减少酸排放的经济效益主要在于健康改善的效益，而不是生态系统的改善。在美国，这可能与美国 EPA 传统地对污染控制法规的健康效益特别关注有关，也可能是与人为排放、空气质量和各种生态服务之间的定量联系以及过程的时间周期性十分复杂有关。另外，尽管经济学家们在开发适合于这些价值的评价方法上，特别是陈述偏好和意愿调查，做出了许多努力，但是生态危害仍难以定价（Cropper，2000）。揭示偏好法（如旅游费用法和资产价值法）只捕获了总经济价值的直接使用的那部分，与揭示偏好法相比，支付意愿调查法可以确定非使用价值，包括酸化危害价值的大部分。

然而，酸沉降与自然生态系统的关系可能很广泛，不仅包括与排放、生态服务的质量和变化定价的经济模型之间可解释联系的几个方面。因而，SO_2 和 NO_x 对生态系统影响的经济价值评价非常狭窄，某些早期的关于损失的数字也不可信。其中，最广泛的研究是酸沉降对河流捕鱼休闲的危害，大多数研究应用了旅游费用法估计经济福利的损失。美国 EPA 最近对清洁空气法的费用效益评价指出：空气污染对湿地、森林和水生态系统的有害影响的减少可能很重要，但是定量分析很困难并有较大的不确定性；也估计了商业木材的损失，但是这些估计没有实质意义。

美国最近大部分正式的酸沉降对生态影响的定量评价包括 Adirondacks 地区酸沉降对休闲钓鱼影响的减轻和海岸河口氮沉降影响的减轻。Adirondack 地区酸沉降减轻的经济效益——只代表目前钓鱼者经济福利的增加——大约为每年 5 000 万美元（USEPA 1999，p.97）。Burtraw 等（1997）发现美国酸沉降控制项目的效益超过了成本，但是能够定量模型计算的只有休闲钓鱼效益，这部分效益远远低于所有其他效益。对休闲钓鱼估计的危害比较低可以解释为它只描述了钓鱼者的使用价值和钓鱼地点替代品的存在。

1999 年欧洲签署了减少酸化、富营养化和地平面臭氧的协议，其中经济评价作为该协议的一部分（Holland et al.，1999；European Commission，DG Environment 1999）。经济评价基于 1990 年的排放量，健康影响占主流。因为缺乏对森林危害的暴露反应关系和对生态系统价值的数据，酸沉降对森林和其他生态系统的危害没有定量化。酸沉降危害的特征是通过超过酸沉降临界负荷的生态系统所占百分数的变化来描述，而不是通过生态系统危害的货币化损失。SO_2 和 NO_x 对材料的危害估计为每年 18 亿欧元。1996 年，Navrud（2001）用支付意愿调查法估计了挪威为了执行第二期硫协议（Second Sulphur Protocol，欧洲 2010 年 SO_2 排放量比 1980 年减少 60%）获得同样鱼存量的增加对地表水加石灰的支付意愿为每年 0.80 亿～

1.54 亿欧元。

环境变化影响其他生态系统的使用价值和非使用价值，但是这些价值的数量无法获得。没有定量化的酸沉降的影响，包括森林美学价值的退化、陆地生态系统休闲的影响、非使用价值的减少（选择价值、存在价值和遗赠价值）和生物多样性的减少。在酸沉降的危害中，这些价值是十分重要的。

综上所述，欧洲减少酸沉降排放的谈判中广泛地应用临界负荷显然是因为它比应用费用效益分析争论更少。这就意味着，即使酸沉降的危害很难用货币定量，预期的生态危害也具有重要作用（cf. Patt，1998）。

8.1.2 中国的研究

中国在 1985—1995 年期间十分重视酸雨对森林的危害研究，开展了酸雨森林危害的机理研究，力图建立酸雨森林危害的定量关系。由于酸沉降对森林的危害涉及的因素众多，主要有：海拔、坡位、坡度、坡向、测量土壤厚度、黑土层厚度、大气 SO_2 浓度（年日均值）和酸雨年均 pH 等指标，其中有定量的指标，也有定性的指标。为了建立酸雨和 SO_2 浓度与森林生物量生长的定量关系，中国研究人员采用了两种方法，方法一是多因素逐步回归方法，方法二是森林每木生物量及其影响植物生长的生态环境因子调查与数量化模型Ⅰ相结合的方法。

8.1.2.1 数量化模型Ⅰ的方法

“七五”和“八五”酸雨攻关课题在研究酸雨对森林的危害中都采用了森林每木生物量及其影响植物生长的生态环境因子调查与数量化模型Ⅰ相结合的方法。“七五”课题陈楚莹等人（大气污染防治技术研究，1993）在四川和贵州，运用这种方法，研究了酸雨对马尾松和杉木的材积损失率。“八五”课题冯宗伟和陈楚莹等人（酸沉降对生态环境的影响及其生态恢复，1999）对东部 7 省（江苏、浙江、福建、江西、安徽、湖南、湖北）森林的危害进行了样地调查，研究了酸雨和 SO_2 对马尾松和杉木的材积损失率。

（1）样地调查。“八五”期间，冯宗伟等人在东部 7 省，在大气条件相同、酸沉降危害程度不同的地区，分别选择中等立地条件，年龄相似（20～30 年）的林分设立 20 m×20 m 的样地。对样地内所有林木进行每木调查，测量胸径和树高，并记载样地的海拔、坡位、坡度、坡向，测量土壤厚度和黑土层厚度，并了解样地大气 SO_2 污染和酸雨情况。在每木调查的基础上求得平均胸径和树高，求得平均单株材积，乘以株数求得样地的材积量。东部 7 省和四川、贵州森林的马尾松和杉木生长的年平均材积量见表 8-1。

表 8-1　森林生长的年平均材积量

地区	年平均材积量/（m^3/hm^2）	
	马尾松	杉木
江苏	5.75	6.76
浙江	6.30	10.70
安徽	8.49	8.33
福建	6.3	6.35
江西	4.6	5.6
湖南	4.8	5.4
湖北	4.4	4.5
四川	4.74	3.11*
贵州	5.77	5.07

资料来源：（1）冯宗伟等人，酸沉降对生态环境的影响及其生态恢复，中国环境科学出版社，1999 年；
（2）陈楚莹等人，大气污染防治技术研究，中国科学技术出版社，1993 年。

注：*8 年生。

（2）酸沉降对森林生产力影响。影响森林生产力的因子：海拔、坡位、坡度、坡向，测量土壤厚度、黑土层厚度、大气 SO_2（年日均值）和酸雨（年均 pH）。

为了评定众多定量和非定量的因子对林木生长的重要程度，采用了数量化理论 I 模型对其进行计算。每个省的森林情况不同，影响森林生产力的因子的取值也不同，如江苏和安徽的因子分类表（表 8-2）。

表 8-2　因子分类表

项目	类　目	
	江　苏	安　徽
海拔/m	＜80 ＞80	≤200 200～400 ＞400
坡向	阳坡（南、西南） 阴坡（北、东北） 其他	阳坡（南、西南） 阴坡（北、东北） 其他
坡度/°	＜15 ＞15	＜15 15～20 ＞20
坡位	坡上部 坡中部 坡下部	坡上部 坡中部 坡下部
土壤厚度/cm	＜50（＜80）* ＞50（＞80）*	＜40 40～70 ＞70
黑土层厚度/cm	＜3 ＞3	＜10 10～20 ＞20
SO_2（年日均值）/（mg/m^3）	＜0.05 ＞0.05	＜0.05 ＞0.05
酸雨（年均）/pH	年均 pH5 以下，酸雨频率 50%以上 年均 pH5 以上，酸雨频率 50%以下	年均 pH5 以下，酸雨频率 50%以上 年均 pH5 以上，酸雨频率 50%以下

注：摘自冯宗伟等人（酸沉降对生态环境的影响及其生态恢复，1999 年）。
*代表杉木林。

根据因子分类方法将样地资料的各因子数量化，运用数量化模型 I 的方法，可以得到各因子对林木生长和产量贡献的得分数或相对百分数（*C*）。

马尾松、杉木年均材积量与酸雨（年均 pH）和 SO_2（年日均值）的相关关系得分，即酸雨和 SO_2 因子对马尾松、杉木生长年均材积量的贡献率见表 8-3。

表 8-3　年均材积量与酸雨（pH 和 SO_2）的相关关系得分

地区	马尾松/%			杉木/%		
	SO_2	酸雨	合计	SO_2	酸雨	合计
江苏	20.35	12.53	32.88	20.21	16.84	37.05
浙江	15.8	16.5	32.3	16.5	20.3	36.8
安徽	12.2	19.5	31.7	6.0	18.5	24.5
福建	19.16	11.33	30.49	19.38	18.53	37.91
江西	11.51	25.75	37.26	12.05	17.69	29.74
湖南	12.90	20.23	33.13	11.52	20.63	32.15
湖北	19.77	7.47	27.24	13.18	19.06	32.24
四川*	—	29.19	29.19	—	33.98	33.98
贵州*	—	48.32	48.32	—	25.17	25.17

注：摘自冯宗伟等人（酸沉降对生态环境的影响及其生态恢复，中国环境科学出版社，1999 年）；
*摘自陈楚莹等人（大气污染防治技术研究，中国科学技术出版社，1993 年）。

（3）酸沉降对林木产量损失率计算。

林木产量损失率计算公式：

$$P_n = C_{ij} \times C \times 100\% / D_{ij} \qquad (8.1)$$

受酸雨危害森林产量的损失：

$$C_{ij} = D_{ij} - \mathrm{d}_{ij} \qquad (8.2)$$

式中：P_n ——林木产量损失率；

D_{ij}——参照地区同类森林的产量（不受酸雨危害的）；

d_{ij}——评价地区受酸雨危害的森林产量；

C_{ij}——受酸雨危害森林产量的损失；

C——酸雨对林木生长和产量贡献的得分数或相对百分数。

用式（8.1）、式（8.2）计算可得材积损失率，如江苏的情况，见表 8-4。

表 8-4　江苏不同地点马尾松受酸尘降影响的年材积损失率

样地地点	林龄	材积 /（m^3/株）			年均材积损失率/%		
		单株材积	年均材积	与清洁林场相差的年均材积	酸雨	SO_2	合计
铜山林场	27	0.155 2	0.005 75	清洁	—	—	—
林科院	28	0.098 7	0.003 52	0.002 23	4.86	7.89	12.75
磨盘山林场	27	0.124 5	0.004 61	0.001 14	2.48	4.03	6.51
东进林场	27	0.134 5	0.004 98	0.000 77	1.68	2.73	4.41
句容县林场	30	0.071 7	0.002 39	0.003 36	7.32	11.89	19.21
宜兴林场	33	0.044 2	0.001 31	0.004 44	9.68	15.71	25.39
算数平均	—	—	—	—	—	—	13.65

注：摘自冯宗伟等人（酸沉降对生态环境的影响及其生态恢复，中国环境科学出版社，1999 年）。

酸沉降对东部7省森林的木材损失率见表8-5。

表8-5 酸沉降对东部7省森林的材积损失率（1992—1993年）

地区	马尾松/%			杉木/%		
	SO_2	酸雨	合计	SO_2	酸雨	合计
江苏	8.45	5.20	13.65	5.73	4.77	10.5
浙江	9.88	10.32	20.2	8.70	10.70	19.4
安徽	3.04	4.86	7.9	1.74	5.36	7.1
福建	4.40	2.60	7.0	6.19	5.91	12.1
江西	4.54	10.16	14.7	6.44	9.46	15.9
湖南	4.01	6.29	10.3	6.56	11.74	18.3
湖北	9.36	3.54	12.9	5.85	8.45	14.3

注：摘自冯宗伟等人（酸沉降对生态环境的影响及其生态恢复，中国环境科学出版社，1999年）。

（4）木材损失的计算。

$$木材损失量 = 危害面积\times年平均材积量\times年均材积损失率 \quad (8.3)$$

根据野外实地调查马尾松和杉木光合器官的伤害程度和对生产力的影响计算出酸沉降对森林的危害面积，酸沉降对东部7省森林危害的面积见表8-6和表8-7。

表8-6 酸沉降对东部7省和四川、贵州森林危害的面积

地区	有林地面积/万 hm^2	用材林面积/万 hm^2	危害面积/万 hm^2			占有林地面积/%	占用材林面积/%
			马尾松	杉木	合计		
江苏	47.80	14.60	4.08	2.01	6.09	12.74	41.71
浙江	403.72	273.79	33.55	5.13	38.68	9.58	14.13
安徽	225.61	146.59	2.63	0.28	2.91	1.29	1.99
福建	614.84	405.81	6.66	10.38	17.04	2.77	4.10
江西	546.23	374.89	12.04	14.95	26.99	4.85	7.20
湖南	753.84	421.33	9.65	8.13	17.78	2.36	4.22
湖北	477.25	328.57	10.47	8.25	18.72	3.92	5.70
四川*	99.33	86.4	22.73	0.91	23.64	23.80	27.36
贵州*	—	175.04	12.80	1.25	14.05	—	8.03

注：摘自冯宗伟等人（酸沉降对生态环境的影响及其生态恢复，中国环境科学出版社，1999年）。
*摘自陈楚莹等人（大气污染防治技术研究，中国科学技术出版社，1993年）。

表 8-7 酸沉降对东部 7 省和四川、贵州森林危害的面积

地区	森林面积/万 hm^2		森林危害面积/万 hm^2		危害面积占该树种面积/%	
	马尾松	杉木	马尾松	杉木	马尾松	杉木
江苏	5.49	6.12	4.08	2.01	74.32	32.86
浙江	154.69	83.51	33.55	5.13	21.69	6.14
安徽	57.24	24.93	2.63	0.28	4.59	1.12
福建	141.25	145.04	6.66	10.38	4.72	7.16
江西	118.94	178.42	12.04	14.95	10.12	8.38
湖南	188.3	168.84	9.65	8.13	5.12	4.82
湖北	203.99	30.95	10.47	8.25	5.13	26.66
四川*	69.09	8.67	22.73	0.91	32.9	10.5
贵州*	83.66	28.41	12.80	1.25	15.3	4.4

注：摘自冯宗伟等人（酸沉降对生态环境的影响及其生态恢复，中国环境科学出版社，1999 年）。
*摘自陈楚莹等人（大气污染防治技术研究，中国科学技术出版社，1993 年）。

如江苏酸沉降造成马尾松木材损失量为：

$$4.08\ 万\ hm^2 \times 5.75 m^3/hm^2 \times 13.65\% = 3.20\ 万\ m^3$$

酸沉降对东部 7 省森林的木材损失见表 8-8，对四川和贵州森林的木材损失见表 8-9。

表 8-8 酸沉降对东部 7 省森林的木材损失（1992—1993 年）

地区	木材损失率/%			年木材损失量/万 m^3		
	马尾松	杉木	平均	马尾松	杉木	合计
江苏	13.65	10.5	12.1	3.31	1.70	5.01
浙江	20.2	19.4	19.8	29.91	8.50	38.41
安徽	7.9	7.1	7.5	1.35	0.24	1.59
福建	7.0	12.1	9.6	2.93	7.97	10.90
江西	14.7	15.9	15.3	8.19	13.33	21.52
湖南	10.3	18.3	14.3	4.78	8.01	12.79
湖北	12.9	14.3	13.6	5.94	5.29	11.23
平均/合计	12.4	13.9	13.2	56.41	45.04	101.45

注：摘自冯宗伟等人（酸沉降对生态环境的影响及其生态恢复，中国环境科学出版社，1999 年）。

表 8-9　酸沉降对四川和贵州森林的木材损失（1984—1986 年）

地区	木材损失率/%		年木材损失量/万 m^3		
	马尾松	杉木	马尾松	杉木	合计
四川	16.68	30.20	23.86	0.83	24.69
贵州	9.38	14.20	12.31	0.90	13.21
平均/合计			36.17	1.73	37.90

注：摘自陈楚莹等人（大气污染防治技术研究，中国科学技术出版社，1993 年）。

酸沉降对森林木材的经济损失=木材损失量×木材价格　（8.4）

木材价格：马尾松按 500 元/m^3；杉木按 700 元/m^3 计算。

以江苏马尾松为例：

森林木材的经济损失=3.31 万 m^3×500 元/m^3=1 655 万元=0.17 亿元

酸沉降对东部 7 省森林木材的经济损失见表 8-10。

表 8-10　酸沉降对东部 7 省森林木材的经济损失（1992—1993 年）

地区	木材的经济损失/（亿元/a）			生态效益的经济损失/（亿元/a）		
	马尾松	杉木	平均	马尾松	杉木	平均
江苏	0.17	0.12	0.29	1.5	1.1	2.6
浙江	1.50	0.60	2.10	13.5	5.4	18.9
安徽	0.07	0.02	0.09	0.6	0.2	0.8
福建	0.15	0.56	0.71	1.4	5.0	6.4
江西	0.41	0.93	1.34	3.7	8.4	12.1
湖南	0.24	0.56	0.80	2.2	5.0	7.2
湖北	0.30	0.37	0.67	2.7	3.3	6.0
合计	2.84	3.16	6.00	25.6	28.4	54.0

注：摘自冯宗伟等人（酸沉降对生态环境的影响及其生态恢复，中国环境科学出版社，1999 年）。

8.1.2.2 多因子逐步回归法

我国“七五”科技攻关课题对酸雨对森林影响的暴露反应关系采用多因子逐步回归法作了研究，曹洪法（大气污染防治技术研究，中国科学技术出版社，1993 年）在广东和广西 5 个不同酸雨强度 SO_2 质量浓度区域，根据马尾松生长和生产力与各生态因子、SO_2 质量浓度、雨水 pH 之间关系的实验调查结果，采用主因子分析和相关系数矩阵统计，得到 SO_2 质量浓度、雨水 pH 与生长和生产力的相关方程，推出马尾松生物量和材积量损失的基准值，获得了我国自己的暴露反应关系。

马尾松生物量和材积量损失的暴露反应关系见表 8-11。

表 8-11　酸雨和 SO_2 污染对马尾松损失

雨水 pH	大气 SO_2 平均质量浓度/（mg/m^3）	基准值平均生物量降低/%	平均材积生产量减少/%
5.3	0.05	0.00	0.00
	0.065	5.00	4.30
	0.08	10.00	8.70
	0.10	16.60	14.50
	0.15	33.00	29.10
5.0	0.05	3.14	2.74
	0.065	8.13	7.11
	0.08	13.12	11.48
	0.10	19.79	17.31
	0.15	36.45	31.89
4.7	0.05	6.26	5.47
	0.065	11.25	9.85
	0.08	16.25	14.22
	0.10	22.92	20.05
	0.15	39.53	24.63
4.3	0.05	10.43	9.12
	0.065	15.42	13.49
	0.08	20.42	17.87
	0.10	30.09	23.70
	0.15	48.75	42.65

注：摘自曹洪法（大气污染防治技术研究，中国科学技术出版社，1993 年）。

通过相关分析得到两广污染条件下马尾松损失的暴露反应关系，如下：

$$P_{n1}=-13.668\,2+20.71\times10^4 c(\mathrm{H}^+)+277.214\,7\rho(\mathrm{SO_2}) \quad (8.5)$$

$$(1.621\,244) \quad (3.078\,1\times10^4) \quad (15.526\,36) \quad R^2=0.955\,386$$

式中：P_{n1}——马尾松的材积减产百分率，%；

$c(\mathrm{H}^+)$——氢离子浓度，mol/L；

$\rho(\mathrm{SO_2})$——大气 SO_2 质量浓度，mg/m^3。

8.1.2.3 其他地区的暴露反应关系

中国科学院生态环境研究中心吴刚等人（环境科学学报，1994

年）应用多元逐步回分析了诸多环境因子对马尾松林生物生长量的影响，并估算了酸沉降引起的年材积损失量。重庆地区酸雨 pH 值对马尾松危害的材积损失率见表 8-12。

表 8-12　重庆地区酸雨对马尾松危害的材积损失率

酸雨 pH 值（范围）*	4.0～4.5	4.6～4.72	4.76～5.0	＞5.0
酸雨[H^+]浓度（平均）	6.255 9E-05	2.208 7E-05	1.368 9E-05	6.255 9E-06
年材积损失率（范围）*/%	10.1～43.0	8.3～32.4	5.1～27.5	0.2～23.2
年材积损失率（平均）/%	26.55	20.35	16.3	11.7

注：* 摘自吴刚等人，环境科学学报，1994 年。

用表 8-12 数据回归可得到以下关系：

年材积损失率 $P_n = 12.533\,7 + 236\,780 \times c(H^+)$　　（8.6）

R^2=0.891 188

8.2 酸沉降对森林危害的生态经济损失

酸沉降对森林的危害不仅表现为木材的损失，更重要的是损害了森林的生态效应，进而损害了森林生态系统的功能，造成了经济损失。森林生态效应的价值评价是一个比较复杂的问题，但是近 10 年来国内外学者发表了不少论文，特别是我国林业部门和林业科学研究院开展了我国森林生态系统价值评价的研究取得了可喜的进展。

8.2.1 森林生态系统的功能

森林生态系统的功能颇多，在地球陆地生态系统中起着十分重要的作用。主要的功能有：土壤保育、水源涵养、固碳供氧、净化大气效益、森林防护（防护减灾）、森林悠闲、生物多样性和社会效益等。

8.2.1.1 涵养水源功能

森林的林冠具有截留降水的作用，森林的落叶层具有保持水分的作用，林地土壤具有贮水作用。森林的这些作用对降水进行再分配，减少了地表径流，调节径流的时空分布，起到了蓄水和调节水量的作用。

8.2.1.2 土壤保育功能

（1）减少土壤侵蚀。土壤是生物圈中的重要资源，是一切植被生长的基础，是农业发展的基本条件。土壤若暴露在水和风的外力作用下，就会使地表土壤物质发生迁移，造成土壤侵蚀，逐步趋向荒漠化。森林具有庞大的根系，能够固持、网络和改良土壤；森林的林冠层和枯枝落叶层能够减弱侵蚀性降雨的雨滴动能，拦截、分散、滞留和过滤地表径流，而稳定土壤结构，减少水土流失。

（2）培育土壤。森林能够通过光合作用，吸收土壤和大气中的无机物合成为有机物，然后以落叶的形式把有机物再输送给土壤，提高林地的腐殖质；根系能够疏松土壤结构，增加通透性；另外还能将土壤深处的矿物质搬运上来，增加表层的肥力。

（3）减少泥沙滞留和淤积。发生水土流失产生的泥沙在进入水系最后流入大海的过程中，根据颗粒的大小、水流的急缓程度和水流通道的地理状态，泥沙会滞留不同的地方，最后进入大海。颗粒较大的“滞留泥沙”会妨碍工农业生产，特别是农业生产；颗粒较小的“淤泥泥沙”淤积在天然和人工水道、水库或挡水建筑物前，减少水路和渠道的过水能力，抬高河床和水库库底，增加洪水泛滥的危险，减少江、河、湖、库的蓄水能力，降低发电能力，影响航道的通航等。森林减少了土壤侵蚀，必然减少了随后的泥沙滞留和淤积。

（4）减少土壤肥力的流失。土壤流失不仅带走了地表土壤，而且带走了土壤中的大量营养物质，如 N、P、K 等，还会带走下层土壤中的部分可溶解物质，使土壤的肥力下降。森林减少了土壤侵蚀，必然减少了派生的土壤肥力的流失。

减少土壤侵蚀和培育土壤是森林的直接功能，减少泥沙滞留和淤积和土壤肥力流失的功能是由减少土壤侵蚀而派生出来的间接功能。由减少土壤侵蚀而派生出来的间接功能除了减少泥沙滞留和淤积和土壤肥力流失的功能之外还有：防止了由于土壤肥力流失而造成的水质污染和有风蚀带来的空气污染的功能、防沙治沙功能和防灾减灾功能，等等。

8.2.1.3 固碳和制氧功能

森林通过光合作用和呼吸作用，吸收 CO_2，释放氧气。森林的固碳和制氧功能是森林生态系统最重要的功能之一，在全球温室气体效应加剧的情况下更具有重要意义。

8.2.1.4 净化环境

大量研究表明，森林与气态污染物接触的过程中，可以截留或吸附空气中污染物，具有作为气态污染物蓄积库的能力，使空气中污染物的浓度降低，而且由于森林与附近地区空气温度差，形成缓慢的对流，有利于有害气体的扩散，也可以减低有害气体的浓度，起到净化空气环境的作用。据研究，森林对 SO_2、氟化氢、氮氧化物、氯气烟尘和粉尘等污染物都有明显的吸收作用。另外森林还可以吸收放射性，具有杀菌和降低噪声的功能。

8.2.1.5 防护和减灾

从宏观上讲，森林生态系统对改善全球的气候起到十分重要的作用；对一个地区来讲，在特定条件下的森林具有保护该地区环境的功能，例如防风固沙、调节气候、保持水土、减少污染等的天然林和人工林，称之为防护林。

8.2.1.6 休闲

森林具有丰富的景观、各种动物和植物以及高质量的空气等，可以给人们提供旅游、娱乐、运动和休闲的场所，在欣赏大自然、享受大自然的过程中获得福利。

8.2.1.7 保持生物多样性

森林是生物多样性最丰富的生态系统，根据生物多样性的分类，森林生物多样性包括森林遗传多样性、森林物种多样性和森林生态系统多样性。

8.2.1.8 增加社会效益

森林的社会效益比较复杂，评价的内容国际上没有统一的认识，还处于研究和探讨的过程之中。但是比较认同的内容有：森林可以提供就业机会、科学价值、文化价值和历史价值。

8.2.2 森林生态系统价值评估的方法

森林生态系统价值包括森林的木材、其他林业产品以及森林的环境服务价值三类。木材和其他林业产品的价值通常是用市场价值法或替代的市场价值法。森林的环境服务价值评估方法见表 8-13。

表 8-13　森林生态系统环境服务价值评估的方法

森林环境服务	功能	核算方法
水源涵养	水源涵养	影子工程法（替代工程法）
土壤保育	减少土壤侵蚀	土地机会成本法
	培育土壤	替代成本法（肥料）
	减少泥沙滞留和淤积	恢复成本法（清淤）
	减少土壤肥力的流失	替代成本法（肥料）
固碳供氧	固碳	碳税法、支付意愿法、成果参照法
	供氧	支付意愿法、氧气替代成本法
净化大气效益	吸收 SO_2、HF、NO_x 阻滞降尘	环境污染经济损失计量的所有方法
防护减灾	防护减灾	防护费用法、生产函数法
森林休闲	森林休闲	旅游费用法、支付意愿法
生物多样性	生物多样性	市场价值法、机会成本法、支付意愿法等
社会效益	增加就业	投入产出法、生产函数法
	防灾减灾	防护费用法、生产函数法
	科学文化	指标评价法、条件价值法、综合模型评价法

8.2.3 森林生态功能损害的经济价值与森林木材的经济损失

国内外的研究表明，森林生态功能损害的经济价值远大于森林木材的经济损失，森林生态功能损害的经济价值与森林木材的经济损失之比与森林生态系统的特征有关，也与生态功能价值的估算方法有关。主要的研究成果如下，见表 8-14。

- 日本于 1971—1973 年对全国的森林生态功能分为 6 个方面（涵养水分、土壤保持、调节气候、吸纳 CO_2 提供氧气、保护野生动物和提供休闲），计算表明，森林生态功能的经济价值占森林总功能的 93%，直接生产木材的经济价值仅占 7%。
- 美国也做过类似的研究，森林生态功能的经济价值占森林总功能的 90%，直接生产木材的经济价值仅占 10%。
- 我国云南林业调查队对全省的森林功能进行过测算，森林生态功能的经济价值占森林总功能的 94%。

- 刘清泉对山西森林的研究，结果表明，森林生态功能的经济价值占森林总功能的91%。
- 中国林业科学研究院侯元兆等（1995）第一次比较全面地对中国森林资源价值进行了评估，其中包括立木价值和涵养水分、防风固沙和净化大气的生态功能价值，揭示出森林这三项生态功能价值约为立木价值的13倍。
- 中国林业科学研究院张旭东对长江流域森林生态系统的研究得出，森林的直接经济价值为每年1.97×10^{11}元；生态服务功能价值为每年2.1×10^{12}元，其中：固定碳的价值8.32×10^{11}元；氧释放的价值2.0×10^{11}元（工业制氧影子价格法）；营养物质循环与贮存价值4.21×10^{11}元；保持土壤价值4.41×10^{11}元；涵养水源价值9.64×10^{10}元（水库影子工程法）；净化污染物价值1.03×10^{11}元。长江流域森林生态系统森林的直接经济价值与生态服务功能价值的比例为1∶10.66。
- 侯元兆、张颖、曹克瑜的"森林资源核算"报告了国际热带木材组织（ITTO）资助的"中国（热带）森林环境价值核算及纳入国民经济核算体系的研究"项目的核算结果，森林生态系统的经济价值主要体现为森林生态系统的功能价值，主要的功能有：土壤保育（固土保肥、改良土壤），水源涵养（森林防洪、增加水资源效益），固碳供氧，净化大气效益（吸收SO_2、吸收HF、吸收NO_x、阻滞降尘），森林防护（防护减灾），森林休闲，生物多样性和社会效益（增加就业、防灾减灾、科学文化）。核算结果：中国海南省森林的生态功能价值大约是其木材和林地价值的15倍。

表8-14　木材直接经济价值占森林总价值的比例

森林地点	森林生态价值/木材直接经济价值	文献出处	文献作者	文献发表年份
山西省森林	10	[7]	刘清泉	1985
云南省森林	16	[7]	刘清泉	1985
日本森林	13	[7]	刘清泉	1985
全国森林	13	[8]	侯元兆	1995
美国森林	9	[3]	冯宗伟	1999
长江流域森林	11	[9]	张旭东	2001
海南森林	15	[10]	侯元兆	2005

综合以上研究，可以得出结论：保守地估计，我们可以按森林生态功能的经济价值大约为木材直接经济价值的 9 倍，即森林总价值为木材直接经济价值的 10 倍来估计。

森林总经济损失核算公式：

$$C = C_w + C_e \approx 10\ C_w \tag{8.7}$$

式中：C_w——森林积材损失，万元；

C_e——森林生态经济损失，万元。

8.3 讨论

（1）森林是一个非常复杂的生态系统，影响森林生长的因素繁多，因而研究酸雨对森林生长的影响，尤其是建立定量的暴露反应关系，十分困难。国际相关研究的主流意见认为酸雨对森林危害的定量化仍然依据不足。虽然我国科研人员在“七五”和“八五”科技攻关课题做了一些研究，取得了一定成果，但是仍然存在着很多问题没有解决。遗憾的是“八五”以后没有继续研究，因而也没有见到进一步的成果。所以，大气污染对森林危害经济损失估算的基础研究仍不具备。

（2）我国酸雨对树林的危害研究是 1990 年代进行的，当时我国的酸雨属于硫酸盐类型，硝酸盐的贡献较小。近 10 年来我国电力工业和近几年来汽车保有量的迅速发展，NO_x 排放量显著增加，我国酸雨成因中硝酸盐的贡献正在逐步加大。近几年的酸雨环境监测数据也证实了这一趋势。这样就给我们提出了一个问题：过去我们得到的酸雨对森林生长的暴露反应关系是否会发生变化？是否还适用？这是我们估算的又一个不确定性。

（3）森林的生态服务损失是森林损失的重要组成部分，占到了 90%以上，本指南的估算包括了森林的生态服务损失。然而，森林的生态服务功能十分复杂，从我们引用的国内外研究成果来看，森林的生态服务损失与木材损失的比例从几倍到十几倍，虽然我们取了一个较为保守的数据，但是不能消除损失的误差。

附录　数量化模型I方法

数量化模型，一种将从多变量的定性关系转变为定量关系的方法。

在数量化模型中，常把定性变量叫做项目，把定性变量的不同“取值”叫做类目，如项目：职业，其类目：工人、技术员等。

一个事件有 n 个样本，其基准变量 Y 有 n 个 Y，即 Y_n，记作：

$$Y=Y_1，Y_2，\cdots，Y_n$$

事件由 m 个项目组成定义为 X_m，记作：

$$X=X_1，X_2，\cdots，X_m$$

项目又由类目组成，每个项目由 rm 个类目组成，记作：$C_{m,\ rm}$

$$C_{m,\ rm}=[C_{m,\ rm}]$$

观察了 n 个样本的事件，其反应为 δ_n（m，rm），结果表示为如附表 8-1 所示。

附表 8-1　事件的项目和类目反应表

样本	基准变量	项		目
		X_1	X_2	X_m
		类　目	类　目	类　目
		C_{11}，C_{12}，$\cdots$，C_{1r1}	C_{21}，C_{22}，$\cdots$，C_{2r2}	C_{m1}，C_{m2}，$\cdots$，C_{mrm}
1	Y_1	δ_1（1，1）δ_1（1，2）$\cdots$ δ_1（1，$r1$）	δ_1（2，1）δ_1（2，2）$\cdots$ δ_1（2，$r1$）	δ_1（m，1）δ_1（m，2）$\cdots$ δ_1（m，$r1$）
2	Y_2	δ_2（1，1）δ_2（1，2）$\cdots$ δ_2（1，$r1$）	δ_2（2，1）δ_2（2，2） δ_2（2，$r1$）	δ_2（m，1）δ_2（m，2）$\cdots$ δ_2（m，$r1$）
3	Y_3	δ_3（1，1）δ_3（1，2）$\cdots$ δ_3（1，$r1$）	δ_3（2，1）δ_3（2，2） δ_3（2，$r1$）	δ_3（m，1）δ_3（m，2）$\cdots$ δ_3（m，$r1$）
		$\cdots$	$\cdots$	$\cdots$
n	Y_n	δ_n（1，1）δ_n（1，2） δ_n（1，$r1$）	δ_n（2，1）δ_n（2，2） δ_n（2，$r1$）	δ_n（m，1）δ_n（m，2） δ_n（m，$r1$）

由 δ_n（m，rm）组成的矩阵记作 X。

在数量化理论中，假定基准变量与各项目、类目的反应遵守下列线性模型：

$$Y_i=\sum_{j=1}^{m}\sum_{k=1}^{rj}\delta_i(j,k)\times b_{jk}+\varepsilon_i \qquad (3，\cdots，n)$$

式中：b_{jk}——仅依赖于项目j的类目k的常数；

ε——抽样的随机误差；

δ（j，k）——在j项目的k类目的反应。

在此基础上，得到预测模型：

$$\hat{Y}=\sum_{j=1}^{m}\sum_{k=1}^{rj}\delta_i(j,k)\times \hat{b}_{jk}$$

当我们取得一个样本时（样本数n应≥2倍的类目数$2p$），便可以由它的反应δ（j，k）按上式算出Y的预测值。带^的$b_{j\ k}$为j项目k类目的得分。

现在我们要根据最小二乘法原理寻求系数δ（j，k）的最小二乘法估计，即求δ（j，k）使得下式达到最小，

$$q=\sum_{i=1}^{n}\varepsilon_i^2=\sum_{i=1}^{n}[Y_j-\sum_{j=1}^{m}\sum_{k=1}^{rj}\delta_i(j,k)\times \hat{b}_{jk}]^2$$

求q关于b_{uv}的偏导数，并令其等于0，得：

$$\frac{\partial q}{\partial b_{uv}}=-2\sum_{i=1}^{n}[Y_j-\sum_{j=1}^{m}\sum_{k=1}^{rj}\delta_i(j,k)\times \hat{b}_{jk}]\times\delta(u,v)=0$$

则

$$\sum_{i=1}^{n}\ \sum_{j=1}^{m}\sum_{k=1}^{rj}\delta_i(j,k)\times \hat{b}_{jk}]\times\delta(u,v)=\sum_{i=1}^{n}\delta_i(uv)\times Y_i$$

u=1，2，…，m_j　　　　　　v=1，2，…，r_v

用矩阵表示为　　$X'X\ \ \mathbf{b}=X'Y$

X'为X的转置矩阵，Y为基准变量向量，$\mathbf{b}$为项目的得分。

举例：基准变量Y为人的负重能力与项目体重、性别的关系。

体重分3个类目　轻　　＜50 kg

中等　　＞50 kg，＜65 kg

重　　＞65 kg

性别分两个类目　男　女

反应表如下：

样本	基准变量	项目				
		体重			性别	
		类别				
		轻	中	重	男	女
1	3	1	0	0	1	0
2	5	0	1	0	1	0
3	6	0	0	1	1	0
4	7	1	0	0	0	1
5	9	0	1	0	0	1
6	11	0	0	1	0	1
7	9	1	0	0	0	1
8	7	0	1	0	0	1
9	7	0	0	1	1	0
10	6	0	1	0	1	0

用矩阵表示：

$$X=\begin{matrix}1&0&0&1&0\\0&1&0&1&0\\0&0&1&1&0\\1&0&0&0&1\\0&1&0&0&1\\0&0&1&0&1\\1&0&0&0&1\\0&1&0&0&1\\0&0&1&1&0\\0&1&0&1&0\end{matrix}\quad X'=\begin{matrix}1&0&0&1&0&0&1&0&0&0\\0&1&0&0&1&0&0&1&0&1\\0&0&1&0&0&1&0&0&1&0\\1&1&1&0&0&0&0&0&1&1\\0&0&0&1&1&1&1&1&0&0\end{matrix}\quad Y=\begin{matrix}3\\5\\6\\7\\9\\11\\9\\7\\7\\6\end{matrix}$$

$$X'X\quad \boldsymbol{b}=X'Y$$

得出：

$3b_{11}+b_{21}+2b_{22}=19$　（1）

$4b_{12}+2b_{21}+2b_{22}=27$　（2）

$3b_{13}+2b_{21}+b_{22}=24$　（3）

$b_{11}+2b_{12}+2b_{13}+5b_{21}=27$　（4）

$2b_{11}+2b_{12}+b_{13}+5b_{22}=43$　（5）

解：$b_{11}=3.81$　$b_{12}=4.86$　$b_{13}=6.74$　$b_{21}=0$　$b_{22}=3.79$

预测方程为：$Y=3.81b_{11}+4.86b_{12}+6.74b_{13}+3.79b_{22}$

结果比较：

样本	1	2	3	4	5	6	7	8	9	10	合计
Y（实际）	3	5	6	7	9	11	9	7	7	6	70
Y（预测）	3.81	4.86	6.74	7.59	8.64	10.52	7.59	8.64	6.74	4.86	70
误差	−0.81	0.14	−0.74	−0.60	0.36	0.48	1.4	−1.64	0.26	1.14	0

参考文献

[1] Driscoll C T，et al. 2001. “Acidic deposition in the northeastern United States：sources and inputs，ecosystem effects，and management strategies.” *BioScience* 51：180-198.

[2] Holland M R，Forster D，King K. 1999. “Cost-Benefit Analysis for the Protocol to Abate Acidification，Eutrophication and Ground-Level Ozone in Europe.” Abingdon，UK：AEA Technology. Available at http://www.unece.org/env/tfeaas/4meeting/aea2_final.pdf.

[3] 冯宗伟，等. 酸沉降对生态环境的影响及其生态恢复. 北京：中国环境科学出版社，1999.

[4] 曹洪法. 大气污染防治技术研究. 北京：中国科学技术出版社，1993.

[5] 陈楚莹，等. 大气污染防治技术研究. 北京：中国科学技术出版社，1993.

[6] 林知已夫. 数量化理论及其应用. 长春：吉林出版社，1979.

[7] 刘清泉. 森林树木与生态环境. 太原：山西教育出版社，1985.

[8] 侯元兆，等. 中国森林资源价值核算研究. 北京：中国林业出版社，1995.

[9] 张旭东. 长江流域森林生态系统的价值评价. ITTO 森林环境价值核算国际研讨会，2001：10.

[10] 侯元兆，张颖，曹克瑜. 森林资源核算. 北京：中国科学技术出版社，2005.

[11] 冯宗炜. 主要乔灌木树种对酸雨的敏感性和危害状况//国家环境保护局. 大气污染防治技术研究. 北京：科学出版社，1993.

第 9 章 酸雨和 SO_2 污染的材料经济损失

酸雨不仅能使蔬菜水果与粮食大面积减产、森林退化、湖泊酸化，还加速材料的腐蚀，使建筑物和桥梁损坏、各种保护涂层失效，并对许多人类文化遗产造成了严重的破坏。例如世界最大的古代石刻佛像四川的乐山大佛，由于受酸雨和风吹等的影响，发髻脱落，鼻梁发黑，佛容日渐暗淡，虽然投入巨资维护，但由于缺乏深入研究而收效甚微；希腊的 Acropolis 纪念碑和雕塑由于硫化而产生裂纹和斑迹；美国的自由女神像被酸雨严重侵蚀等。因而，酸雨和 SO_2 污染对材料的腐蚀危害是大气污染造成经济损失的重要组成部分。

9.1 材料损失估算方法的简介

据文献报道，酸雨和 SO_2 对材料腐蚀的经济损失估算有 4 种方法：剂量反应关系法、经验估计法、材料消耗法和宏观经济投入产出法。

9.1.1 剂量反应关系方法

通过调查暴露材料的存量和酸雨对材料腐蚀的剂量反应关系估算材料的经济损失。这个方法跟踪了酸雨对材料腐蚀影响的过程，是比较科学的方法，将在下面详细介绍。

9.1.2 经验估计方法

1980 年代初，国外开始对酸雨和 SO_2 污染造成的材料经济损失进行研究，一些学者估算硫化物引起的经济损失，大约每人每年 2～10 美元左右，所占国民生产总值的百分率，美国为 0.23，英国为 0.15，荷兰为 0.1。这些费用仅是腐蚀的直接经济损失（材料损失、保护和维修费），而不包括间接经济损失。经验估计法根据已有的调查和研究，总结出材料损失占当地 GDP 的比例，用多个研究的平均值或经济水平相近的地区或国家的比例数值，估算本地或本国的材料经济损失。则酸雨带来的直接经济损失（F）的估算公式为：

$$F = A \times B \times \text{GDP} \times \beta$$

式中：A——每年酸雨分布区域生产总值占国内生产总值的比例；

B——酸雨区酸雨出现的平均几率；

GDP——本地国内生产总值；

β——酸雨造成材料经济损失占本地 GDP 的比例。

9.1.3 材料消耗估算法

通过估算酸雨影响材料的消耗量，估算酸雨对材料的经济损失。

这种方法主要通过计算防蚀费用的方法来进行，即统计出有关表面涂装费、金属的表面处理费、耐蚀材料费、防锈油费、缓蚀剂费、电化学保护费和腐蚀研究费 7 项的总和。根据我国现有的统计，酸雨所造成的材料腐蚀直接经济损失主要考虑镀层（如金属表面的镀锌层）和涂层（如钢铁表面的涂料）。

（1）镀锌钢腐蚀损失。酸雨区每年酸雨对镀件的经济损失 F_D 为：

$$F_D = A_1 \times B \times C \times (P_D + P_I)$$

式中：A_1——酸雨区面积占国土面积的比例；

B——酸雨区酸雨出现的平均几率；

C——镀锌镀件的室外消耗量占总消耗的比例，通常取0.5；

P_D——镀锌镀件的年产值；

P_I——镀锌镀件的年进口值。

（2）涂漆钢腐蚀经济损失。根据宏观的动态平衡，假定酸雨区域涂层的使用量和腐蚀破坏量是等量的。据统计，金属制品涂漆占总量的比例 50%、涂漆钢的 15%是暴露在室外的，同时涂漆的工时费一般认为是油漆费用的 3 倍，则每年酸雨对涂件的经济损失 F_T 为：

$$F_T = A_1 \times C \times P_T \times \gamma \times 4$$

式中：C——涂漆钢的室外内比例；

P_T——涂料年销售产值；

γ——金属制品涂漆占总量的比例。

（3）酸雨所造成的材料腐蚀直接经济损失。酸雨所造成的材料腐蚀直接经济损失 F，仅考虑镀层和涂层为：

$$F = F_D + F_T$$

酸雨对材料的腐蚀损失应该包括材料的腐蚀破坏费和防腐蚀费用总和。当人们采用防腐蚀措施时，材料的腐蚀会降低，防腐蚀费用会增大。随着防腐蚀措施的进一步加强，材料本身的腐蚀会降低，但是防腐蚀的费用会很大，导致腐蚀的损失也会增大。通常，统计的腐蚀损失要低于实际的腐蚀损失。

9.1.4 宏观经济投入产出法

应用经济投入产出表，将研究对象（国家或地区）分成现实的有腐蚀的情景和不存在腐蚀的假想情景，两个情景之差为腐蚀经济损失。

9.2 损失估算的污染因子及范围

9.2.1 污染因子

暴露在户外大气中的各种材料受到自然和大气污染两类因素的影响。自然因素如日光、风雨、气温等因素对材料造成的破坏是不可避免的。这部分损失值通常称为背景值。大气污染因素如酸雨和 SO_2 等污染进一步加剧了材料的损坏。本书界定在大气 SO_2 和酸雨两种污染因素对材料造成的经济损失。

9.2.2 计算范围

暴露在户外的材料种类繁多，并且不断增加和变化。通常只包括量大面广且已有暴露反应函数式可利用的那些材料。这些材料将在建筑材料、交通工具、文物古迹中等选取，并制订材料调查清单。根据“七五”酸雨课题的研究，房屋建筑和自行车的材料损失占全部材料损失的 90%以上。另一项由 Henriksen 等人在广州进行的研究也发现，三种材料——外门镀锌钢、油漆钢和镀锌钢护栏的损失几乎占总材料损失的 80%，文物古迹属于历史遗迹，文物古迹的损失计算涉及的问题较多，因而，本模型主要考虑建筑物的损失。

9.3 污染的危害终端

污染对建筑物和材料的损害包括褪色、保护涂层脱落、刻纹细节的损失和结构缺陷，影响材料的使用寿命，其损失计算的终端危害为污染条件下材料寿命的减少年数。

9.4 损失估算的程序和模型表达式

材料经济损失计算的程序见图 9-1。根据国家“七五”科技攻关酸雨课题的研究，图中清洁对照区的污染物环境为 SO_2 浓度=0，雨水 pH 值=5.6。计算清洁对照区的维修或更换周期是因为除了 SO_2 和酸雨之外其他因素也对材料腐蚀有贡献。

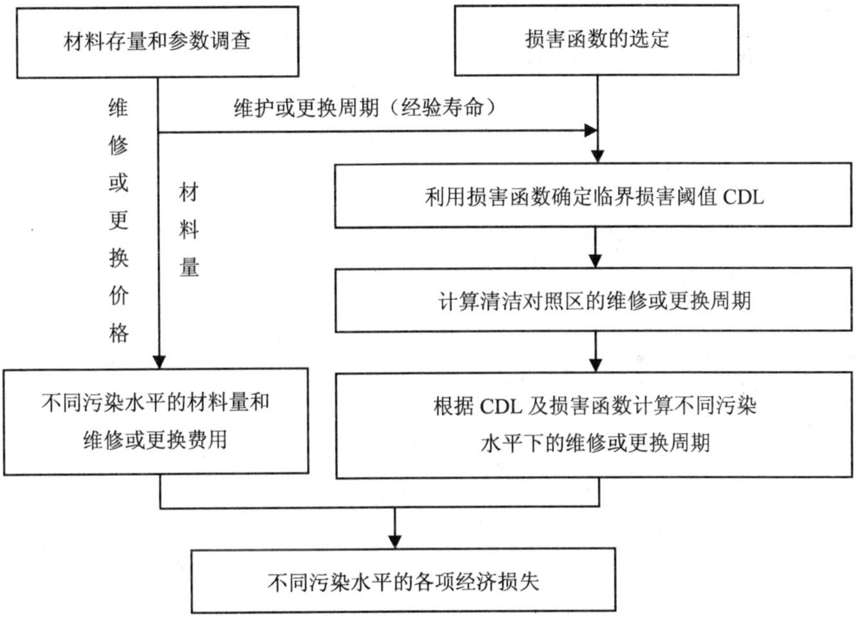

图 9-1 材料经济损失计算的程序

9.4.1 计算一次维修或更换的总费用

首先通过调查，获得材料统计清单，得到各种材料的总存量及其分布，维修频率或更换频率及其费用。通过计算可以得到各种材料一次维修的或更换的单价。单价乘以存量得到总费用。计算公式：

$$C_{0i}=d_i \cdot S_i \tag{9.1}$$

式中：C_{0i}——i 种材料一次维修或更换的费用，10^4 元；

d_i——材料 i 一次维修或更换的单价，10^4 元/10^4m^2；

S_i——材料 i 的存量，10^4m^2。

9.4.2 计算材料的临界损伤阈值

$$CDL_i=Y_{\mathrm{pa}i} \cdot L_{\mathrm{pa}i} \tag{9.2}$$

式中：CDL_i——i 种材料的临界损伤阈值，μm；

$Y_{\mathrm{pa}i}$——i 种材料调查条件下的腐蚀速度，μm/a，从暴露反应关系中获得；

$L_{\mathrm{pa}i}$——i 种材料调查获得的材料经验寿命，a。

9.4.3 计算对照清洁区的材料寿命

$$L_{0i}=CDL_i / Y_{0i} \tag{9.3}$$

式中：L_{0i}——对照清洁区 i 种材料的寿命，a；

Y_{0i}——对照清洁区 i 种材料的腐蚀速度，μm/a。

9.4.4 计算污染条件下的材料寿命

$$L_{\mathrm{p}i}=CDL_i / Y_{\mathrm{p}i} \tag{9.4}$$

式中：$L_{\mathrm{p}i}$——污染条件下的 i 种材料的寿命，a；

$Y_{\mathrm{p}i}$——污染条件下的 i 种材料的腐蚀速度，μm/a。

9.4.5 计算酸雨和 SO_2 污染的材料损失

$$C_{\mathrm{p}i}=(1/L_{\mathrm{p}i}-1/L_{0i})\times C_{0i} \tag{9.5}$$

$$C_{\mathrm{p}}=\sum_i C_{\mathrm{p}i} \tag{9.6}$$

式中：$C_{\mathrm{p}i}$——酸雨造成第 i 种材料的经济损失；

C_{p}——酸雨造成所有材料的经济损失。

计算酸沉降对材料的危害的关键在于酸沉降对材料损害的暴露反应关系和材料存量及其维修或更换费用和周期的调查。

9.5 酸雨对材料腐蚀行为的研究

酸雨加速材料的腐蚀，使各种保护涂层失效，使建筑物和桥梁损坏，并对许多人类文化遗产造成了严重的破坏。从 1980 年代末开始出现了许多雨水酸化对各种材料包括装饰材料、结构材料以及保护性涂层腐蚀行为研究的报道。

酸雨对材料的影响包括腐蚀和冲刷两方面的作用。虽然一般雨水对材料也有冲刷作用，但是在酸雨的腐蚀下，加剧了冲刷作用。在酸雨/雨水中的腐蚀和冲刷机制的研究通常有两种方法，即静态实验方法和动态实验方法。

静态实验方法是采用模拟酸雨/雨水溶液，将试样浸泡于溶液中，研究溶液组分及温度等的影响，结合原位的电化学和表面分析获取有关腐蚀机制信息，但无法研究动态降雨条件下雨水对样品表面或表面腐蚀产物的冲刷和溶解作用。

动态实验方法又可分为实验室加速模拟动态实验和户外暴露动态实验。实验室加速模拟动态实验可以模拟动态降雨条件下，雨水对样品表面或表面腐蚀产物的冲刷和溶解作用，及气候环境等因素的影响。利用溶液分析方法，研究材料在雨水中的冲刷量，结合表面分析技术，研究雨水冲刷/溶解对材料表面或表面腐蚀产物的影响。其优点在于可模拟实际降雨条件、缩短实验周期、实验结果与实际情况具有较好的相关性。户外暴露实验是将实验样品（材料挂片）直接暴露于有代表性的环境下，研究气候和环境参数对材料腐蚀行为的影响。其优点是实验结果直接反映了实际气候和环境条件下的腐蚀情况，但由于实际气候和环境条件复杂多变性，使之难以阐明腐蚀的微观机制。另外户外暴露较长的实验周期也限制了它的作用。

9.5.1 建筑材料

石构的建筑物，古代纪念碑和塑像被人类释放的污染物的侵蚀已远远超过了自然的风化作用。人类对这种污染物的侵蚀危害认识已有半个多世纪的历史了，因而研究大气污染对石质材料的侵蚀较多较早。大气污染对石质材料造成的损坏通常为盐或水的晶化和酸同基体的化学溶解反应造成的裂缝、断裂、剥落、软化、斑迹等。

关于酸雨对石质材料，如石灰石、大理石、花岗岩的研究则较多。

9.5.1.1 国际研究

Hutchinson 用含有不同阴离子的几种酸，HCl、H_2SO_4、HNO_3 及盐溶液作为模拟酸雨溶液，研究了其对建筑用石材石灰石的腐蚀。在洁净雨水中，CO_2 对石灰石的腐蚀有主要的影响。随着 pH 值的降低，CO_2 的作用减弱，钙的溶解主要由污染物/酸和石材的反应控制。给出了静态情况下不同模拟酸雨溶液的腐蚀性强弱。结合化学反应理论、溶解规则和理论计算，解释了实验结果。在以酸作为模拟酸雨溶液时，石灰石的溶解主要为酸溶解反应。在钠盐模拟的酸雨溶液中，石灰石的溶解遵循物理的溶解规则，与钙离子同种电荷的离子的共离子效应降低钙的溶解，与钙离子异种电荷的离子的屏蔽效应使钙的溶解度升高。对于氨盐模拟的酸雨溶液，石灰石的溶解则介于酸的化学反应和盐的溶解规则之间。

Johnson 研究了人造模拟酸雨溶液中主要阴离子 Cl^-、NO_3^-、SO_4^{2-} 对无烟和有烟覆盖的石灰石腐蚀影响。在 pH = 5.5 时，大气中 CO_2 溶解平衡的水（代表洁净的雨水）同分别含 Cl^-、NO_3^-、SO_4^{2-}溶液造成的石灰石腐蚀损失接近。此情况下的破坏机制为石灰石在 H_2O^-、CO_2^-、HCO_3^-系统中的溶解。在 pH = 3.8 时，模拟酸雨溶液和各阴离子溶液所造成石灰石的腐蚀接近。因此，石灰石的破坏主要受 H^+ 和水的影响，而阴离子的作用相对不明显。

Schuster 通过户外暴露实验研究了酸雨和 SO_2 对大理石腐蚀的影响。通过分析冲刷溶液发现，在低雨量时，冲刷溶液的 pH 值较低并促进大理石的溶解。高雨量伴随冲刷溶液的高 pH 值，对大理石溶解的影响较弱。

Haneef 为了研究实际建筑受酸雨湿沉积过程的影响情况，通过监测 pH 变化，分析冲刷溶液及从石头表面提取可溶物，结合电子探针 X 射线显微分析（EMPA）、扫描电子显微镜（SEM/EDX）和 X 射线衍射（XRD）等分析技术，研究了模拟酸雨湿沉降对相互搭接或对接的石灰石、沙石、大理石、花岗岩的腐蚀情况。实验结果表明，在相互搭接情况下，上述所有石材处于搭接的低位时，都发生了较其单独条件下更严重的腐蚀。而处于上部的腐蚀情况则与其单独条件下的无差别。在相互对接情况下，腐蚀情况则与其单独条件下的基本无差别。

Johnson 在应用室内实验，对源于燃烧的大气干沉积污染物

HCl、SO_2 和 NO_2 单独存在和相互组合条件下对石灰石的化学侵蚀进行研究时，采用了滴管将 CO_2 平衡去离子水向样品表面定量、定速滴加的方式使样品表面润湿。这种方式相当于模拟典型的 800ml/ a 的降水量。通过对比经润湿和在相对湿度 84%气氛中的干燥石灰石表面被几种污染气体或它们之间组合气氛的侵蚀情况表明，经润湿的石灰石的腐蚀速率明显高于干燥的石灰石。这暗示了当石灰石表面存在气体污染物时，适合的气候条件即适当的降雨将加速石灰石的腐蚀。

Tsutomu kanazu 和他的助手们模拟酸雨对混凝土材料损坏的影响进行了实验。他们选取一块宽 40 mm、长 160 mm、厚 15 mm 的灰浆作样品，模拟酸雨的中的离子比例一定，即 SO_4^{2-} ∶ NO_3^- ∶ Cl^-=5∶2∶3，而 pH 值和雨量是变化的。他们发现雨量和腐蚀厚度之间存在线性关系；灰浆在正常的混合比例下，它表面腐蚀速度在 pH 为 3.0 和 2.5 时分别是 pH 为 5.6 的 1.2 和 3 倍；样品的挠曲强度在雨量为 9 000 mm 时没有多大改变，但是灰浆的质量差时有例外，例如很高的 *w/c* 时，挠曲强度随雨量的增加而降低，而且 pH 越低，降低速率越高，这时 CaO/SiO_2 也会变化。

9.5.1.2 中国的研究

谢绍东、周定用静态实验法来研究混凝土、砂浆和灰砂砖在模拟酸雨条件下的化学行为，讨论了酸雨对混凝土、砂浆和灰砖的侵蚀机理，将酸雨侵蚀分为 3 个阶段，即腐蚀初期、腐蚀中期、腐蚀末期，提出了各个腐蚀时期的机理及特征。他们分别在 pH 为 3.5、5.6 和 1.0，SO_2 为 0、0.06 mol/L、0.1 mol/L、0.2 mol/L 等 6 种模拟酸雨条件下，研究化学成分和晶体结构的变化。结果表明，由于 H^+侵蚀引起材料溶解，由于 SO_2 侵蚀引起膨胀腐蚀，材料的损坏是 H^+和 SO_2 共同作用的结果。H^+侵蚀作用的结果将使材料中的 CaO、MgO、Al_2O_3 和 Fe_2O_3 组分流失。SO_4^{2-}的侵蚀速度与酸雨中的[SO_4^{2-}]和[H^+]呈正相关，侵蚀的结果将抑制材料中 CaO 的流失。并且混凝土和砂浆受酸雨腐蚀后，原[CaNa][SiAl]$_4$O$_8$、$KAlSi_3O_8$、$0.62NaAlSi_2O_8 \cdot 0.38CaAl_2$ 等晶体结构逐渐消失，而转化成 $CaAl_2Si_2O_8$、$CaSO_4 \cdot 2H_2O$、Ca-Fe-Al-S-Si-O，甚至转化成体积更大的 $Ca_3Al_6O_{12} \cdot CaSO_4$。

刘惠玲等人开展了建筑材料的户外暴露实验，通过实地大气曝晒法，采用有遮盖和无遮盖两种曝晒方式，分别在降水酸度和大气

中 SO_2 污染程度不同的我国西南地区进行挂片，同时在实验室建立了周期浸泡法模拟酸雨加速材料腐蚀的试验方法。材料的曝晒试验结果与模拟试验结果有较好的一致性。说明采用周期浸泡法作为研究模拟酸雨加速建筑材料侵蚀的试验方法基本可行。

陈剑雄、吴建成等人针对西南地区严重酸雨污染的情况，以重庆为调查对象，对重庆地区影响建筑物耐久性的因素进行了大量的资料收集和实地调查。结果发现酸雨已经对重庆地区建筑物的耐久性造成了不同程度的影响。

9.5.2 金属材料

随着 20 世纪工业的迅速发展，金属材料已被广泛应用于生产生活的各个领域，而自然环境对金属腐蚀造成的损失也是巨大的。由于金属在自然环境的腐蚀需要电解质的支持，而存在降雨时，雨水不仅为金属的腐蚀提供了所需的电解质，而且雨水的沉降过程还存在对金属的冲刷作用。这种雨水对金属的电化学溶解和冲刷的交互作用的腐蚀机制，尤其在环境污染条件下对金属的加速腐蚀机制已引起愈来愈多人的关注。

9.5.2.1 国际研究

1994 年瑞典环境保护部门发起研究在雨水沉降条件下冲刷到大自然中的金属离子（Pb^{2+}、Cd^{2+}、Ni^{2+}、Cu^{2+}、Zn^{2+} 等） 对生态和人类健康的影响，瑞典皇家工学院的 Leygraf、瑞典腐蚀所的 Kucera、比利时的 Verbiest 等欧洲国家的科学家开始在室内外研究金属在本国雨水沉降条件下的冲刷行为，从冲刷量、腐蚀失重和腐蚀行为、腐蚀产物组成和表面形貌角度研究了 Cu 和 Zn 等金属在室内外雨水沉降下的冲刷特征。

美国的 Cramer 和 McDonal 也研究了酸雨沉降对铜和锌大气腐蚀行为影响，美国的 K1Nassau 通过改变雨水酸度，模拟了纽约城区 1890 年代、1950 年代、1980 年代的雨水对 Cu 的加速腐蚀，及其与存在 13 种铜化合物的反应。

西班牙的 Espada 通过对碳钢、Cu、Zn 在西班牙北部酸雨区 3 年暴露实验结果，提出了计算腐蚀速率的经验方程，根据双对数规律计算预测了 3 种材料在该地区的腐蚀，其酸雨循环实验结果与实际户外暴露实验结果具有较好的一致性。

日本的科学家 Magaino 主要从电化学角度研究了 Cu 和 Zn 在静

态模拟酸雨溶液中的腐蚀速率；日本的 Maeda 等人研究了亚洲酸性大气污染物对材料的损伤，其中也阐述了重庆的酸雨对材料的腐蚀速率。

澳大利亚的 Atrens 研究小组主要从化学角度研究了 Cu 在模拟雨水中的腐蚀产物形成机理；1996 年由澳大利亚、泰国、菲律宾、越南和印度尼西亚五国联合开展对材料在东南亚热带气候下的金属腐蚀行为与气象因子的规律关系及腐蚀机理研究，也阐述了 4 种不同气候条件下评价酸雨对材料腐蚀的试验方法和模型。

9.5.2.2 中国的研究

酸雨/雨水的腐蚀是大气腐蚀的一种重要形式，也是预测大气腐蚀的模型中不可缺少的因子，国内建立了 10 个大气腐蚀暴露试验站，其中包括代表酸雨区的江津站，但主要的工作偏重于自然环境腐蚀数据积累和规律性研究。另外，中国和日本的酸雨合作研究中开展了一些酸雨金属腐蚀研究。

银耀德、郑逸苹和王振尧等人在 1980 年代从事了“西南地区酸雨的成因、危害及防治途径研究”的项目，主要调研了酸雨对金属材料腐蚀的损失；以后又开展了酸雨对大气腐蚀临界相对湿度的影响；室外研究了酸雨沉降对锌的大气腐蚀行为影响；室内进行了静态酸雨/雨水对金属的腐蚀行为研究，和实际雨水动态沉降往往差距较大，对冲刷行为则没有进行研究。

王振尧、郑逸苹在我国西南地区开展酸雨腐蚀调查，选择有代表性的酸雨地区设置 6 个曝晒站进行曝晒实验，包括重酸雨区重庆市和贵阳市，轻酸雨区成都市、重庆市大足县和贵阳郊区磊庄，以及气候条件相同的非酸雨区湖南省会同县。暴晒 1 年和 2 年后的结果表明，不同金属材料对酸沉降的敏感性是很不一样的，例如碳钢在重酸雨地区重庆站的腐蚀率比会同站的大 12 倍；锌在贵阳站的腐蚀率比会同站的大 5 倍；铝在重庆站的腐蚀率比会同站的大 25 倍。不同金属材料最大腐蚀率和在各站的腐蚀顺序与环境的对应不完全相同，碳钢和铝的最大腐蚀率在重庆站；锌、铜和耐候钢的最大腐蚀率在贵阳站。从大气中 SO_2 浓度值来看，贵阳站略高于重庆站；雨水 pH 值贵阳站略低于重庆站；相对湿度大于 80%时数和温度则是重庆站高于贵阳站，而环境的这些因素都是影响金属大气腐蚀的重要因素，而不同金属材料对这些因素的敏感程度也是不一样的。他们采用碳酸钾浸渍过的玻璃纤维滤膜暴露于大气中吸收 SO_2，通过分析计算，得到各曝晒站 SO_2 沉降率的月平均值和年平均值。将各站的每种材料年腐蚀率与各站的 SO_2 沉降率年平均值进行线性回归分析，其回归方程式和相关系数见表 9-1。

表 9-1　回归分析结果

材料及牌号	曝晒周期/a	回归方程	相关系数 γ
碳钢 A_3	1	W=612+7.50SO_2	0.79
	2	W=865+13.2SO_2	0.69
锌 Zn-2	1	W=9.55+0.139SO_2	0.98
	2	W=14.2+0.317SO_2	0.96
铝 L4	1	W=0.494+0.025SO_2	0.65
	2	W=0.979+0.024SO_2	0.64
铜 T_2	1	W=24.5+0.163SO_2	0.90
	2	W=34.1+0.371SO_2	0.92
耐候钢 10CrNiCuP	1	W=276+1.56SO_2	0.91
	2	W=407+2.25SO_2	0.90

结果表明，无论是何种材料，其腐蚀率的大小均与该地区的 SO_2 沉降率大小有明显的对应关系。这里 W 为金属腐蚀失重（g/m^2），SO_2 为 SO_2 的沉降率[mg/（m^2 • d）]。

张伦武、山崎腾弘等人做了金属覆盖层的大气曝露试验，实验现场选择在重庆和广岛。由实验数据知道，广岛的氯离子浓度为重庆的 2 倍多，而重庆的硫酸根离子浓度、硝酸根离子浓度分别接近广岛的 5 倍、2 倍，铵根离子浓度超过广岛的 2 倍，pH 值的差异更明显。结果表明：结露、降雨引起的表面湿润时间、大气污染物中的 SO_2、Cl^-等是影响金属腐蚀的最重要环境的因子。

陈思龙、佐藤幸弘等人合作选取 8 种金属材料［铜及铜合金（5 种），经表面处理的铜建材（2 种）及碳素钢］。采用 CCT-IL 型干湿复合循环试验机，考察金属材料在人工模拟酸雨作用下耐腐蚀影响的能力，并对材料腐蚀产物分析测定。结果发现碳素钢腐蚀失重最大，洋白最小，后者的失重仅为前者的 1.6%，其腐蚀失重由大至小的排列次序为：碳素钢＞纯铜＞青铜＞黄铜＞白铜＞洋白，不同品种的材料由于其组分及微观结构的不同，它们抗酸雨腐蚀的能力亦存在较大差异。当在纯铜中加入 Ni、Zn 等耐腐蚀元素后，它们的失重明显减少，如洋白（合金铜）的失重仅为纯铜失重的 9.4%，即洋白材料试片比纯铜材料抗酸雨腐蚀能力提高 9 倍。

9.5.3 涂料

在酸雨区，由酸雨和综合气象造成的金属腐蚀，比其他地区要严重得多，对钢铁实施涂层保护就显示出更大的重要性和必要性。因而，涂层材料遭受酸雨侵蚀的研究对酸雨污染的防治具有重要意义。

9.5.3.1 国际研究

Ferlauto 通过户外暴露和实验室模拟酸雨实验研究了酸雨对几种常用的涂层，醇酸树脂、聚酯、改性硅有机树脂高固涂层腐蚀的影响，并研究了户外暴露实验和实验室模拟实验的相关性。实验结果表明，随着雨水平均 pH 值的降低，涂层的腐蚀加剧。

德国 Schulz 对比了模拟酸雨、酸雾、酸露和户外暴露等不同条件对汽车涂层的腐蚀影响；Rodger 研究了酸雨溶液对密胺丙烯酸基涂层的渗透程度、涂层受酸雨损坏的热力学特性变化和酸雨损坏涂层的化学和动力学过程。

Honda 对汽车钢用保护涂层在酸雨中的腐蚀进行了讨论，研究了硬化密胺涂层的损坏机制，提出了发展不用密胺硬化的新的耐酸雨汽车涂层。

Azuma 用激光等离子体做软 X 射线源，利用软 X 射线显微技术，研究了酸雨主要成分硫酸对汽车透明涂层的渗透，观测了硫酸在透明涂层断面渗透的二维分布。结果表明，40% H_2SO_4 在丙烯酸密胺透明涂层中的渗透速率为 27 μm/h，而对环氧丙烯酸涂层几乎为零。

9.5.3.2 中国的研究

王振尧在西南地区开展酸雨腐蚀调查的 6 个曝晒站除了研究了金属腐蚀外，还采用了醇酸磁漆和丙烯酸酯漆涂于 A_3 钢进行了暴露实验。在敞开暴露条件下，涂漆经 1 年周期后失光率都已超过 50%，按对涂漆的评价认为，失光率超过 50%表明涂漆已开始粉化，从试片上也观察到粉化现象。因此，两种涂漆的装饰性能只能维持在 1 年内。两年的试验结果表明，不管酸雨区与否，经过两年以后失光率都达到 95%左右，而且降水 pH 值低，SO_2 沉降最大的酸雨严重地区对涂料的破坏也越严重。酸雨对涂料具有不同程度的破坏作用，对不同种涂料的影响是不同的，醇酸磁漆的耐酸雨性能比丙烯酸酯漆要好一些。两种涂料的保护期，在酸雨区敞开暴露条件下为 1 年，在非酸雨区或不直接淋雨条件下为两年以上。酸雨作用从大到小的顺序为：贵阳、重庆、大足、成都、磊庄，后 3 个地区差别不是很大，这与酸雨区降水的 pH 值和 SO_2 沉降率的大小顺序相对应。

日本的 Y.Tsujino、Y.Satoh 进行了酸沉降对 urushi 漆的影响的研究,他们选取了东亚的 7 个站点,试验从 1995 年夏季开始一直到 1997 年冬季。每 3 个月收集一次漆板，用光泽计观察以估计酸性气态污染物的季节影响。观察发现置于重庆（中国）、大田（韩国）、奈良（日本）等地的漆板表面有直径 0.2～0.3 mm 的小斑点，因为那里有浓雾，浓雾中含有 SO_4^{2-}。大量小斑点出现在漆板上的时候漆板的光泽开始消失，小斑点上出现了碳酰基，并且由于中国的黄沙，漆板样品在重庆春季和秋季就比较脏，而在东京则没有这个问题。

王文兴、洪绍贤等人在“七五”国家酸雨重点科学研究课题，自行设计和建造了一套室内模拟环境材料暴露试验装置，开展了酸雨腐蚀的室内模拟实验，模拟试验以降水酸度和 SO_2 浓度为变动因素，其他因素固定不变：温度 25℃，相对湿度 80%，风速 0.6 m/s，O_3 浓度 20 ppb，暴露时间为 500 h，分成 42 个循环周期，每个循环周期为 12 h：雨 0.5 h，光 4 h，露 3.5 h，光 4 h；合计光照时间 336 h，喷雨时间 21 h，结露时间 143 h，润湿时间 250 h。将所取得的数据进行回归分析，得出了有关材料的一元损伤函数式；根据各种因素对材料腐蚀量贡献的叠加性，得出了有关材料的二元损伤函数式；用现场材料暴露试验的结果加以修正后，建立了 A_3 碳钢、镀锌钢、铝、大理石和氨基醇酸漆 5 种材料的二元损伤函数式。

9.6 酸雨对材料腐蚀的暴露反应关系

9.6.1 “七五”国家酸雨重点科学研究课题推荐的暴露反应关系

王文兴、洪绍贤等人在“七五”国家酸雨重点科学研究课题中，通过室内模拟和现场材料暴露试验修正获得的推荐的暴露反应关系：

涂料　$Y=5.61+2.84\rho(SO_2)+0.74\times10^4 c(H^+)$

大理石　$Y=14.53+23.81\rho(SO_2)+3.80\times10^4 c(H^+)$

镀锌钢　$Y=0.43+4.47\rho(SO_2)+0.95\times10^4 c(H^+)$

A_3 钢　$Y=39.28+81.41\rho(SO_2)+21.2\times10^4 c(H^+)$

铝材　　$Y=0.14+0.98\rho(SO_2)+0.04\times10^4 c(H^+)$

式中：$\rho(SO_2)$——大气 SO_2 质量浓度，mg/m^3；

$c(H^+)$——降水的氢离子浓度。

9.6.2 联合国和欧盟材料暴露项目推荐的暴露反应关系

联合国和欧盟 ICP 开展了材料暴露腐蚀项目，在 2000 年瑞典斯德哥尔摩“空气污染对材料影响的国际研讨会”上发布研究成果。

9.6.2.1 结构金属

护栏钢（C＜0.12%，Mn 0.3%～0.8%，Si 0.25%～0.7%，P 0.07%～0.15%，S＜0.04%，Cr 0.5%～1.2%，Ni 0.3%～0.6%，Cu 0.3%～0.55%，Al＜0.01%）

$ML=34\rho(SO_2)^{0.13}\exp\{[0.020Rh+f(T)]t^{0.33}\}$　　$r^2=0.68$　$N=148$

当 $T\leqslant10$℃，$f(T)=0.059(T-10)$；否则，$f(T)=0.036(T-10)$

锌

$ML=1.4\rho(SO_2)^{0.22}\exp\{[0.018Rh+f(T)]t^{0.85}\}+0.029Q_{rain}\rho(H^+)t$　$r^2=0.84$　$N=98$

当 $T\leqslant10$℃，$f(T)=0.062(T-10)$；否则，$f(T)=0.021(T-10)$

铝

$ML=0.0021\rho(SO_2)^{0.23}Rh\cdot\exp[f(T)t^{1.2}]+0.000023Q_{rain}\rho(Cl^-)t$　　$r^2=0.74$　$N=106$

当 $T\leqslant10$℃，$f(T)=0.031(T-10)$；否则，$f(T)=0.061(T-10)$

铜

$ML=0.0027\rho(SO_2)^{0.32}\rho(O_3)^{0.79}Rh\cdot\exp[f(T)t^{0.78}]+0.050Q_{rain}\rho(H^+)t^{0.89}$　　$r^2=0.73$　$N=95$

当 $T\leqslant10$℃，$f(T)=0.083(T-10)$；否则，$f(T)=0.032(T-10)$

青铜（$CuSn_6Pb_7Zn_5$，ISO/R 1338（Cu 81%，Sn 5.8%，Pb 6.7%，

Zn 4.5%，Ni 1.6%＋ 痕量元素）

$ML = 0.026\rho(SO_2)^{0.44}Rh\cdot\exp[f(T)t^{0.86}] + 0.029Q_{rain}\rho(H^+)t^{0.76}+0.00043Q_{rain}\rho(Cl^-)t^{0.76}$　　$r^2 = 0.81$　$N=144$

当$T\leqslant 11$℃，$f(T) = 0.060(T-11)$；否则，$f(T) = 0.067(T-11)$

9.6.2.2 石材

石灰石

$R = 2.7\rho(SO_2)^{0.48}\exp[-0.018Tt^{0.96}] + 0.019Q_{rain}\rho(H^+)t^{0.96}$　$r^2 = 0.88$　$N=100$

砂岩

$R = 2.0\rho(SO_2)^{0.52}\exp[f(T)t^{0.91}] + 0.028Q_{rain}\rho(H^+)t^{0.91}$　$r^2 = 0.86$　$N=101$

当$T\leqslant 10$℃，$f(T) = 0$；否则，$f(T) = 0.013(T-10)$

9.6.2.3 涂料

醇酸树脂三聚氰胺涂漆盘钢

$L = [5/(0.084\rho(SO_2) + 0.015Rh + f(T) + 0.00082Q_{rain})]^{1/0.43}$　$r^2 = 0.73$　$N=138$

当$T\leqslant 10$℃，$f(T) = 0.040(T-10)$；否则，$f(T) = 0.064(T-10)$

醇酸树脂涂漆钢板

$L = [5/(0.033\rho(SO_2) + 0.013Rh + f(T) + 0.0013Q_{rain})]^{1/0.41}$　$r^2 = 0.68$　$N=139$

当$T\leqslant 11$℃，$f(T) = 0.015(T-11)$；否则，$f(T) = 0.15(T-11)$

式中：ML——质量损失，g/m^2；

R——表面腐蚀深度，μm；

t——暴露时间，a；

L——维修时间间隔（使用寿命），a；

Rh——年均相对湿度，%；

T——年均温度，℃；

$\rho(SO_2)$——SO_2年均质量浓度，g/m^3；

$\rho(O_3)$——O_3年均质量浓度，g/m^3；

Q_{rain}——年均降雨量，m/a；

ρ（H^+）——H^+年均质量浓度，mg/L；

ρ（Cl^-）——Cl^-年均质量浓度，mg/L；

r^2——相关系数；

N——样本数。

9.6.3 挪威经济分析中心推荐的暴露反应关系

挪威经济分析中心（ECON）综合了国际酸雨-材料危害的研究，主要参照了欧洲的研究，在国家环境保护总局与世界银行的合作项目初期研究中，提出了酸雨-材料危害的暴露反应关系：

混凝土：　如果 $SO_2 < 15\mu g/m^3$，L=50 年，否则 40 年

砖：　如果 $SO_2 < 15\mu g/m^3$，L=70 年，否则 65 年

带灰泥的砖：　L=1 000/（0.124 • SO_2+15.5+0.013 • Q_{rain} • H^+）

油漆过的木头：　L=1 000/（1.03 • SO_2+87.5+0.26 • Q_{rain} • H^+）

大理石：　L=1 000/（103.52+302.33 • SO_2+4.87 • Q_{rain} • H^+）

陶和镶嵌：　如果 $SO_2 < 15\mu g/m^3$，L=70 年，否则 65 年

带石子的混凝土：如果 $SO_2 < 15\mu g/m^3$，L=50 年，否则 40 年

外墙涂料：　L=1 000/（0.28 • SO_2+18.8+0.07 • Q_{rain} • H^+）

瓷砖：　如果 $SO_2 < 15\mu g/m^3$，L=45 年，否则 40 年

防护栏用电镀钢，镀锌钢：L=30/（0.51+ 0.0015 •TOW • SO_2 •O_3 +0.002 8 • Q_{rain} • H^+）

防护栏用油漆钢，镀锌钢：L=1 000/（1.37 • SO_2+103+0.35 • Q_{rain} • H^+）

式中：L——寿命，a；

Q_{rain}——年降雨量，mm；

c（H^+）——H^+浓度；

TOW——湿度＞80%，温度＞0℃的时间段占总时间的比例，%。

9.6.4 推荐的暴露反应关系

酸沉降对材料的危害与气候因素密切相关，考虑到国家酸雨重点科学研究课题是我国实地实验和调查的结果，更符合我国实际情况，建议计算中应该首选我国酸雨课题提供的暴露反应关系，但是酸雨课题研究仅限于中国南方酸雨区，同时材料种类不全，因而在酸雨课题结论不能支持时，参考 ECON 推荐的暴露反应关系（表 9-2）。

表 9-2　建筑物暴露材料损失计算的暴露反应关系

序号	材料	Y/（μm/a）
1	水泥	如果ρ（SO_2）＜15μg/m³，50 年，否则 40 年
2	砖	如果ρ（SO_2）＜15μg/m³，70 年，否则 65 年
3	铝	Y=0.14+0.98ρ（SO_2）+0.04×10^{4}[H^+]
4	油漆木材	Y=5.61+2.84ρ（SO_2）+0.74×10^{4}[H^+]
5	大理石/花岗岩	Y= 14.53+23.81ρ（SO_2）+3.80×10^{4}[H^+]
6	陶瓷和马赛克	如果ρ（SO_2）＜15μg/m³；70 年，否则 65 年
7	水磨石/水泥	如果ρ（SO_2）＜15μg/m³，50 年，否则 40 年
8	油漆灰	Y=5.61+2.84ρ（SO_2）+0.74×10^{4}[H^+]
9	瓦	如果ρ（SO_2）＜15μg/m³，45 年，否则 40 年
10	镀锌钢	Y=0.43+4.47ρ（SO_2）+0.95×10^{4}[H^+]
11	涂漆钢	Y=5.61+2.84ρ（SO_2）+0.74×10^{4}[H^+]
12	涂漆钢防护网	Y=5.61+2.84ρ（SO_2）+0.74×10^{4}[H^+]
13	镀锌防护网	Y=0.43+4.47ρ（SO_2）+0.95×10^{4}[H^+]

9.7 建筑物材料暴露存量的调查和估算方法

材料存量是计算酸雨和二氧化硫污染造成材料经济损失的不可或缺的重要信息。虽然 1980 年代我国酸雨科技攻关课题在两广地区做过有关材料存量参数的调查，但是 20 多年来，我国城市建设发展很快，存量参数发生了明显变化。目前我们可以参考的近期的调查仅有 1990 年代广州和 2004 年山西太原市的材料存量调查数据。为了提高数据的代表性和获取更多的信息，“中国污染成本模型研究”需要开展材料存量及其有关参数的调查研究。

9.7.1 主要调查对象

材料暴露存量的统计和估算是一个很重要和工作量很大的工作。暴露在户外的材料种类繁多，并且随时间不断增加和变化。计算中只能包括量大面广的建筑物和自行车，且已有暴露反应函数式可利用的那些材料。

9.7.2 调查方法

1990 年代初，广州应用网格法对广州建筑材料进行了调查，网格尺寸为 250 m×250 m，以网格中心建筑物为网格代表建筑物，对网格代表建筑物进行材料暴露面积的抽样实地调查，由此外推到整个区域的材料存量。

1980 年代初，美国环境保护局开展了空气污染造成材料损失研究项目，在波士顿地区应用飞机航片进行了建筑材料调查研究，共调查了 257 个样地的材料存量，然后外推计算整个波士顿地区的材料存量。2004 年，济南市应用了 SPOT5 卫星遥感影像（2.5 m 分辨率）与实地调查相结合的方法，对济南市建筑物空气暴露材料进行了调查，取得了较好的效果。遥感的方法成本要比航片低，提高了调查的准确度，又减少了工作量，便于在国内推广。目前，我国遥感技术进展较快，同时不少城市已经有了本市 SPOT5 卫星遥感影像，可以加以利用。

遥感法——济南市材料调查简介

（1）建筑物材料调查的技术路线。建筑物外表材料的调查采用遥感解译与地面实际调查相结合的方法。调查的技术路线见图 9-2。

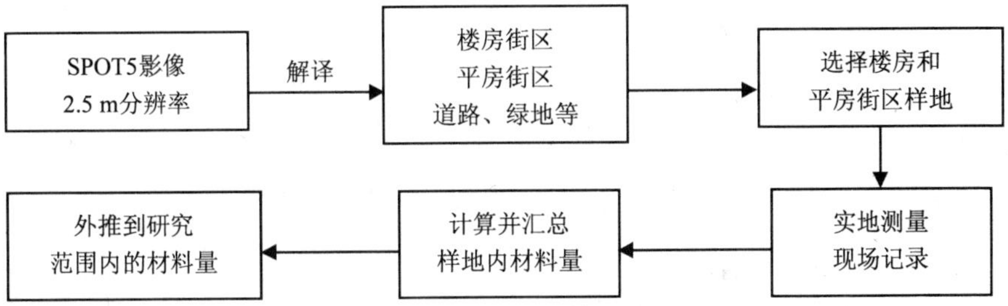

图 9-2　遥感解译调查方法

- 选用 SPOT5 遥感影像（2.5 m 分辨率），利用 REDAS 软件识别出调查区内的建筑类型（楼房街区和平房街区）及覆盖面积。考虑到建筑物是主要的调查对象，调查范围确定为市区以内。具体包括：西至西绕城高速，东至济南市高新技术产业开发区和济钢，东西向约 29.5 km；南至二环南路，北至二环北路，南北向约 16.5 km。调查区总面积约 486 km^2。
- 抽样选择样地，对确定样地进行实地调查。

（2）选择样地的原则。选择的样地应该均匀分布在调查范围内；样地数量与工作量相兼顾的原则。此次调查中，根据街区的数量，平房街区与多层建筑街区均选择了 0.5%～1.5%的样地进行调查。根据影像分析，选择不同楼层的样地，以备实地调查。在样本选择中，本着位置相对均匀、建筑类型多样的原则，选择了各类建筑物共计 1 307 座，其中高层建筑 2 座、多层楼房 541 座、平房 764 间。建筑物类型多样，涉及居民住宅、学校、工厂、医院、商业楼、机关办公室等。由于济南高层建筑比较少，选取了 2 座作为调查对象。

➢ 在实地调查中采用了实地逐楼调查的方法进行。具体材料调查时，针对样区中的每一座建筑物都进行了细致的调查测量，其中包括建筑物的长宽高和各种建筑材料量。建筑材料种类有涂料、瓷砖、水磨石、花岗石、水泥、砖瓦、塑钢、铝合金、不锈钢、玻璃、木、铁、橡胶等。对建筑物各部位的尺寸的测量应用了数码相机和附加标尺的方法进行实地野外调查（图 9-3），对窗框等细部尺寸，采用实际测量的方法，然后在室内应用 GIS 软件（Arcview）处理图像得到材料暴露面积。

图 9-3　实地调查建筑物的野外测量

> 计算建筑物的建筑面积和对应材料用量以及单位建筑面积的表面材料量和人均建筑物空气暴露材料面积。实地调查建筑物的建筑面积是根据实地调查建筑物的占地面积数而得；调查区域的人口数是通过公里网格人口数平均分配而来，公里网格人口数乘以层据主要来源于办事处调查。

> 外推得到整个调查区域的建筑物材料空气暴露面积。通过人均占有表面材料量或单位建筑面积的表面材料量，可以外推至研究范围内所有对应图斑的材料总量。

（3）遥感和实地调查方法的可行性。济南建筑物暴露材料调查应用了 SPOT5 卫星遥感影像，它具有较好的宏观性和清晰度，因而遥感解译结果具有较好的准确度。建筑物解译中，楼房与平房可以利用其在影像中的格局、纹理的差异进行准确识别。利用现有的路网图根据道路宽度作缓冲区分析，结果与遥感影像叠加，很清晰地分出道路类别。平房街区、多层建筑街区解译标志如图 9-4 和图 9-5 所示。解译结果中道路、平房、楼房之和为 205.89 km^2，与城市建成区面积（177 km^2）较为接近，说明遥感解译结果能够基本反映城市地表覆盖的情况，见表 9-3。

图 9-4 平房街区解译标志

图 9-5 多层建筑街区解译标志

表 9-3 调查区域各种地物解译结果统计

项目	道路	平房	多层	合计
解译面积/km^2	28.62	59.30	117.97	205.89

9.7.3 建筑物材料暴露存量的估算方法

计算材料存量 S_i 时有两种方法，一种是利用单位建筑面积的材料暴露量，如式（9.7）所示；另一种是利用人均建筑物材料暴露量，如式（9.8）所示。

$$S_i = \lambda_i \times M \tag{9.7}$$

$$S_i = K_i \times P \tag{9.8}$$

式中：λ_i——单位建筑面积中材料 i 所占比例，%；

K_i——材料 i 的人均占有量，m^2/人；

M——总建筑面积，$10^4 m^2$；

P——人口。

9.7.3.1 暴露材料存量系数

从济南材料调查的结果来看，利用单位建筑面积的材料暴露量计算材料存量得到的结果精确度更高。但由于现有的统计资料缺乏城市建筑面积的数据，而城市人口的统计数据容易获取，因此，在进行试算时，采用了后一种方法，即以人均建筑物暴露材料量乘以城市人口来计算城市建筑物暴露材料存量，广州市、太原市和济南市的建筑物暴露材料调查得到的人均占有建筑暴露量见表 9-3。在案例调查中建议在不同经济发展水平和规模的城市开展材料暴露量调查，并争取获得城市建筑面积的统计数据，采用较精确的单位建筑面积的材料暴露量系数来估算材料暴露量。

从表 9-4 可以看出，人均暴露材料量广州最高，达到 227 m^2/人，而太原和济南比较接近，分别为 102.36 m^2/人和 93 m^2/人，反映出广州的发展水平明显高于太原和济南。试算时广东采用了广州的数据，四川采用了太原和济南的平均值，具体取值见表 9-5。太原和济南是北方城市，冬季较冷，住宅的阳台一般都是封闭的，这两个城市缺少人均防护栏占有量，而南方城市阳台一般不封闭，多采用防护栏，计算时可以利用广州的防护栏数据。

表 9-4 广州、济南、太原人均占有建筑暴露材料存量 单位：m^2/人

材 料	济南	太原	广州
1. 水泥	18.34	—	7.25
2. 砖	10.58	11.07	18.51
3. 抹灰砖	—	4.65	13.47
4. 铝	3.05	3.35	10.03
5. 不锈钢	0.02	—	2.66
6. 油漆木材	0.51	0.61	1.24
7. 大理石	—	—	6.06
8. 花岗岩	0.53	0.41	3.08
9. 陶瓷和马赛克	4.98	10.54	40.97
10. 水磨石/水泥	27.71	2.62	22.51
11. 玻璃	15.73	35.17	41.32
12. 油漆灰	—	—	4.61
13. 瓦	6.49	0.07	2.36
14. 镀锌钢	—	—	0.29
15. 涂漆钢	0.54	0.02	6.69
15.1 涂漆钢防护网	—	—	13.82
15.2 镀锌防护网	—	—	9.21
16. 塑钢面积	0.65	0.18	13.82
17. 橡胶装饰屋面	0.24	—	9.21
18. PVC 加防护剂屋面	0.04	0.00	—
19. 涂料	3.22	33.30	—
20. 铝塑板	—	0.38	—
合计	92.64	102.36	227.12

表 9-5 计算采用的人均占有建筑暴露材料存量 单位：m^2/人

材 料	广东	四川
1. 水泥	7.25	18.34
2. 砖	18.51	10.83
3. 铝	10.03	3.20
4. 油漆木材	1.24	0.56
5. 大理石/花岗岩	9.14	0.47
6. 陶瓷和马赛克	40.97	7.76
7. 水磨石	22.51	15.17
8. 涂料/油漆灰	4.61	18.26
9. 瓦	2.36	3.28
10. 镀锌钢	0.29	0.00
11. 涂漆钢	6.69	0.28
12. 涂漆钢防护网	13.82	13.82
13. 镀锌防护网	9.21	9.21

9.7.3.2 建筑物暴露材料损失计算的其他参数

在酸雨课题的研究中，调查了各种材料的使用寿命，通过相应的暴露反应关系计算得到了一系列材料的临界损伤阈值，见表 9-6，表中也列出了材料维护或更换的价格，这是根据广州、太原的建筑物材料损失研究中的调查数据，经物价指数修正后的数据，供参考。

表 9-6 建筑物暴露材料损失计算的有关参数

材料	材料的临界损伤阈值（CDL）/ μm	价格（*P*）/（元/m^2）
水泥	—	22
砖	—	65
铝	10.0	200
油漆木材	13	20
大理石/花岗岩	160	200
陶瓷和马赛克	—	48
水磨石/水泥	—	26
涂料/油漆灰	13	15
瓦	—	8
镀锌钢	7.3	16
涂漆钢	13	16
涂漆钢防护网	13	16
镀锌防护网	7.3	16

9.8 计算实例：广东省大气污染的材料经济损失估算

9.8.1 模型简介

9.8.1.1 计算范围

通过已有的研究，我们知道酸雨的材料损失，主要是对自行车和建筑材料的损失，虽然摩托车和汽车的数量已有较大的增加，但是缺乏有关数据，因此我们这次试算，主要对象仍是自行车和建筑物。

9.8.1.2 建筑物暴露材料损失的计算模型

（1）材料暴露存量。通过济南的调查和广州、山西的调查，我们现有 3 个建筑物存量的数据。在全国城市计算中，暴露材料的计算有两个选择：通过人均材料的占有量和单位建筑面积材料量。由于城市建筑面积统计数据的及时率和完整率较差，我们用人均材料的占有量来计算材料暴露量。采用的参数见表 9-5。

$$S = PP \cdot d$$

式中：S——材料暴露面积，万 m^2；

PP——人口，万人；

d——人均占有建筑暴露材料存量，m^2/人。

（2）暴露反应关系及有关参数。建筑物暴露材料损失计算的暴露反应关系及有关参数见表 9-7 和表 9-8。

表 9-7　建筑物暴露材料损失计算的暴露反应关系及有关参数

序号	材料	CDL （1）	Y_0/ （μm/a） （2）	L_0/ a （3）	Y/ （μm/a） （4）	L/ a （5）	P/ （元/m^2）
1	水泥			50		40	22
2	砖			70		65	65
3	铝	10.0	0.141	（1）/（2）	见表 9-8	（1）/（4）	200
4	油漆木材	13	5.63	（1）/（2）	见表 9-8	（1）/（4）	20
5	大理石/花岗岩	160	14.63	（1）/（2）	见表 9-8	（1）/（4）	200
6	陶瓷和马赛克	—	—	70	—	65	48
7	水磨石/水泥	—	—	50	—	40	26
8	油漆灰	13	5.63	（1）/（2）	见表 9-8	（1）/（4）	15
9	瓦	—	—	45	—	40	8
10	镀锌钢	7.3	0.45	（1）/（2）	见表 9-8	（1）/（4）	16
11	涂漆钢	13	5.63	（1）/（2）	见表 9-8	（1）/（4）	16
12	涂漆钢防护网	13	5.63	（1）/（2）	见表 9-8	（1）/（4）	16
13	镀锌防护网	7.3	0.45	（1）/（2）	见表 9-8	（1）/（4）	16

表 9-8　建筑物暴露材料损失计算的暴露反应关系

序号	材料	Y/（μm/a）	参考文献
1	水泥	如果$[SO_2]<15\mu g/m^3$，50a，否则 40a	[3]、[4]
2	砖	如果$[SO_2]<15\mu g/m^3$，70a，否则 65 a	[3]、[4]
3	铝	$Y=0.14+0.98[SO_2]+0.04\times10^4[H^+]$	[1]、[2]
4	油漆木材	$Y=5.61+2.84[SO_2]+0.74\times10^4[H^+]$	[1]、[2]
5	大理石/花岗岩	$Y=14.53+23.81[SO_2]+3.80\times10^4[H^+]$	[1]、[2]
6	陶瓷和马赛克	如果$[SO_2]<15\mu g/m^3$；70 a，否则 65a	[3]、[4]
7	水磨石/水泥	如果$[SO_2]<15\mu g/m^3$，50a，否则 40a	[3]、[4]
8	油漆灰	$Y=5.61+2.84[SO_2]+0.74\times10^4[H^+]$	[1]、[2]
9	瓦	如果$[SO_2]<15\mu g/m^3$，45a，否则 40 a	[3]、[4]
10	镀锌钢	$Y=0.43+4.47[SO_2]+0.95\times10^4[H^+]$	[1]、[2]
11	涂漆钢	$Y=5.61+2.84[SO_2]+0.74\times10^4[H^+]$	[1]、[2]
12	涂漆钢防护网	$Y=5.61+2.84[SO_2]+0.74\times10^4[H^+]$	[1]、[2]
13	镀锌防护网	$Y=0.43+4.47[SO_2]+0.95\times10^4[H^+]$	[1]、[2]

表 9-7 和表 9-8 中符号的含义：

CDL——材料的临界损伤阈值，μm；

Y_0——清洁条件下的腐蚀速度，μm/a；

Y——污染条件下的腐蚀速度，μm/a；

L_0——对照清洁区 i 种材料的寿命，a；

L——污染条件下的材料寿命，a；

P——材料的维修或更新价格，元/m²。

材料经济损失的计算公式见下式：

$$C=(1/L-1/L_0)\times P\times S$$

9.8.1.3 自行车的材料损失计算模型

自行车的材料损失，应用每百户居民拥有自行车的数量和城市居民户数的统计指标计算城市自行车总量，采用我国“七五”科技攻关酸雨课题研究的暴露反应关系和有关使用寿命参数进行计算。

（1）自行车拥有量。

$$Q=H\cdot q$$

式中：Q——城市自行车保有量，万辆；

H——城市居民户数，万户；

q——每户居民自行车占有量，辆/户。

（2）暴露反应关系及有关参数。酸沉降造成自行车经济损失计算的暴露反应关系及有关参数见表 9-9。

表 9-9　酸沉降造成自行车经济损失计算的暴露反应关系及有关参数

材料	CDL （1）	Y_0/（μm/a） （2）	L_0/a （3）	Y/（μm/a） （4）	L/a （5）	P/（元/辆）
自行车：镀铬钢	20	0.45	44.4	见注释	（1）/（4）	300

注释：$Y=0.43+4.47[SO_2]+0.95\times10^4\ [H^+]$。

干湿酸沉降造成的自行车损失：

$$C_0=(1/L-1/L_0)\cdot P\cdot Q$$

自行车一般放在车棚或房屋内不被雨淋，一天中暴露在雨中的时间不多，所以只考虑干沉降。干沉降对损失的贡献为：

$$\alpha=4.47[SO_2]/(4.47[SO_2]+0.95\times10^4\ [H^+])$$

$$C=\alpha\times C_0$$

表 9-9 和上式中各符号的含义：

式中：CDL——材料的临界损伤阈值，μm；

Y_0——清洁条件下的腐蚀速度，μm/a；

Y——污染条件下的腐蚀速度，μm/a；

L_0——对照清洁区 i 种材料的寿命，a；

L——污染条件下的材料寿命，a；

P——自行车价格，元/辆；

α——干酸沉降造成损失的贡献率；

C_0——干湿酸沉降造成的经济损失，万元；

C——干酸沉降造成的自行车经济损失，万元。

9.8.2 2002年广东省酸雨和SO_2造成的材料经济损失

9.8.2.1 建筑物的材料经济损失

广东省2002年人口、大气污染及造成的建筑物的材料经济损失见表9-10。城市人口数量，取自2002年中国城市建设统计年报，酸雨和SO_2污染数据由中国环境监测总站提供。

表9-10 2002年广东省酸雨和SO_2造成的建筑物材料经济损失

城市	人口[6]/万人	SO_2年均值/（mg/m^3）	pH年均值	经济损失/万元
广州	860.17	0.057 6	4.37	77 677
韶关	50.57	0.032	4.67	2 516
深圳	638.69	0.018 3	4.37	40 193
珠海	103.08	0.026	5.11	3 195
汕头	133.45	0.019 2	5.49	2 857
佛山	80.4	0.06	4.48	6 578
顺德	43.1	0.033	4.66	2 197
江门	47.65	0.032	4.91	1 909
湛江	143.14	0.019 3	5.20	3 544
茂名	33.19	0.007	5.20	538
肇庆	49.87	0.004	5.05	763
惠州	54.72	0.012	5.01	1 280
梅州	30.75	0.007	5.00*	619
汕尾	27.5	0.003	5.08	390
河源	26	0.004	5.00*	421
阳江	55.22	0.004	5.00*	894
清远	64.26	0.018	4.65	2 638
东莞	386.26	0.06	5.47	19 345
中山	55.53	0.038	5.52	1 906
潮州	34.36	0.008	5.44	482
揭阳	65.38	0.01	6.13	807
云浮	28.7	0.003	6.82	213
合计	3 012	—	—	170 963

*注释：暂缺数据，根据邻近城市数据估计。

从表9-10可知，广东省2002年有环境监测数据的22个城市大气污染及造成的建筑物的材料经济损失约为17.10亿元。

9.8.2.2 自行车材料损失

广东省 2002 年大气污染及造成的自行车的材料经济损失见表 9-11。城市居民户数取自 2002 年中国城市建设统计年报，每百户自行车占有量取自 2002 年中国统计年鉴，酸雨和 SO_2 污染数据由中国环境监测总站提供。

表 9-11　广东省 2002 年大气污染及造成的自行车的材料经济损失

城市	城市户数/万户	百户自行车/辆	自行车数量/万辆	SO_2 年均值/（mg/m^3）	pH 年均值	污染损失/万元
广州	179.62	143.18	257	0.058	4.37	962
韶关	24.00	143.18	34	0.032	4.67	69
深圳	77.40	143.18	111	0.018	4.37	131
珠海	22.00	143.18	31	0.026	5.11	49
汕头	106.00	143.18	152	0.019	5.49	161
佛山	40.00	143.18	57	0.060	4.48	222
顺德	12.01	143.18	17	0.033	4.66	36
江门	26.00	143.18	37	0.032	4.91	74
湛江	35.79	143.18	51	0.019	5.2	57
茂名	10.03	143.18	14	0.007	5.2	5
肇庆	10.96	143.18	16	0.004	5.05	3
梅州	8.80	143.18	13	0.007	5.00	5
惠州	17.00	143.18	24	0.012	5.01	17
汕尾	5.50	143.18	8	0.003	5.08	1
河源	5.40	143.18	8	0.004	5.00	2
阳江	15.89	143.18	23	0.004	5.00	5
清远	16.03	143.18	23	0.018	4.65	26
东莞	35.70	143.18	51	0.060	5.47	192
中山	37.47	143.18	54	0.038	5.52	123
潮州	8.84	143.18	13	0.008	5.44	5
揭阳	15.85	143.18	23	0.010	6.13	9
云浮	9.41	143.18	13	0.003	6.82	—
合计	719.70	—	1 030	—	—	2 153

从表 9-11 可知，广东省 2002 年有环境监测数据的 22 个城市大气污染及造成的自行车的材料经济损失约为 0.22 亿元。

9.8.2.3 2002 年广东省建筑物和自行车材料经济损失合计

2002 年广东省建筑物和自行车材料经济损失见表 9-12。2002 年广东省建筑物和自行车材料经济损失合计约为 17.10 亿元，约占同期 GDP 的 0.15%。

表 9-12　2002 年广东省建筑物和自行车材料经济损失

	建筑物材料	自行车	合计	GDP
经济损失/亿元	17.10	0.22	17.32	11 769.73
占损失合计的百分数/%	98.73	1.27	—	—
占 GDP 的百分数/%	—	—	0.15	—

参考文献

[1] 张婉华. 大气污染防治技术研究[M]. 北京：中国科学技术出版社，1993.

[2] 王文兴，张婉华. 华南地区酸雨材料损害研究. “七五”科技攻关项目，编号：58-05-02-05.

[3] ECON. 2000. “An environmental cost model.” ECON report no. 16/2000. Oslo：ECON Centre for Economic Analysis.

[4] Henriksen J F. et al. 1999. “Mapping air pollution effects on materials including stock at risk in Guangzhou，China.” Kjeller，Norway：Norwegian Institute for Air Research.

[5] Kai T，Liangwan H，Krigsvoll G.，Henriksen J F. 1999. “Building materials pollution cost in Guangzhou.” NORAD Project CHN 013. Technical Report B3. Kjeller，Norway：Norwegian Institute for Air Research（NILU）.

[6] Kucera V and Fitz S. 1993. “Direct and indirect air pollution effects on materials including cultural monuments.” *Water，Soil and Air Pollution* 86：153-165.

[7] Kucera V，Henriksen J F，Knotkova D，Sjöström C. 1993. “Model for calculations of corrosion costs caused by air pollution and its application in three cities.” In J.M. Costa and A.D. Mercer，eds. *Progress in the Understanding and Prevention of Corrosion*. London：Institute of Materials.

[8] Kucera V，Tidblad J，Henriksen J F，Bartonova A，Mikhailov A A. 1995. “Statistical analysis of 4 year materials exposure and acceptable deterioration and pollution levels.” UN/ECE International cooperative program on effects on materials，including historic and cultural monuments. Report No. 18. Stockholm：Swedish Corrosion Institute.

[9] Shanxi Environmental Information Center/Norwegian Institute for Air Pollution. 2004. *Master Plan Against Air Pollution in Shanxi Province*，2004. Kjeller，Norway：Norwegian Institute for Air Pollution.

[10] Tian K，He L，Krigsvoll G，Henriksen J F. 1999. "Building materials Pollution Cost in Guangzhou." Air Quality Management and Planning System for Guangzhou. NORAD Project CHN 013. Oslo.

[11] U.S. EPA. 1996. "Air quality criteria for ozone and related photochemical oxidants." Vol. II of III. Report EPA/600/P-93/004bF. Research Triangular Park，NC：U.S. EPA.

[12] Wallinder I O，Verbiest P，He Wenle，et al. Corr Sci，1998，40（11）：1977.

[13] Verbiest P，Janssen C R，Wallinder I O，et al. Environmental Effects of Zinc runoff from Phosphated zinc Sheets used for Building Application. 14th Int . Corros. Congr.，Cape Town，south africa，26 Sep（1999）.

[14] Cramer S D，McDonald L G. 12th Int . Corros. Congr.，1993，Houston，Texas，USA，722.

[15] Nassau K，Miller A E，Graedel T E. Corros. Sci.，1987，27：703.

[16] Espada L. 13th International Corrsion Conference. Melbourne Australia，1996：10.

[17] Magaino S. Electrochimica Acta，1997，42（3）：377.

[18] Magaino S，Soga M，Sobue K. Electrochimica Acta，1999，44：4307.

[19] Maeda Y，Morioka J，Tsujino Y，et al. Asia，Proceedings of The 11th Asian－Pacific Corrosion Control Conference. 越南胡志明市，1999：606.

[20] Fitzgerald K P，Nairn J，Atrens A. Corros Sci.，1998，40（12）：2029.

[21] Cole I S，Neufeld A K，Furman S A. Proceedings of the 11th Asian - Pacific Corrosion Control Conference. 越南胡志明市，1999：555.

[22] 王振尧，郑逸苹. 西南酸雨对金属腐蚀影响调查. 全面腐蚀控制，1997（2）：45-48.

[23] 王振尧. 酸雨对涂漆钢腐蚀的影响. 全面腐蚀控制，1997（3）：22-24.

第 10 章 水污染的农业损失

水污染对农作物的危害主要表现为污灌对农作物的危害。我国水资源短缺问题比较严重，特别是北方地区，污水灌溉比较普遍。在我国水资源严重短缺的条件下，科学地应用污水进行农田灌溉不失为一种合理的选择，一方面可以解决缺水问题，另一方面还可以利用污水中的肥分，有一定增产效果。但是在应用污水灌溉时必须严格控制污水的水质，必须满足农灌标准，实行科学的灌溉方式，否则将带来严重的后果，不仅造成农作物的污染和减产，而且重金属的积累还将污染土壤。

10.1 我国的污灌概况

水资源短缺是一个全球的环境问题。在水资源短缺地区，应用工业和生活污水进行农业灌溉已有近百年的历史，美国、澳大利亚、日本和以色列等国家污水灌溉技术比较成熟。尤其是以色列，由于水资源的严重不足，该国 91%的工业和生活污水由下水道收集 57%的污水经过了净化处理后仍用于农业灌溉和园林草地灌溉。目前，以色列每年大约用 3 亿 m^3 处理过的净化水用于农业灌溉，计划 2010 年全国 1/3 的农业灌溉将使用处理过的废污水。为了改进农村生活环境和水源水质，日本从 1997 年开始实行农村污水处理计划，到目前为止，已建成约 2 000 个污水处理厂，而且多数采用日本农村污水处理协会研制的 JARUS 小型污水处理系统，处理过的废污水各项指标都达到污水处理水质标准。处理后的污水水质稳定，多数是引入农田进行灌溉水稻或果园。捷克共和国小城镇中的居民区比较多，从这些地区排出来的废污水经过物理净化或生化处理后即用于农田灌溉。西班牙格纳达省的沿海地区广泛种植热带果树，并采用滴灌方式对果树进行污水灌溉，总面积为 8 000 hm^2。

我国污水灌溉的发展大体可划分为 3 个阶段：1957 年以前为自发灌溉时期。自古以来，我国就有利用废水灌溉的习惯，自 1940 年代起，在北京附近开始利用工业与生活废污水进行农田灌溉；1957—1972 年为初步发展时期。1957 年建工部联合农业部、卫生部把污水灌溉列入国家科研计划，从此开始兴建污水灌溉工程，污水灌溉得到了初步发展，1972 年污水灌溉面积达到 9.33 万 hm^2；1972 年至今为迅速发展时期。尽管 1972 年在石家庄召开了全国污水灌溉会议，制定了“积极慎重”的发展方针，并制定了污水灌溉暂行水质标准，但由于自 1980 年代中后期，随着我国北方地区水资源短缺的加剧和我国南方地区乡镇企业的迅猛发展，使得我国污水灌溉面积得到迅速扩大。1995 年污水灌溉面积达到 363.93 万 hm^2。从地域分布上，我国污水灌溉的农田主要集中在北方水资源严重短缺的海、辽、黄、淮四大流域，约占全国污水灌溉面积的 85%。大型污水灌溉主要分布在我国北方大中城市的近郊区，如北京污水灌溉区、天津武宝宁污水灌溉区、辽宁沈抚污水灌溉区、山西整明污水灌溉区和新疆石河子污水灌溉区。从污水农业利用特点来看，这些地区属于水肥并重的污水灌溉区。此外，秦岭、淮河以南和青藏高原以东为我国污水灌溉中的重肥污水灌溉区。

在我们的研究中，称为污灌区的不包括污水经处理达到《农田灌溉水质标准》的污水，而是特指利用城市下水道污水、工业污水、排污河污水或因污染致使鱼虾基本绝迹的地表水等超过《农田灌溉水质标准》（GB 5084－92）（附表 1）的污水灌溉且灌溉规模超过 20 hm^2 的灌区。为了掌握我国污灌区的详细情况，曾进行过两次污灌区调查。第一次是 1976—1982 年，第二次是 1996—1999 年。第二次污灌区调查是由全国污灌区面积普查和典型污灌区水质状况—土壤污染状况—农作物品质状况抽样调查两部分构成。

水污染对农作物的危害在中国是一个较为普遍的问题，但是这方面研究的报道很少。中国对污灌区的调查为我们研究污灌对农作物的危害提供一些依据。但是由于污灌区调查对水质的取样是在特定时间内的取样，而农作物生长期一般持续几个月，在这一段期间水质也是变化的，因而很难具有较好的代表性。同时污灌区的水质一般情况都不是环境监测的例行监测断面，缺乏环境监测的支持，难以获得灌溉水质与农作物超标的暴露反应关系。鉴于以上情况，只能尽可能应用调查的资料和极少的文献资料，进行粗略的估算。

10.2 水环境中的污染物质对农业生产的危害

水环境中的污染物种类繁多，本书仅就国家颁布的《农田灌溉水质标准》（GB 5084—1992）附表 1 中提到的水环境中的主要污染物的超标对农业环境的危害叙述如下：

（1）五日生化需氧量。五日生化需氧量是指在好氧的条件下，温度为 20℃培养水样 5 天水中微生物分解有机质的生物化学过程中所需要的溶解氧量。五日生化需氧量常作为水体有机物污染程度的指标。灌溉水中的需氧有机污染物进入农田后，最终要被分解。在处于氧化条件的旱田土壤中，有机物质将被分解为 CO_2 和水等；在水田处于还原条件的土壤中，将生产氨气、沼气、有机酸、乙醇类等中间代谢产物。在分解过程中，由于消耗了水中的溶解氧及土壤中的氧化物的氧，从而使土壤的氧化还原电位下降，产生二价铁、硫化氢、二价锰等。灌溉水中需氧有机物的含量不太高时，对作物生长一般无不良影响，在一定条件下甚至还有改良土壤，促进增产的作用。但是，需氧有机物的含量过高时，上述产生的过剩的二价铁、硫化氢等就要随同有机酸等一起被水稻吸收，阻碍植株体内的代谢活动，抑制根系生长，甚至引起烂根，以致影响地上部植株的发育。尤其是作物对氮、磷、钾等养分的吸收受到阻碍后，必然造成作物减产。需氧有机物污染对水稻的危害一般在水田入水口附近较明显，这是由于水中不溶性的有机物多半沉积在这里，土壤发生还原性危害所致。国标要求灌溉水中五日生化需氧量的含量：水作应小于 80 mg/L，旱作应小于 150 mg/L，蔬菜应小于 80 mg/L。

（2）化学需氧量。化学需氧量是在一定的条件下用强氧化剂氧化水样时，所消耗该剂量相当的氧的质量浓度，以氧的毫克每升表示。它是指示水体被还原性物质污染的主要指标。其中包括大多数有机物和部分无机还原物质。作为灌溉水的污染指标，化学需氧量与五日生化需氧量具有一定的类似性质，只是化学需氧量除了包括需氧有机生物氧化所耗之氧外，还包括无机还原性物质化学氧化所耗的氧。国标要求灌溉水中化学需氧量的含量：水作应小于 200 mg/L，旱作应小于 300 mg/L，蔬菜应小于 150 mg/L。

（3）悬浮物。悬浮物系指水样经过滤后，截留在滤片上并于

103～105℃烘至恒重的物质。含有大量的悬浮物的污水灌入农田后，由于流速减缓或胶体被破坏而使悬浮物大量沉淀，如果这些沉淀是由金属粉末、泥沙组成，则会覆盖在农田表层而影响农田的肥力；悬浮物还是水中各种重金属污染物的吸附剂，这些重金属污染物随着悬浮物一起沉淀在农田，造成重金属污染物在土壤和作物中的积累。国标要求灌溉水中悬浮物的含量：水作应小于 150 mg/L，旱作应小于 200 mg/L，蔬菜应小于 100 mg/L。

（4）凯氏氮。凯氏氮是指以凯氏法测得的含氮量。它包含了氨氮和在此条件下能被转化为铵盐而被测定的有机氮化合物。氮本是植物生长所必需的营养物质，但当其含量过高时会使土壤板结，影响作物的生长。国标要求灌溉水中凯氏氮的含量：水作应小于 12 mg/L，旱作应小于 30 mg/L，蔬菜应小于 30 mg/L。

（5）总磷（以 P 计）。动物或植物内所含磷质，经过分解与氧化作用，最后生成硫酸盐。人每天从食物中得到的磷质，经过新陈代谢而排出硫酸盐。洗涤剂、磷肥及骨粉等工厂废水中也含有磷酸盐。天然水中磷酸盐含量一般较低，如果水中发现过量的磷酸盐存在可表明水被污染。若同时发现过量的硝酸盐和氯化物时，更可以进一步证实动物性物质曾经污染过水源。天然水和废水中的磷以正磷酸盐、缩合磷酸盐以及与有机体相结合的磷酸盐 3 种形态存在。总磷量即水样中各种形态的磷经消解后转变成正磷酸盐的总磷浓度。磷也是植物生长所必需的营养物质，但当其含量过高时会使土壤板结，影响作物的生长。国标要求灌溉水中总磷的含量：水作应小于 5.0 mg/L，旱作应小于 10 mg/L，蔬菜应小于 10 mg/L。

（6）水温。水温过低会减缓植物生长，水温过高会造成植物根系腐烂、死亡，农灌水水温要求小于 35℃。

（7）pH 值。pH 值除直接影响植物生长外，还会使一些营养物质被淋失或被土壤固定，造成植物缺乏养分而致害；或吸收了有毒的元素，造成生理危害，这些都是导致植物死亡的原因。pH 值小于 4、大于 9 时，对农作物均会产生不良影响。用 pH 低于 3、高于 11 的水灌溉作物，作物很快死亡。大部分栽培植物喜欢在弱酸性和弱碱性条件下生长。它们对 pH 的适应范围为 4～9，最宜范围为 5～8.5。不同作物对 pH 值的要求不同。小麦在弱酸性条件下比中性条件下生长得好。国标要求灌溉水的 pH 值允许范围是 5.5～8.5。

（8）全盐量。全盐主要是钙、镁、钠、钾所形成的硫酸盐、盐酸盐和碳酸盐，它们对作物的影响主要是通过离子起作用。对作物危害最大的是钠盐，钙盐和镁盐对作物也有一定的影响，但并不占主导地位。灌溉水含盐量在 1 000 mg/L 以上，对作物生长有抑制作用，有使土壤积盐的可能性。含盐 2 000 mg/L 以上，使土壤积盐明显，会导致作物产量下降。土壤盐分增加，使土壤溶液浓度提高，物质形态变化，造成植物吸收水分和养分的困难，植物因缺乏养料导致减产或最后死亡。因盐类对离子的拮抗作用和协同作用，在灌溉水中，必须注意多种盐类的存在，以防治单因子盐类对作物的伤害。国标要求灌溉水的全盐量在非盐碱地区应小于 1 000 mg/L，在盐碱地区应小于 2 000 mg/L，有条件的地区可以适当放宽。

（9）氯化物（以 Cl 计）。氯化钠危害小麦发芽的临界浓度为 2 000 mg/L，危害水稻发芽的临界浓度为 1 000 mg/L。国标要求灌溉水的氯化物的含量应小于 250 mg/L。

（10）硫化物（以 S 计）。地下水（特别是温泉水）及生活污水，通常含有硫化物，其中一部分是在厌氧条件下，由于细菌的作用，使硫酸盐还原或由含硫有机物的分解而产生的。某些工矿企业，如焦化、造气、选矿、造纸、印染和制革等工业废水亦含有硫化物。水中硫化物包括溶解性的、存在于悬浮物中的可溶性硫化物、酸可溶性金属硫化物以及未电离的有机、无机类硫化物。硫化氢易从水中逸散于空气、产生鸡蛋臭味，且毒性很大。硫化物是水体污染的一项重要指标。

硫化物浓度即使很低也会使土壤有臭味，因此禁止采用含硫化物的废水灌溉作物。国标要求灌溉水的硫化物的含量应小于 1.0 mg/L。

（11）汞及其化合物（按 Hg 计）。含汞 0.005 mg/L 以上的水溶液灌溉水稻，糙米中含汞量均超过我国《食品中汞允许量》规定的 0.02 mg/kg 的标准。汞在糙米及油菜中的残留量随灌溉液中汞的浓度的增加而增加。汞在水稻各器官中的分配为根＞茎叶＞壳＞糙米。灌溉水中含汞 0.005 mg/L，则汞在土壤表层即稍有积累，长期灌溉可造成汞在土壤表层的积累，污染土壤，造成对作物的危害。土壤中含汞量随灌溉水中汞的浓度的增加而增加。随灌溉水进入土壤中的汞主要集中在表层 0～5 cm 处。农作物能从被污染的土壤中吸收汞。作物中含汞量与土壤积累量呈正相关。根据汞对农作物生长、产量的影响及农产品中的残留和在土壤中的积累，考虑到汞的毒性较大和长期灌溉能污染土壤，拟定汞的农田灌溉水质标准为 0.001 mg/L。

（12）镉及其化合物（按Cd计）。土壤对镉有很强的吸附力，特别是黏土和有机质多的土壤，易于造成镉含量的积蓄。当土壤的pH值偏酸时，镉的溶解度增高，而且在土壤中易迁移，可能污染地下水，同时也易被植物从根部吸收；当土壤pH值偏碱时，镉的迁移性差，作物也难以吸收。在铜、锌、砷、镉这些元素中以镉最容易造成土壤污染。当灌溉水中或土壤中含有一定镉时，均可被农作物吸收和在土壤中造成积蓄，其吸收量和积蓄量的多少随灌溉水中镉浓度、灌溉量和污灌年限的增加而增加。农作物吸收镉后，镉在植物体内的分布顺序是根＞茎叶＞籽实。各种作物吸收镉的能力有很大差异，小麦的吸收能力比水稻高，而玉米的吸收能力又低于水稻。由于镉大量地积累在植物根、茎叶中，因此，在受镉严重污染的农田里，农作物的茎叶不宜作家畜饲料，根茬也不宜沤制肥料。为了防治土壤及在其上生长的农产品中有镉的积累，建议灌溉水中镉的最高允许浓度不应超过0.005 mg/L。

（13）砷及其化合物（按As计）。砷在土壤中的残留主要集中在表层，自上而下的移动性小。利用含砷污水灌溉农田，随灌溉水中砷含量的增高和灌溉次数的增加，砷在土壤和作物中累积增加，使作物受害，污染收获物。0.05 mg/L以上的砷使水稻减产15.9%。0.1 mg/L以上的砷使油菜减产10.3%。水稻、油菜减产百分率均随砷浓度的增高而增加。用含砷0.25 mg/L的水灌溉水稻，开始在糙米中出现残留。含砷0.5mg/L水灌溉油菜，在油菜中开始出现砷残留。用含砷0.5 mg/L以下的灌溉水对水稻、油菜生长影响不明显；含0.5 mg/L以上砷的水对水稻、油菜生长有抑制作用，抑制程度随砷的浓度增高而加大，含砷0.5 mg/L为危害浓度，100 mg/L为致死浓度。因为砷及其含砷化合物毒性很强，对人、蓄的健康有较大影响。规定灌溉水中的砷含量：水作、蔬菜不得超过0.05 mg/L，旱作不得超过0.1 mg/L。

（14）六价铬化合物（按Cr计）。含六价铬的灌溉水对水稻、小麦种子的萌发及其生长发育都有一定影响。水稻、小麦均能吸收灌溉水及土壤中的铬。铬对数种蔬菜及谷物的生长有刺激作用。铬浓度5 mg/L对作物有害；浓度10 mg/L时作物出现严重的萎黄病；铬与镍协同作用时，铬浓度仅2 mg/L即对作物产生损害。铬还在作物内积累。吸收的铬主要积累在根中，其次是茎叶，少量积累在籽实里。含铬污水灌溉后，土壤可以积累铬。植物吸收和土壤积累的铬都随灌溉水中铬的浓度的增加及灌溉年限的增加而增加。可通过增加土壤有机质施用量和适当提高土壤的 pH 值来减少铬污染造成的危害。为防止铬对农作物、土壤造成的污染危害，灌溉水中铬的最高允许浓度控制在 0.1 mg/L 以下。国标要求灌溉水的六价铬的含量应小于 0.1 mg/L。

（15）铅及其化合物（按 Pb 计）。含铅污水灌溉农田，其最高允许量应在 1.0 mg/L 以下，否则抑制植物生长。进入土壤的铅主要分布在土壤表层。当污灌水中铅的浓度为 50 ppm 左右时，对水稻产生毒害作用。但污水中硫酸根离子含量较多时，易生成硫酸铅，就没有危害了。铅对植物毒性比砷、铜小。作物可以通过根吸收土壤或灌溉水中的铅，并主要积累在根部，只有极少部分转移到地上部。国标要求灌溉水的铅及其化合物的含量应小于 0.1 mg/L。

（16）铜及其化合物（按 Cu 计）。含铜污水灌溉农田，其最高允许量应在 2.0 mg/L 左右。铜是植物必需的微量元素。植物缺铜时，幼叶尖端干枯，叶片脱落，生长受到抑制。谷类作物一般不能结实。土壤含铜过高时，作物主要积累在根部，造成根系发育恶化，减弱了根对各种营养成分的吸收。作物受害的程度，一般是随农业环境中铜的含量的增加而加重。铜被作物吸收后，以根部分布的最多，茎叶次之，籽粒中最少。国标要求灌溉水的铜及其化合物的含量应小于 1.0 mg/L。

（17）锰。锰质量浓度在 1～10 mg/L 对豆类有害；在 5 mg/L 对橙和柑橘幼苗有致毒作用；锰质量浓度在 5～10 mg/L 对西红柿有致毒作用；锰质量浓度在 10～25 mg/L 对大豆和亚麻有致毒作用。

（18）锌及其化合物（按 Zn 计）。锌是植物生长必需的微量元素。锌可以间接影响植物生长素的形成，在缺锌的土壤里，作物生长常常受到抑制，并出现各种病症。含锌废水灌溉农作物，锌可以在土壤内累积，并能富集。土壤里含锌过高时，主要伤害作物的根系，使根的伸长受到阻碍，叶子呈黄绿色，并逐渐萎黄，而且分蘖少，茎短。小麦受锌危害，叶尖上即出现黄褐色的条斑点。被吸收的锌主要积蓄在植物的根部，也有一部分向茎叶中转移。锌在植物体内的移动性居于中等水平，向籽实中的转移不如镉。我国规定灌溉水中锌及其化合物的含量为不超过 2.0 mg/L。

（19）氟化物（按 F 计）。氟在植物体的积累随着植物种类不同而有所差异。氟化物含量在 34.0 mg/L 以下，水稻生长发育未受影响；

113.25 mg/L 以上，水稻生长发育受到抑制；453 mg/L 可致水稻死亡，但此质量浓度以下对茄子无影响。含氟污水中有一定的磷酸盐，污灌后硫化细菌增加，可促进磷酸盐的转化，提高了土壤中可溶性磷的含量，有利作物生长。含氟污水灌溉后细菌数量增大，生物学过程旺盛，产量增加。由于不同作物对氟敏感程度不同，为避免对地面水和渔业的污染危害，为保护整个农业环境和人民健康，规定氟的灌溉标准为高氟区应小于 2.0 mg/L，一般地区应小于 3.0 mg/L。

（20）氰化物（按游离氰根计）。50 mg/L 以上氰对水稻、油菜的生长、发育和产量有影响，并开始在糙米、油菜中有残留，残留量随灌溉浓度量高而加大。根据不同生育期污灌氰残留量不同，在生产上利用含氰污水灌溉水稻宜在前期，不宜在后期。不同质量浓度氰在水稻根、茎、叶中有残留，残留量与浇灌质量浓度呈正相关。残留量：根＞茎叶＞谷壳＞糙米。根残留量占 80%左右，茎叶占 15%左右。不同质量浓度氰在土壤中有残留，残留量随着质量浓度增加而增大，但不与灌溉质量浓度呈正比上升。土壤中氰的分解速度与气温和灌溉质量浓度有关，但无论在何种气温下，土壤中氰的分解速度都与灌溉氰的质量浓度呈正相关。氰化物随水进入土壤后消失的速度较快，在土壤中不会逐年积累。一般大田土壤中，氰的年净化率都在 90%以上。采取隔年清污轮灌，不会造成土壤和水稻的明显污染。国标要求灌溉水的氰化物的含量应小于 0.5 mg/L。

（21）挥发性酚。灌溉水中的酚，高质量浓度时（50～1 000 mg/L）可影响作物的正常生长和产量，甚至造成作物的死亡（1 000 mg/L）。低质量浓度时（30 mg/L）可促使作物增产。不影响作物正常生长和产量的安全质量浓度在 50 mg/L 左右。灌溉水中的酚可造成作物体内酚量的增加。作物体内的酚量随灌溉水中酚质量浓度的提高而增加。作物体内酚积累量茎＞根＞籽粒。酚毒性较小，酚在作物中的积累问题，以及酚对作物生长、产量的影响问题，不会成为制定农田灌溉水质标准的限制因素。含酚污水进入土壤，主要分布在土壤表层，50 cm 以下的土层中酚的含量极少。土壤对酚具有较强的净化能力，酚在土壤中的年净化率在 90%以上。因此，低质量浓度含酚污水灌溉后，不会影响土壤肥力，也不会造成土壤污染。国标要求灌溉水的挥发酚的含量应小于 1.0 mg/L。

10.3 污灌的污染因子

通常的做法是用污水综合污染指数或者用加权的综合污染指数作为水污染的农作物损失的污染因子。但是，由于污灌区调查对水质的取样是在特定时间内的取样，污灌水质的数据不具有代表性，又没有常规监测数据，因此无法利用这些通用指标。

根据我国第二次污灌调查，目前污灌采用两种灌溉方式，即清污混灌（CSCI）和纯污灌（PSI）。所谓清污混灌是指用污水与地表水的混合水实施的灌溉，纯污灌是指用纯污水实施的灌溉。一般来讲，纯污灌水质较差，对农作物危害较大；清污混灌水质变化较大，清水有稀释污染物的作用，因而危害小于纯污灌。本书分别计算这两种灌溉方式对农作物的污染危害。

10.4 污灌的终端危害

污灌对农业生产的影响主要表现在数量与质量两个方面的影响。数量方面的影响表现为水污染导致的农作物产量下降；质量方面的影响表现为两方面：①污水中的重金属及有毒有害的化学物质导致农作物中污染物超标，不能食用；②农产品中蛋白质、氨基酸、维生素等营养物质含量降低，提高了水稻的出糙率、碎米率，降低了小麦的出粉率和面筋含量，使蔬菜产生异味，提高了硝酸盐和亚硝酸盐含量。

因此，水污染的农作物损失的终端危害为污灌造成的农作物减产百分数和因质量不合格引起的损失百分数。

10.5 污灌造成农作物损失的计算模型

本章以计算我国污灌对农作物的危害为例，阐述污灌造成的农作物损失的计算模型及计算方法。

10.5.1 计算模型

根据第二次污灌区调查的清污混灌区和纯污灌区的面积，按下式以省区市为单元分别计算水污染的农作物损失：

$$L=\sum_{i=1}^{i}[a_{1i}P_iS_iQ_i+(1-a_{1i})a_{2i}\beta_{2i}P_iS_iQ_i+(1-a_{1i})a_{3i}\beta_{3i}P_iS_iQ_i]/100$$
$$=\sum_{i=1}^{i}P_iS_iQ_i[a_{1i}+(1-a_{1i})(a_{2i}\beta_{2i}+a_{3i}\beta_{3i})]/100 \tag{10.1}$$

式中：L——污灌造成的农作物减产经济损失，万元；

P_i——农作物 i 的市场价格，元/kg；

S_i——农作物 i 的种植面积，万 hm^2；

Q_i——对照点农作物 i 的单位面积产量，kg/ hm^2；

a_{1i}——污灌造成农作物 i 减产的百分数，%；

a_{2i}——污灌造成农作物 i 污染物超标的百分数，%；

a_{3i}——污灌造成农作物 i 品质下降的百分数，%；

β_{2i}——污灌造成农作物 i 污染物超标的价值损失系数，通过不同质量农作物的销售价格计算获得；

β_{3i}——污灌造成农作物 i 品质下降的价值损失系数，通过不同质量农作物的销售价格计算获得。

对照点作物的单位面积产量取各省、市、自治区的平均产量，资料来源为《中国农业统计年鉴 2004》。

10.5.2 计算模型中的系数和参数的确定

由于缺乏环境监测数据和田间试验数据的支持，水污染的作物损失暴露反应关系是依据污灌区调查数据和有限的田间试验数据建立的。因此，本暴露反应关系需要大量的监测和试验数据加以完善。

10.5.2.1 全国污灌总面积

我国进行了两次污灌调查，第一次为 1976－1982 年，当时全国的污灌面积为 139.87 万 hm^2（以 1982 年为基年），第二次为 1996—1999 年，当时全国污灌面积为 363.93 万 hm^2（以 1995 年为基年），13 年间增长了 1.6 倍，增加了 221.94 万 hm^2。第二次污灌区调查各省的污灌面积见表 10-1，历年污灌面积增长情况见表 10-2。

表 10-1　各省污灌面积

地区	混合污灌/10^3hm^2	纯污灌/10^3hm^2	污灌面积合计/10^3hm^2
全国	3 127.69	511.60	3 639.3
北京	0	13.60	13.6
天津	119.15	114.88	234.0
河北	96.68	18.50	115.2
山西	79.34	6.64	86.0
内蒙古	104.67	24.00	128.7
辽宁	477.1	57.90	535.0
吉林	0.72	0.00	0.7
黑龙江	75.48	13.13	88.6
上海	14.4	0.00	14.4
江苏	71.12	6.30	77.4
浙江	14.73	0.00	14.7
安徽	638.19	0.27	638.5
江西	15.05	4.96	20.0
福建	0.55	0.05	0.6
山东	262.68	85.83	348.5
河南	670.36	45.48	715.8
湖北	30.3	11.70	42.0
湖南	211.28	58.80	270.1
广东	5.91	1.90	7.8
广西	2.25	0.56	2.8
四川	55.1	2.85	58.0
重庆	3.04	0.07	3.1
贵州	5.28	0.00	5.3
云南	10.01	6.30	16.3
陕西	119.74	33.89	153.6
甘肃	28.77	0.36	29.1
青海	6.66	0.00	6.7
宁夏	4.16	2.00	6.2
新疆	4.97	1.63	6.6

注：摘自《全国第二次污水灌区农业环境质量普查》。

表 10-2　中国历年污灌面积　　单位：10^3hm^2

年份	1949	1963	1972	1976	1979	1982	1990	1995
污灌面积	0.7	40.0	93.3	180.0	333.3	1 398.7	3 333	3 639.3
年均增长面积		2.81	5.92	21.68	51.10	355.13	241.79	61.26

注：1982 年以前的数字引自参考文献 11，1990 年的数字引自参考文献 22。

从表 10-2 中可以看出，我国的污灌面积的年际增长速度（年均增长面积）在 1949—1982 年之间出现先慢后逐渐加快的趋势，从 1949—1963 年的 0.281 万 hm^2，1979—1982 年达到 35.513 万 hm^2，1982 年后年增长速度减慢，1982—1990 年为 24.179 万 hm^2，1990—1995 年为 6.126 万 hm^2，呈现出符合皮尔生长函数的趋势。

我国的污灌面积的增长与耕地面积的增长，水资源的供应以及污水资源的可利用数量有关，而这 3 种资源都是有限的，正是受这 3 个因素的驱动和制约，我国的污灌面积的变化才呈现出符合皮尔生长函数的趋势。皮尔生长函数表示为：

$$Y = Y_c / [1 + \exp(a + bX)] \quad (10.2)$$

式中：Y——污灌面积；

Y_c——污灌面积的最大极限值；

X——年份。

用皮尔生长函数对以上数据进行回归，需要先假定一个 Y_c，然后用已知数据进行回归。我们用 1949—1982 年的数据作为回归样本，在不同 Y_c 值的条件下进行回归，以 1995 年的 Y 值作为验证值，以判断哪个 Y_c 值最合适，并确定相应的回归方程式，用确定的方程式预测 2003 年的污灌面积（表 10-3）。用 EView 软件回归结果如下：

进一步对 Y_c 和相应的 Y_{1995} 进行回归，得到 Y_{1995} 与 Y_c 的回归方程式：

$$Y_c = -2\,959 + 1.949\,7\, Y_{1995} \qquad R^2 = 0.999\,778 \quad (10.3)$$

表 10-3　不同 Y_c 值的回归方程式的测算结果

Y_c	a	b	Y_{1995} 测算值
3 500	8.869 709	−0.255 27	3 312.67
4 000	8.711 862	−0.235 06	3 563.93
4 500	8.725 913	−0.227 65	3 831.45
5 000	8.771 965	−0.223 33	4 088.74
5 500	8.827 719	− 0.220 41	4 332.2

第二污灌调查 1995 年的污灌面积为 363.93 万 hm^2，代入 Y_c 的回归方程式，得出合适的 Y_c 值为 4 136，则预测污灌面积的回归方程式为：

$$Y = 4\,136/[1+EXP(8.709\,63-0.232\,53X)]\ R^2=0.960\,7 \qquad (10.4)$$

用以上回归方程式预测 2003 年污灌面积为 405 万 hm^2。

10.5.2.2 **污灌区作物的种植面积（S）和单位面积产量（Q）**

由于缺乏各省污灌区不同作物的种植面积，只能以《中国农业统计年鉴》提供的资料为依据进行推算。具体推算方法是，假定污灌区小麦、水稻、玉米和蔬菜 4 种作物的种植比例与各省区的作物种植比例相等，将各种作物的种植比例与总污灌面积相乘即为污灌区各种作物的种植面积。计算公式为：

$$S_i = c_i \cdot S_t / 100 \qquad (10.5)$$

式中：S_i—— 污灌区作物 i 的种植面积；

c_i—— 某省区作物 i 的种植比例，%；

S_t—— 某省区的总污灌面积。

10.5.2.3 **a_{1i}、a_{2i} 和 a_{3i} 的确定**

（1）a_{1i} 的确定。污灌引起作物减产的主要依据是仅有的田间试验，并根据田间试验结果对数据进行保守的调整。第一次《全国主要污水灌区农业环境质量调查》资料表明，清污混灌一般不引起作物减产，还有明显的增产效果，每公顷增产粮食 450～750 kg。主要是由于污水中含有一定量的作物生长发育所需要的 N、P、K、Cu、Zn 等营养元素。平均含量 N 素为 15.2 mg/L，P_2O_5 为 2.8 mg/L，K_2O 为 2.4 mg/L。

纯污灌可引起作物减产，白瑛等人的田间试验表明，用凉水河、通惠河和万泉河的污水进行小麦田间试验，15 例试验结果中有 11 例减产，减产幅度在 8.0%～17.1%。在有 20 多年污灌历史的通惠河高碑店段和凉水河亦庄段进行污灌和清灌小区对比试验，污灌小麦和水稻较清灌小麦和水稻的减产幅度达一成。污土污灌与清土污灌进行了比较，小麦和水稻分别减产 40.6%和 39.0%。说明用劣质污水进行灌溉可造成作物减产。

污灌影响水稻幼苗的发根率和幼苗发育，影响小麦的越冬和冬前分蘖数，小麦冬前的株高、根数、叶面积和干物质含量均较低。污灌还明显影响小麦每株的绿叶面积，故对小麦的光合作用不利。污灌对小麦水稻产量的影响主要是影响单位面积穗数、穗粒数和千粒重。考虑到清污混灌中清水可以清除污水的不利影响，一般不会引起作物明显减产。

（2）a_{2i} 的确定。污灌对农产品最大的影响和经济损失在于污水中的有毒有害物质在农作物可食部分中的积累，使数量可观的农产品变为劣质产品，甚至成废弃产品。第二次全国污灌区的环境质量调查表明，污灌区的主要污染物仍为重金属，如 Hg、Cd、Pb、Cu、Cr、As 等。小麦中的主要超标污染物是 Pb、Cu、Hg、F、Cd，水稻的主要超标污染物是 Pb、F、Hg、Cd，玉米的主要超标污染物是 Pb、Cd、Hg、As，蔬菜中的主要超标污染物是 Cd、Pb、Hg、As、F。4 种作物污染物的产量超标率列于表 10-4。田间试验表明，污灌区蔬菜中 NO_3^- 和 NO_2^- 的含量明显超出清水灌区。

表 10-4　第二次污灌调查中各种作物的污染物超标的产量比例

作物种类	污灌类型	调查总产量/t	超标产量/t	产量超标率/%	标准差/%
小麦	混灌	305 466	52 218	17	44.66
	纯污灌	291 540	84 603	29	40.15
玉米	混灌	789 766	128 608	16	16.05
	纯污灌	242 912	43 608	18	50.17
水稻	混灌	187 480	79 442	42	37.59
	纯污灌	182 267	92 321	51	30.83
蔬菜	混灌	188 723	22 838	12	48.00
	纯污灌	160 580	42 755	27	49.88

表 10-4 表明，混灌区和纯污灌区小麦的超标率分别为 17%和 29%，水稻的超标率分别为 42%和 51%，玉米的超标率分别为 16%和 18%，蔬菜的超标率分别为 12%和 27%。可以看出，无论是清污混灌还是纯污灌，农产品的污染都相当严重。小麦、玉米、水稻和蔬菜纯污灌的超标率均大于相应的清污混灌的超标率。污灌不仅造成巨大的农业经济损失，对人体健康也会造成十分严重的潜在危害。一些污灌区这方面的危害已经显现出来。值得说明的是，我们在计算农业经济损失时仅计算对减产、超标和品质下降所造成的直接经济损失。而对生态破坏和人体健康等所造成的损失未包括在内。

（3）a_{3i} 的确定。1982 年白瑛等人在北京通惠河、凉水河的现场试验和调查的结果表明：与清洁水灌溉的地区相比，通惠河、凉水河污水灌溉的小麦中蛋白质分别下降 10.46%和 9.47%，氨基酸的含量分别降低 32.2%和 19.3%，污水灌溉还会造成小麦出粉率和面筋含量的下降；污水灌溉会造成水稻的粗糙率和碎米率提高，甚至产生难闻的异味。废水中的悬浮物质会非常明显地影响土壤的孔隙率，降低小麦根部的活力和呼吸作用，从而导致蛋白质含量的下降。由于水稻属于沼生植物，其根部不仅从土壤的空气中吸收氧气，同时还可以通过叶和茎从空气中吸收氧气，因此蛋白质的含量并未受到影响。污灌对玉米和蔬菜品质同样会造成不利影响。

综合考虑污灌对农作物产量和品质的影响，建立了如下的反应关系（表 10-5）。

表 10-5 污灌对农作物减产和降低品质的暴露反应关系

作物种类	污灌类型	作物减产幅度 a_{1i}/%	污染物超标农产品占百分数 a_{2i}/%	品质下降农产品占百分数 a_{3i}/%	主要污染物
小麦	清污混灌	0	17	0	Cd、Hg、Pb、Cu、As、Zn、F
	纯污灌	10	29	10	
玉米	清污混灌	0	16	0	Cd、Hg、Cu、Pb、As
	纯污灌	10	18	10	
水稻	清污混灌	0	42	0	Cd、Hg、Pb、Cu、Cr、As、F
	纯污灌	20	51	5	
蔬菜	清污混灌	0	12	5	Cd、Hg、Pb、Cr、Cu、F、NO_3^-
	纯污灌	15	27	15	

由于水污染对农作物的危害影响因素颇多，且缺乏系统的研究，以上暴露反应关系仅根据少量研究和第二次全国污灌调查的数据，只是将污灌水质分为纯污灌和清污混灌两类，缺乏农作物损害程度对应的水质关系，因而有较大的不确定性。

10.5.2.4 β_{2i} 和 β_{3i} 的确定

（1）β_{2i} 的确定。β_{2i} 为农作物污染物超标的价值损失系数。当小麦、玉米、水稻和蔬菜中的污染物超标，就不能食用，但粮食作物可以作为工业原材料，其 β_{2i} 值定为 0.5，而蔬菜只能作为废品，其 β_{2i} 值为 1。

（2）β_{3i} 的确定。β_{3i} 为农作物品质降低的价值损失系数。农产品的品质下降导致产品中的有效成分含量减少，由其加工成的食品营养价值变小，口感变差。从价值上看，只是部分的减少，因此将小麦、玉米和水稻的β_{3i}定为 0.2，蔬菜的β_{3i}定为 0.3。

10.5.2.5 农产品价格

2003 年农产品的价格是根据 2002 年的价格和 2003 年的物价指数计算得出的。

根据中国农业信息网 2003 年年初公布的数据，2002 年 4 种作物农产品的平均价格（批发价）分别为：粳稻 1.15 元/kg；籼稻 1.04 元/kg；玉米 1.03 元/kg；小麦 1.06 元/kg；蔬菜 1.22 元/kg。2004 年公布的 2003 年粳稻、籼稻、玉米、小麦和蔬菜的价格分别比 2002 年上涨了 4.06%、3.63%、11.31%、7.64%和 16.1%，由此可计算出 2003 年农产品的价格（表 10-6）。

表 10-6　2003 年农产品的价格

农产品	2002 年价格/（元/kg）	2003 年比上年上涨/%	2003 年价格/（元/kg）
粳稻	1.15	4.06	1.20
籼稻	1.04	3.63	1.08
玉米	1.03	11.31	1.15
小麦	1.06	7.64	1.14
蔬菜	1.22	16.1	1.42

10.5.3 污灌造成的农作物经济损失的模型参数及数据来源

污灌造成的农作物经济损失的模型参数及数据来源见表 10-7。

表 10-7　污灌造成的农作物经济损失的模型参数及数据来源

参　数	单位	数据来源	数据水平
L：污灌造成的农作物减产经济损失	10^4 元	由模型计算　公式 10.1	
S_i：农作物 i 的种植面积	$10^3 hm^2$	污灌调查资料	污灌区/省级
P_i：农作物 i 的市场价格	元/kg	农产品价格信息网	省级
Q_i：对照点农作物 i 的单位面积产量	kg/hm^2	农业统计年鉴	省级
a_{1i}：污灌造成农作物 i 减产的百分数	%	暴露反应关系　表 10-6	污灌区
a_{2i}：污灌造成农作物 i 污染物超标的百分数	%	暴露反应关系　表 10-6	污灌区
a_{3i}：污灌造成农作物 i 品质下降的百分数	%	暴露反应关系　表 10-6	污灌区
β_{2i}：污灌造成农作物 i 污染物超标的价值损失系数		不同质量农作物销售价格之比	全国
β_{3i}：污灌造成农作物 i 品质下降的价值损失系数		不同质量农作物销售价格之比	全国

10.6 我国农田污灌造成的农作物经济损失

污水灌溉对农业的影响主要包括农作物减产、农产品质量下降、农产品污染物超标和农业生态环境破坏等方面。污灌对农业生态环境的影响是长期的，涉及农田土壤污染、土壤结构的破坏和土壤微生物种群的变化等。农业生态环境遭到破坏后，恢复相当困难。本书不包括这方面的内容，仅就污灌对小麦、玉米、水稻和蔬菜 4 种主要农作物的产量损失、品质下降和污染物超标造成的经济损失进行计算，基年为 2003 年。计算结果见表 10-8 和表 10-9。

表 10-8　2003 年小麦、玉米、水稻和蔬菜的经济损失

损失	小麦/万元	玉米/万元	水稻/万元	蔬菜/万元	合计/万元
减产损失	4 463	7 188	8 211	79 630	99 491
超标损失	31 833	37 247	86 190	368 696	523 967
品质下降损失	674	1 164	255	44 235	46 328
合计	36 970	45 600	94 655	492 561	669 787

表 10-9　2003 年各省区市污灌的经济损失

地区	农作物				合计/万元
	小麦/万元	玉米/万元	水稻/万元	蔬菜/万元	
全国	36 970	45 600	94 655	492 561	669 787
北京	252	442	37	14 892	15 623
天津	3 493	4 979	1 339	121 929	131 741
河北	1 845	1 686	186	21 327	25 043
山西	629	1 182	13	6 246	8 071
内蒙古	271	2 440	356	4 572	7 639
辽宁	109	14 675	17 818	76 860	109 462
吉林	—	25	13	26	63
黑龙江	98	1 084	2 476	3 054	6 712
上海	27	11	755	3 226	4 019
江苏	763	313	4673	10 197	15 947
浙江	11	12	854	1 960	2 837
安徽	5 051	2 464	22 642	26 028	56 184
福建	—	—	27	61	88
江西	2	3	2 088	1 357	3 451
山东	7 155	5 582	1 050	87 533	101 320
河南	14 057	7 167	5 938	64 921	92 082
湖北	126	139	3 133	6 082	9 480
湖南	84	597	25 534	25 078	51 294
广东	—	11	692	1 314	2 018
广西	—	10	186	248	444
海南	—	—	—	—	0
重庆	8	18	119	177	322
四川	302	342	2 522	3 749	6 916
贵州	10	39	98	170	318
云南	67	198	652	936	1 853
西藏	—	—	—	—	—
陕西	2 132	1 823	1 299	8 151	13 405
甘肃	247	179	10	1 492	1 928
青海	52	0	0	241	293
宁夏	79	98	101	333	611
新疆	100	81	41	401	623

结果表明，2003 年污灌造成的农作物直接经济损失约为 67 亿元人民币。其中小麦经济损失约 3.70 亿元，玉米约 4.56 亿元，水

稻约 9.47 亿元，蔬菜约 49.26 亿元。4 种作物中蔬菜的损失最为严重，其次依次为水稻、小麦和玉米。值得指出的是，农产品污染物超标的损失约 52.4 亿元，占全部农业经济损失的 78%左右。加上农产品品质下降的损失，约占农业经济损失的 85%。

这充分说明污灌区每年生产出大量受污染的劣质产品。这些劣质产品进入市场直接关系到食品安全和国民身体健康，对人体健康的负面影响及经济损失远远超出农作物经济损失。因此，应引起有关部门的高度重视。

中国是一个淡水资源匮乏的国家，农业灌溉用水十分短缺。在我国长江以北地区由于连年干旱，污水成为农业灌溉用水的重要水源，污灌面积逐年扩大。中国的污水排放量还在逐年递增，为了充分利用这些水肥资源，应加强污水的治理工作，使污染源达标排放，使农用水质达到农灌水质标准，逐步减少采用污水灌溉的农田面积，保护农业生态环境和农产品质量不受影响，实现农业的可持续发展，为社会提供无污染、安全、优质、富有营养的农产品。

附表　农田灌溉水质标准
(GB 5084—1992)

单位：mg/L

序号	标准值 / 作物分类 / 项目		水作	旱作	蔬菜
1	BOD_5	≤	80	150	80
2	COD_{Cr}	≤	200	300	150
3	SS	≤	150	200	100
4	阴离子表面活性剂（LAS）	≤	5.0	8.0	5.0
5	凯氏氮	≤	12	30	30
6	总磷（以 P 计）	≤	5.0	10	10
7	水温/℃	≤	35		
8	pH 值	≤	5.5～8.5		
9	全盐量	≤	1 000（非盐碱土地区）、2 000（盐碱土地区）有条件的地区可以适当放宽		
10	氯化物	≤	250		
11	硫化物	≤	1.0		
12	总汞	≤	0.001		
13	总镉	≤	0.005		
14	总砷	≤	0.05	0.1	0.05
15	铬（六价）	≤	0.1		
16	总铅	≤	0.1		
17	总铜	≤	1.0		
18	总锌	≤	2.0		
19	总硒	≤	0.02		
20	氟化物	≤	2.0（高氟区）3.0（一般地区）		
21	氰化物	≤	0.5		
22	石油类	≤	5.0	10	1.0
23	挥发酚	≤	1.0		
24	苯	≤	2.5		
25	三氯乙醛	≤	1.0	0.5	0.5
26	丙烯醛	≤	0.5		
27	硼	≤	1.0（对硼敏感作物，如马铃薯、笋瓜、韭菜、洋葱、柑橘等） 2.0（对硼耐受性较强的作物，如小麦、玉米、青椒、小白菜、葱等） 3.0（对硼耐受性强的作物，如水稻、萝卜、油菜、甘蓝等）		
28	粪大肠菌群数，个/L	≤	10 000		
29	蛔虫卵数，个/L	≤	2		

参考文献

[1] 王德荣. 农田灌溉水标准详解. 北京：中国农业科技出版社，1991.

[2] 农业部环境监测总站. 第二次中国污水灌溉普查报告（内部资料）.

[3] ECON Center for Economic Analysis，An environmental cost model，May 9，2000.

[4] 顾方乔，等. 论污水灌溉的发展途径. 农业环境保护，1984（1）：1-3.

[5] 杨定国. 污水灌溉与农业环境污染. 农业环境保护，1984（5）：2-4.

[6] 陈竹君，等. 污水灌溉在以色列农业中的应用. 农业环境保护，2001，20（6）：462- 464.

[7] 王庆仁，等. 我国几个工矿与污灌区土壤重金属污染状况及原因探讨. 环境科学学报，2002，22（3）：354 -358.

[8] 高侠莉，等. 污灌对蔬菜的生理生态指标及细胞影响的研究. 中国环境科学，1997，17（5）：443 - 445.

[9] 孙华，等. 江西省贵溪市污灌水田重金属污染状况评价研究. 农业环境保护，2001，20（6）：405-407.

[10] 付玉华，等. 沈阳郊区蔬菜污染调查. 农业环境保护，1999，18（1）：36-37.

[11] 董克虞，何长礼，南淳熙. 污水灌溉对农业环境的影响与对策（内部资料）. 北京农业环境保护研究所，1985，12.

[12] 中国农业年鉴编辑委员会. 中国农业统计年鉴 2004. 北京：中国农业出版社，2004.

[13] 农牧渔业部环境保护科研监测所. 全国主要污水灌区农业环境质量普查评价（内部资料）.1984，12.

[14] 白瑛. 污灌对农作物品质的影响. 农业环境保护，1984（1）：11-13.

[15] 国家环境保护总局. 中国环境统计年报 2003. 北京：国家环境保护总局，2004.

[16] 买永彬，等. 全国主要污水灌区农业环境质量普查评价. 农业环境保护，1984（5）：1-4.

[17] 张乃明，等. 污水灌溉生态效应与损益分析. 农业环境保护，1999，18（4）：1-4.

[18] 蔡思义，等. 污水处理与农业利用问题. 农业环境保护，1994，13（1）：1-4.

[19] 区自清. 根据我国污灌现状建设污水土地处理系统. 农业环境保护，1989，8（1）：1-4.

[20] 白瑛，张祝锡. 灌溉水污染及其效应. 北京：北京农业大学出版社，1988.

[21] 夏光. 中国环境污染损失的经济计量和研究. 北京：中国环境科学出版社，1998.

[22] 张耀民，等. 全国农业环境质量状况及发展趋势调查研究（内部资料）. 1991.

第 11 章 污染型缺水造成的经济损失

11.1 中国的水资源状况

中国的水资源分布呈南多北少、东丰西缺的特点，根据水利部 2000 年开展的全国水资源调查，我国可通过水循环更新的地表水和地下水的多年平均水资源总量为 2.78 万亿 m^3，按 2004 年水资源量和人口统计，我国人均水资源量为 1 856.3m^3，预测到 2030 年全国人口增加到 16 亿时，人均水资源量将降到 1 760 m^3。另外，根据中科院国情分析小组的研究成果，到 2030 年，我国大部分地区的人均水资源量将低于 1 700 m^3/人，北方部分地区甚至低于 500 m^3/人。根据瑞典水文学家富肯玛克提出的“水紧缺指标”，这些地区属于严重缺水地区。

除了人均水资源量紧张外，我国水资源的时间分布也很不均衡。由于季风气候影响，各地降水主要发生在夏季，大部分地区每年汛期连续 4 个月的降水量占全年的 60%～80%，不但容易形成春旱夏涝，还容易形成江河的汛期洪水和非汛期的枯水。

此外，我国水资源的空间分布（表 11-1）与土地资源、产业布局的分布也极不匹配，黄河、淮河和海河 3 个流域的土地面积占全国的 13.4%，耕地占 39%，人口占 35%，GDP 占 32%，而水资源量仅占 7.7%，人均水资源量约 500 m^3，耕地亩均水资源量少于 400 m^3，是我国水资源量最为紧张的地区，西北地区的水资源量占全国的 21.3%，GDP 却仅占全国 GDP 的 8.3%。

据分析估计，全国按目前的正常需要和不超采地下水，缺水总量为 300 亿～400 亿 m^3，在一般年份，农田受旱面积 0.067 亿～0.2 亿 hm^2。从总体上说，因缺水造成的经济损失超过洪涝灾害。由于缺乏统筹规划，水资源有过度开发的现象。全国水资源的开发利用率目前为 20%，不算很高，但地区间很不平衡，北方黄河、淮河、海河流域的开发利用率都超过 50%，其中海河流域已经接近 90%。有些内陆河流域的开发利用率超过了 40%这一国际公认的合理限度。

根据 2007 年中国环境状况公报，国家环境监测网七大水系的 407 个地表水监测断面中，Ⅰ～Ⅲ类、Ⅳ～Ⅴ类和劣Ⅴ类水质的断面比例分别为 49.9%、26.5%和 23.6%，与上年基本持平。其中，珠江、长江总体水质良好，松花江为轻度污染，淮河、黄河为中度污染，辽河、海河为重度污染。北方辽、黄、海、淮等流域，污水与地表径流的比例高达 1∶14～1∶6。另外，根据全国 118 座大城市浅层地下水的调查，97.5%的城市受到不同程度的污染，其中，40%的城市受到重度污染。

随着我国改革开放的深入、经济的快速发展以及人口的不断增长，工业、农业以及生活用水量都在迅速增加，缺水地区的范围日益扩大，导致缺水的原因也多种多样。总体来看，北方地区缺水形势更加严峻，由于水污染的不断加剧，污染型缺水已成为制约我国水资源供应安全的一个重要的问题。

表 11-1　中国 1956—2000 年的平均水资源量

水资源地区（Ⅰ级区）	降水量/10 亿 m^3	地表水/10 亿 m^3	地下水/10 亿 m^3	非重复量/10 亿 m^3	总计/10 亿 m^3
松花江	471.9	129.6	47.8	19.6	149.2
辽河	171.3	40.8	20.3	9.0	49.8
海河	171.2	21.6	23.5	15.4	37.0
黄河	355.5	59.4	37.8	11.2	70.7
淮河	276.7	67.7	39.7	23.9	91.6
长江	1 937.0	985.7	249.2	10.2	996.0
东南诸河	437.2	265.4	66.5	2.7	268.1
珠江	897.2	472.3	116.3	1.4	473.7
西南诸河	918.6	577.5	144.0	0.0	577.5
西北内陆河	542.1	117.4	77.0	10.2	127.6
总计	6 178.7	2 737.4	822.1	103.6	2 841.2

11.2 污染型缺水的基本概念

分析我国缺水的原因，可归纳为 3 种类型，即资源型缺水、设施型缺水和污染型（也称水质型）缺水，但这 3 种类型缺水不是同一层次的问题。水资源是第一层次，没有水资源，就谈不上供水设施不足和水污染的问题；设施不足和水污染是在水资源不缺乏情况下的第二层次问题。

资源型缺水是指当地水资源总量不能适应当地人民生活、经济发展和生态环境保护的需要。设施型缺水是指在水资源合理开发利用程度的范围内因已建水源工程和供水管网不配套或设施功能的作用得不到充分发挥而造成的缺水。污染型缺水，又称水质型缺水，是指在当地拥有水资源，并且其开发利用程度小于合理开发利用程度的情况下，由于水污染使水资源无法利用而造成的缺水。

目前关于污染型缺水的讨论大多只停留在定性阶段，即一般认为对于大部分水资源丰富的南方地区，如果缺水，主要原因可能是水污染或设施不足；而北方地区的缺水原因从总体上讲主要是资源型缺水，但是实际当中往往存在这样一些情况：如对具体某条河流而言，上游城市或企业将水污染了，导致下游城市原本不丰富的水资源也因污染而无法使用；同时，这些区域水资源的开发利用率不断升高的趋势在很大程度上是由于污染逐年加重，迫使人们对水质符合要求的水资源过度开发而造成的。

由此可见，目前我国的缺水情况很复杂，某地区的缺水可能是其中一种原因造成的，但大多数情况下往往是两种甚至 3 种原因综合作用的结果。

11.3 污染型缺水经济损失的估算方法

11.3.1 计算模型

环境污染对水资源造成的经济损失的终端危害为污染型缺水量。评估污染型缺水造成的经济损失需要 3 个参数：缺水的程度、污染造成的缺水量、水资源的影子价格，污染型缺水量和水资源的影子价格相乘即为粗略估算的污染型缺水造成的经济损失。

计算模型如下：

$$EC_{\mathrm{p}} = Q_{\mathrm{lp}} \cdot P_{\mathrm{s}} \qquad (11.1)$$

式中：EC_{p}——污染型缺水造成的经济损失；

Q_{lp}——污染型缺水量；

P_{s}——水资源的影子价格。

$$Q_{\mathrm{L}i} = Q_{\mathrm{R}i} - Q_{\mathrm{S}i} \qquad (11.2)$$

式中：$Q_{\mathrm{L}i}$——i 地区的理论缺水量，万 m^3；

$Q_{\mathrm{R}i}$——i 地区的需水量，万 m^3，由地方水利部门提供，或利用 11.3.2 节的计算方法获得；

$Q_{\mathrm{S}i}$——i 地区的实际供水量，万 m^3，由地方水利部门提供，注意这里的供水量不包括超采的地下水供水量。

11.3.2 模型中参数的确定与来源

11.3.2.1 需水量的确定

$$Q_{\mathrm{R}i} = \frac{365 WI_i \cdot P_i}{100 c_i} \qquad (11.3)$$

式中：WI_i——地区单位人口最高综合用水量指标，万 m^3/（万人·d）；

P_i——地区规划应供水人口，万人；

c_i——用水日变化系数，见表 11-2。

（1）人均最高综合用水量 WI_i。WI_i 是一个反映人均最高综合用水量的标化指标，这里“综合”是指各种用途的用水量，如起居生活、工业生产、公共服务、市政工程和绿化等都包括进来。以《室外供水设计准则》（GBJ 13—1986）为基准，根据现状供水配额，同时综合考虑当地经济和社会发展规划、水资源状况和供水工程建设状况，确定最终的人均最高综合用水量。

制定单位人口最高综合用水量指标 WI_i 时，《城市给水工程规划规范》（GB 50282—1998）（以下简称《规范》）的工作组成员首先根据过去几年的人均用水量推算出未来的可能人均用水量，然后综合考虑影响用水量的因素，如地理位置、水资源状况、城市规模和性质、经济发展水平和居民生活标准等，同时，考虑到该指标还要满足近远期城市建设和发展规划的需求，因此该指标应该是一个区间值。《规范》最终确定的单位人口最高综合用水量指标综合考虑了上述因素，具体数值见表 11-2。

表 11-2　城市单位人口最高综合用水量指标　　单位：万 m^3/（万人·d）

地区	特大城市	大城市	中等城市	小城市
一区	0.8～1.2	0.7～1.1	0.6～1.0	0.4～0.8
二区	0.6～1.0	0.5～0.8	0.35～0.7	0.3～0.6
三区	0.5～0.8	0.4～0.7	0.3～0.6	0.25～0.5

注：1）特大城市指市区和近郊区非农业人口 100 万及以上的城市；大城市指市区和近郊区非农业人口 50 万及以上不满 100 万的城市；中等城市指市区和近郊区非农业人口 20 万及以上不满 50 万的城市；小城市指市区和近郊区非农业人口不满 20 万的城市。

2）一区包括：贵州、四川、湖北、湖南、江西、浙江、福建、广东、广西、海南、上海、云南、江苏、安徽、重庆；二区包括：黑龙江、吉林、辽宁、北京、天津、河北、山西、河南、山东、宁夏、陕西、内蒙古河套以东和甘肃黄河以东的地区；三区包括：新疆、青海、西藏、内蒙古河套以西和甘肃黄河以西的地区。

3）经济特区及其他有特殊情况的城市，应根据实际用水情况，用水指标可酌情增减（下同）。

4）用水人口为城市总体规划确定的规划人口数（下同）。

5）本表指标为规划期最高日用水量指标（下同）。

6）本表指标已包括管网漏失水量。

（2）用水日变化系数 c_i。引入日用水变化系数 c_i 的主要目的是反映某一地区的用水量变化情况。该系数取决于城市性质、人口密度以及工商业发展水平，通常来讲，人均工商业用水量越高，c_i 就越大。《规范》中对该系数有明确的规定，如表 11-3 所示。负责起草《规范》的工作人员采用了两种方法来确定不同地区的日用水变化系数。一种是实际调查测算典型社区的用水量，另一种是收集不同城市供水厂的最高和最低供水量。然后根据对调查结果的分析和调整，提出不同地区、不同规模城市的日用水变化系数。

表 11-3　日用水变化系数

特大城市	大型城市	中型城市	小型城市
1.1～1.3	1.2～1.4	1.3～1.5	1.4～1.8

11.3.2.2 水资源开发利用率的确定

水资源作为一种可再生的战略性资源，有其不同于其他可再生资源的特殊性。因为水资源除作为生产要素之外，其本身又是人类赖以生存的基础自然资源，是生态环境的控制性要素之一。

如何评价水资源利用的合理性和科学性，人们提出了一系列指标。其中比较常用的指标有：人均 GDP（GNP）、人均供水量、人均水资源量、用水弹性系数、供水增长率和水资源利用率等。其中水资源利用率指不同水平年多年平均或不同保证率的年供（耗）量与相应水资源总量的比值，其计算方法为：（当地实际供水量+调出水量－调入水量－海水、污水、雨水利用量等其他供水量）/当地多年平均水资源总量，是一种科学的用来反映评价区域水资源开发利用程度的国际通用指标。

判定某地区是否属于设施型或污染型缺水，就要看本地区的可利用水资源是否已达到其合理的开发利用极限，如果还有开发潜力但已经缺水，就可以认为缺水是由于设施缺乏或污染造成的。

国内外的实践经验表明，当一个流域的水资源开发利用率超过40%时，就会出现水资源短缺及水体自净能力下降、水质变坏、河口自然生态环境恶化等一系列问题。而且由于水资源年际变化的影响，实际用水量也很难再有提高。结合我国的自然、地理特点以及经济发展和开发利用现状，可把全国大致分为五类地区，见表 11-4。第一类地区包括东北黑龙江和吉林两省（区内主要有黑龙江、鸭绿江等国际界河和松花江）以及西北伊犁河、额尔齐斯河等出境河流域，即新疆西北部地区，水资源利用率最低，为 5.5%；第二类地区为长江、珠江、东南沿海诸河，水资源利用率为 16.9%；第三类地区为西南诸河片（同时包括雅鲁藏布江、怒江、澜沧江、红河等国际界河或出境河流域）等流域，统称为西南区，供水量仅占水资源量的 8%；第四类地区包括黄河、淮河、海河及辽河等流域，统称为北方区，水资源利用率已达到 80%～90%；第五类地区主要为西北内陆河地区，简称为内陆区，水资源利用率达 49.2%。

据权威部门研究：从水资源角度，第四类、第五类地区的水资源利用率已不宜提高，可供水量应基本维持现状，即分别为 1 500 亿 m^3 及 500 亿 m^3 左右；东南地区目前水资源利用率还较低，还有一定潜力；东西北外流区和西南区的水资源利用率最低，从水资源角度看，具有较大潜力，但如果向北方区供水，需要长距离引水，开发具有一定难度，通过分析该区水资源利用率可提高至 20%。因此，根据我国水资源的时空分布和我国土地资源的分布及经济发展水平，本文所采用的各地区的合理开发利用极限为：第一类和第三类地区 20%；第二类地区 40%；第四类、第五类地区维持现状，即分别为 80%和 50%。

表 11-4 各地区水资源开发利用率及合理开发极限

类别	地区	水资源开发利用率/%	
		现状	合理开发极限
第一类	东北黑龙江和吉林两省（区内主要有黑龙江、鸭绿江等国际界河和松花江）以及西北伊犁河、额尔齐斯河等出境河流域，即新疆西北部地区	5.5	20
第二类	长江、珠江、东南沿海诸河	16.9	20
第三类	西南诸河片（同时包括雅鲁藏布江、怒江、澜沧江、红河等国际界河或出境河流域）等流域	8	20
第四类	黄河、淮河、海河及辽河等流域	80～90	80
第五类	西北内陆河地区	49.2	50

11.3.2.3 缺水量的确定

理论上来说，一个地区的缺水量为需水量与实际供水量之间的差值。但在我国，为了满足工农业发展的需要，超采地下水的情况比较普遍，特别是在北方缺水地区。这样就出现理论上的缺水量小于实际地下水超采量的情况，因此，在确定缺水量时，首先，利用式（11.2）计算理论缺水量（Q_L），如果理论缺水量小于地下水超采量（Q_{ow}），则地下水超采量就是缺水量，否则，计算得到的理论缺水量为缺水量。

11.3.2.4 污染型缺水量的确定原则

确定了缺水量后，另一个需要确定的参数就是污染型缺水量占总缺水量的比例，这是评价污染型缺水造成经济损失的一个难点。为了简化问题，这里不考虑设施型缺水的问题。下面介绍确定污染型缺水量（Q_{Lw}）的逻辑步骤：

（1）对于南方地区，由于水资源量非常丰富，不应该出现缺水，如果出现缺水情况，则可以认为所有的缺水量都为污染型缺水量。

（2）对于北方地区，情况比较复杂，必须区分污染型缺水和资源型缺水。

- 对于水资源开发利用率大于 40%的流域：①如果可提供水资源=0，考虑到缺水量（Q_L）=污染型缺水量（Q_{Lw}）+资源型缺水量（Q_{Lr}），这里简单认为污染型缺水量（Q_{Lw}）=缺水量（Q_L）×超标水量比例；②如果可提供水资源量＜缺水量，即无水可供，污染型缺水量=可提供水资源量×超标水量比例（α）；反之，如果可提供水资源量＞缺水量，即有水可供，污染型缺水量=缺水量×超标水量比例。

对于水资源开发利用率小于 40%的流域，全部缺水量都计为污染型缺水量，原因在于本来有水资源可以开发，但仍然缺水，那么缺水就是由于污染造成的。

- 对于水资源开发利用率大于 40%的北方地区，需要确定可提供水资源量：可提供水资源量（Q_a）的确定分两种情况：①如果可开发水资源量（Q_e）＜已供水量，说明除了被污染的水外已经无水可用，从理论上来说，Q_a=水资源量×水质超标比例－不满足水源水水质要求的供水量①，但由于不同水功能区的水资源量及其超标比例难以获得，因此，在这种情况下，这里简化认为 Q_a=0；②如果可开发水资源量（Q_e）＞已供水量，从理论上来说，Q_a=可开发水资源量（Q_e）－已供水量（Q_s）+地表水资源量×地表水水质超标比例－不满足水源水水质要求的供水量，基于同样的原因，简化认为 Q_a=可开发水资源量（Q_e）－已供水量（Q_s）。
- 确定可开发水资源量：可开发水资源量（Q_e）=水资源总量×合理的水资源开发利用率。根据我国水资源的时空分布和我国土地资源的分布及经济发展水平，本文所采用的各地区的合理开发利用极限为：第一类和第三类地区 20%；第二类地区 40%；第四类、第五类地区维持现状，即分别为 80%和 50%。
- 最后需要确定的是超标水量比例：目前大多采用河长的水质超标比例来对某地区或流域的综合水质进行评价，难以获得水量的水质超标比例，因此这里以超标河长比例取代超标水量比例进行评价。评价上限取满足生活用水 3 级标准的河长比例，下限取满足工业用水 4 级标准的河长比例。

11.3.2.5 水资源的价值和影子价格

价值是价格的基础，价格是价值的体现，水资源价值是水资源价格的基础。然而，由于人们在很长一个历史时期对自然资源，包括水资源价值的错误认识，我国水资源的价格偏离价值的现象十分严重。同时，水资源价值的核算在理论上和实践中都是一个复杂的课题，涉及的有关内涵比较多，人们从不同的角度对水资源的价值、

① 由于缺乏地下水的相关资料，这里将评价范围缩小至地表水。

水费（水资源的价格）、水资源的边际效益、水资源的影子价格等进行研究。下面介绍近几年来，我国有关水资源边际效益和影子价格研究的最新成果。

（1）边际价格计算方法——超越对数函数。目前应用最多的就是边际价格计算方法，在数学上表现为用微积分描述资源的影子价格。中国科学院的陈锡康研究员提出了利用超越对数生产函数计算全国工业用水的边际效应的方法，并建立了一系列的中国工业经济发展与水资源占用的超越对数函数，得到每吨工业用水对工业增加值的边际效应值。4 个超越对数生产函数如下：

$$\ln Y=1.926\,54\times\ln K-1.443\,73\times\ln W+0.255\,04\times(\ln W)^2-0.161\,30\times\ln K\times\ln W \quad (11.4)$$

（24.074 3）（−10.324 8）（9.204 7）（−9.952 3）

$R^2=0.999\,6$　$F=30\,002$

其中括号内数据为 t 检验值，下同。

$$\ln VA=-2.000\,82+2.023\,25\times\ln K-1.125\,35\times\ln W+0.271\,86\times(\ln W)^2-0.203\,79\times\ln K\times\ln W \quad (11.5)$$

（−4.668 5）（7.345 6）（−3.204 5）（3.677 9）（−4.114 1）

$R^2=0.999\,9$　$F=6\,530$

$$Y=-7\,222.387\,75+0.835\,60\times K+6.544\,50\times W+5\,896.283\,24\times D \quad (11.6)$$

（−1.403 9）（10.779 8）（2.325 8）（1.332 8）

$R^2=0.999\,31$　$F=1\,920$　D=Dummy Viable（1978 年前为 1）

$$\ln Y=1.370\,66\times\ln K+0.072\,23\times(\ln W)^2-0.129\,45\times\ln K\times\ln W-0.045\,33\times\ln L\times\ln W+0.007\,55\times\ln K\times\ln L\times\ln W \quad (11.7)$$

（112.333 1）（13.258 4）（−22.231 6）（−17.480 3）（23.539 9）

$R^2=0.999\,9$　$F=113\,771$

式中：Y——工业总产值；

VA——工业增加值；

K——工业占用的资本数额（包括固定资产和流动资金）；

L——工业从业人数；

W——工业用水量。

为消除价格影响，Y，VA，K 均按照 1999 年价格计算。

对上述各方程求用水量的一阶导数，即可求出每吨工业用水量增加对工业增加值和工业总产值的边际效应（边际影响），模型计算了中国 1949—1999 年工业用水量增加对工业增加值和工业总产值的边际效应，综合以上 4 个超越对数生产函数的结果，求出平均值，结果见表 11-5。

表 11-5　工业用水量增加的平均边际效应（边际影响）　　单位：元

年份	增加 1 t 工业用水对工业增加值的边际影响	增加 1 t 工业用水对工业总产值的边际影响
1949	0.93	2.68
1959	1.42	3.91
1965	3.60	9.25
1980	5.38	14.10
1993	7.29	24.96
1994	8.03	29.12
1995	8.20	30.49
1996	8.65	29.63
1997	8.65	30.36
1998	8.65	30.86
1999	8.93	32.20
1993—1999 平均	8.35	29.66

（2）利用投入产出均衡价格计算水资源影子价格。利用最优化模型求解水资源影子价格。用线性规划方法求解资源最优配置时，得到相应的最优计划解，其资源约束行对应的对偶问题的解就是资源的影子价格。水利与国民经济协调发展研究小组编制了 1999 年中国九大流域投入占用产出表。1999 年中国九大流域投入占用产出表把国民经济各部门的用水量作为一种占用单独列出来，由该表可以得到水资源与国民经济各部门之间的数量经济关系，使得原来通过线性规划计算水资源影子价格的困难得以解决。中国科学院的刘秀丽等以它们为基础，建立了生产用水和工业用水影子价格的线性规划模型，如下：

目标函数：$\max Z=\sum a_{vjx}x_j$　　$j=1-n$

约束条件：$AX+Y+U-V=X$

$X^{1} \leqslant X \leqslant X^{h}$

$\sum a_{wj\,x}X_j \leqslant W$

$$U^h \geqslant U \geqslant 0$$
$$V^h \geqslant V \geqslant 0$$
$$Y \geqslant Y^l$$
$$\sum U_j - \sum V_j \geqslant c$$

式中：X——总产出列向量；

X^l——总产出下界列向量；

X^h——总产出上界列向量；

Y——最终产品列向量；

Y^l——最终产品下界列向量；

U——出口列向量；

V——进口列向量；

U^h——出口上界列向量；

V^h——进口上界列向量；

A——投入产出直接消耗系数矩阵；

c——净出口下界；

j——部门增加值系数；

a_w——用水系数列向量；

W——可实际使用的水量。

通过求解以上线性规划模型可以获得水资源影子价格（见本书2.2.7 节“影子价格”），模型计算结果见表 11-6。流域水资源影子价格与流域用水量占水资源量的比例见表 11-7。

表 11-6　1999 年中国九大流域生产用水和工业用水的影子价格

流域	生产用水影子价格/（元/t）	工业用水影子价格/（元/t）
东南诸河流域	0.02	0.18
长江流域	0.03	0.25
珠江流域	0.03	0.24
西南诸河流域	0.04	0.18
淮河流域	0.33	0.77
松辽河流域	0.57	1.6
内陆河流域	1.12	2.1
黄河流域	2.15	3.55
海河流域	2.34	5.13

表 11-7　影子价格影响因素分析数据

流域	用水量占水资源量的比例 b	工业用水影子价格/（元/t）	生产用水影子价格/（元/t）
东南诸河流域	0.138 5	0.18	0.02
珠江流域	0.190 7	0.24	0.03
长江流域	0.151 7	0.25	0.03
西南诸河流域	0.016 5	0.18	0.04
淮河流域	0.426 1	0.77	0.33
松辽河流域	0.450 1	1.60	0.57
内陆河流域	0.373 4	2.10	1.12
黄河流域	0.644 32	3.55	2.15
海河流域	1.572 9	5.13	2.34

为了得到用水量占水资源量的比例 b 和生产用水影子价格、工业用水影子价格之间的定量关系，对表 11-7 中的数据用高斯-牛顿法做非线性模拟，得到用水量占水资源量的比例 x 和生产用水影子价格 y^1 的非线性函数：

$y^1 = 0.796\,0 + 2.211\,4 \times \ln（x +0.602\,4）$

（5.129 4）　（5.005 4）　（3.467 8）

R^2=0.884 1，F=25.053 8

x和工业用水影子价格，y^2的非线性函数：

y^2=－0.759 2+6.260 5 ×ln（x +1.058 1）

（－3.036 4）（7.498 1）（4.687 9）

R^2=0.943 0，F=56.22（括号内为t值）

根据各个省份所属流域的生产用水和工业用水的影子价格以及该省份属于该流域的 GDP 占整个流域 GDP 的比例来计算该省份生产用水和工业用水的影子价格，结果见表 11-8。

表 11-8　全国各省份生产用水和工业用水影子价格测算结果

省份	用水量占水资源量的比例	生产用水影子价格	工业用水影子价格
北京	2.937 3	2.97	6.52
天津	9.807 7	4.16	9.66
河北	2.080 3	2.65	5.76
山西	0.823 0	1.90	3.69
内蒙古	0.380 7	1.03	2.03
辽宁	0.795 5	1.06	2.35
吉林	0.361 6	0.64	1.52

省份	用水量占水资源量的比例	生产用水影子价格	工业用水影子价格
黑龙江	0.549 0	0.84	1.91
上海	1.500 5	1.24	2.69
江苏	1.056 3	1.02	2.15
浙江	0.174 6	0.13	0.37
安徽	0.189 8	0.23	0.56
福建	0.147 9	0.09	0.30
山西	0.116 3	0.05	0.25
山东	1.370 7	1.54	3.14
河南	1.118 7	1.50	3.08
湖北	0.244 0	0.23	0.57
湖南	0.159 6	0.11	0.36
广东	0.302 6	0.37	0.71
广西	0.151 1	0.10	0.34
海南	0.134 6	0.08	0.29
重庆	0.088 2	0.02	0.18
四川	0.078 7	0.02	0.15
贵州	0.072 7	0.02	0.13
云南	0.059 2	0.02	0.12
西藏	0.005 7	0.05	0.15
陕西	0.342 7	1.24	2.19
甘肃	0.543 8	1.44	2.67
青海	0.041 10	0.93	1.64
宁夏	10.534 8	4.14	9.07
新疆	0.489 70	1.06	2.04

（3）动态投入产出优化模型。刘秀丽等人的模型充分反映了资源价格在不同资源配置模式下的形成过程和隐藏在模型背后的经济理论和思想。从该模型本身的性能看，它只反映了静态的资源最优配置顺序，而且这两种模型本身的数量关系均是线性的和静态的。中国科学院的陈锡康研究员和何静博士研究了水资源影子价格动态投入产出优化模型，用此模型计算了中国九大流域的水资源影子价格。

水资源影子价格动态投入产出优化模型构造如下：

目标函数　$\max Z=[I-A（T）]X（T）$

约束条件

$A(t)\ X(t)\ +B(t+1)\ (X(t+1)-X(t))\ +\beta(t)\ X(t)\ +C(t)\ X(t)\leqslant X(t)$

$t=1,\ 2,\ \cdots,\ T-1$

$A(T)\ X(T)\ +B(T+1)\ [X(T+1)\ X0(T+1)-X(T)]+\beta(T)\ X(T)\ +C(T)\ X(T)\leqslant X(T)$

$Aw(t)\ X(T)\leqslant W(t)$

$L(t)\ X(t)\leqslant 1(t)$

$X(t)\geqslant 0,\ X0(T+1)\geqslant 0$

$t=1,\ 2,\ \cdots,\ T$

式中：t——计划期某一年度；

T——计划期最末一年；

$X(t)$——第 t 年总产出；

$A(t)$——第 t 年直接消耗系数；

$X0(t)$——第 t 年总产出总量；

$X(t)$——第 t 年总产出结构向量；

$C(t)$——第 t 年最终消费需求系数矩阵；

$Aw(t)$——第 t 年用水系数矩阵；

$W(t)$——第 t 年可实际使用的水资源量；

$B(t)$——第 t 年增量资本产出系数；

$\beta(t)$——第 t 年综合损耗产出系数；

$L(t)$，$1(t)$——其他约束和参数。

水资源影子价格动态投入产出优化模型是以投入产出动态模型和大道定理形式为基本的约束条件，并将计划期最末一年单独列出，以计划期最末一年的 GDP 总量取得为目标函数的线性规划。在资源约束下，水资源约束所对应的对偶问题的解就是一个国家在计划期各经济部门均衡发展情况下，最合适规模优化均衡下的动态影子价格。计算结果见表 11-9、表 11-10。

表 11-9　中国 1949—2050 年水资源动态影子价格测算值　单位：元/m^3

年份	水资源影子价格	年份	水资源影子价格
1949	0.48	2000	3.86
1959	0.11	2005	3.99
1965	2.01	2008	4.10
1980	2.89	2010	4.29
1993	3.46	2015	4.47
1994	3.57	2020	4.58
1995	3.69	2025	4.77
1996	3.80	2030	4.93
1997	3.92	2040	5.11
1998	3.79	2050	5.39
1999	3.85		

表 11-10　中国 1949—2050 年中国九大流域水资源影子价格预测值

单位：元/m^3

年份	东南诸河流域	长江流域	珠江流域	西南诸河流域	淮河流域	松辽河流域	内陆河流域	黄河流域	海河流域
1949	0.26	0.36	0.33	0.26	0.32	0.38	0.40	0.57	0.65
1959	0.06	0.08	0.08	0.06	0.07	0.09	0.09	0.13	0.15
1965	1.11	1.50	1.37	1.10	1.33	1.59	1.67	2.38	2.72
1980	1.59	2.16	1.97	1.58	1.91	2.29	2.39	3.42	3.91
1993	1.91	2.59	2.36	1.90	2.28	2.74	2.87	4.09	4.68
1994	1.97	2.67	2.44	1.96	2.36	2.83	2.96	4.22	4.83
1995	2.03	2.76	2.52	2.02	2.43	2.92	3.06	4.36	4.99
1996	2.09	2.84	2.60	2.08	2.51	3.01	3.15	4.49	5.14
1997	2.16	2.93	2.68	2.15	2.59	3.11	3.25	4.63	5.30
1998	2.09	2.84	2.59	2.08	2.50	3.00	3.14	4.48	5.13
1999	2.12	2.88	2.63	2.11	2.54	3.05	3.19	4.55	5.21
2000	2.13	2.89	2.64	2.12	2.55	3.06	3.20	4.56	5.22
2005	2.20	2.98	2.73	2.19	2.63	3.16	3.31	4.72	5.40
2008	2.26	3.07	2.80	2.25	2.70	3.25	3.40	4.85	5.55
2010	2.36	3.21	2.93	2.35	2.83	3.40	3.55	5.07	5.81
2015	2.46	3.34	3.05	2.45	2.95	3.54	3.70	5.28	6.05
2020	2.52	3.43	3.13	2.51	3.02	3.63	3.79	5.41	6.20
2025	2.63	3.57	3.26	2.61	3.15	3.78	3.95	5.64	6.45
2030	2.71	3.69	3.37	2.70	3.25	3.91	4.08	5.83	6.67
2040	2.81	3.82	3.49	2.80	3.37	4.05	4.23	6.04	6.92
2050	2.97	4.03	3.68	2.95	3.56	4.27	4.47	6.37	7.29

（4）南水北调可行性分析中涉及的水资源价值。世界银行和世界自然基金会都对中国南水北调工程的可行性进行了研究，两者的方法不同。

世界自然基金会采用了一种简单的工程成本-效益方法来进行分析，这种方法相对需要较少的假设条件，水价全部采用外部水价（包括灌溉水价），计算输水到华北地区各省市的水价见表 11-11。由此计算出的南水北调工程（东线和中线）投资贴现率为 8%。

表 11-11　世界自然基金会计算的输水到华北地区各省市的水价

地区		输水价格/（元/m³）
中线方案		
湖北		1.4
河南		5.0
河北		9.3
天津		13.6
北京		15.8
东线方案		
山东	淮河流域	1.0
	胶东半岛	1.5
河北		2.3
天津		3.8

世界银行采用有限制条件的优化数学模型来进行分析，该模型需要有较多的假设条件和参数，工业、生活用水的水价基于外部水价的影响，但是灌溉水价由模型内部所确定的。南水北调项目的效益基于项目实施后减少的水短缺量计算得出。世界银行估算的输水到黄淮海地区的水价，见表 11-12。

表 11-12　世界银行估计的输水到黄淮海地区的水价

水资源用途	水价/（元/m³）	水资源用途	水价/（元/m³）
城市工业	6	畜禽养殖	2
农业生产	4	林牧渔业	1.5
城市生活	3	农业灌溉	0.8～1.6
农村生活	3		

（5）讨论。以上研究从不同角度、用不同的方法，研究了我国水资源可持续利用中的价值、价格问题。

世界银行和世界自然基金会是针对中国南水北调工程的经济可行性问题，从工程建设的成本和效益出发，研究输水的合理价格。

第（2）项和第（3）项研究都是应用经济和水资源占用投入产出表建立的线性规划模型，得到资源优化配置条件下水资源的影子价格。不同之处在于研究（2）是线性的和静态的，研究（3）是动态的，同时模型经过简单的后向推导，即得到一组未来年份的影子价格。这样的影子价格解集合在分析最优策略对于状态的稳定性时是很有用的，其实质就是利用基于非线性动态投入产出的优化方法解决计划期内水资源最优配置问题。研究（2）比研究（3）有了发展。特别有意义的是，这两项研究提供了九大流域的水资源影子价格，研究（2）还研究了全国各省的水资源影子价格，在理论上和实际应用上都具有重要的意义。

第（1）项研究得到的是我国经济发展中水资源的边际价格（边际效益），即增加 1 t 工业用水对工业增加值的边际影响。水资源的边际价格（边际效益）随时间的推移单调上升，1949 年为 0.93 元，1965 年为 3.60 元，1980 年为 5.38 元，1993 年上升到 7.29 元，1999 年为 8.93 元，表明我国随着经济的发展，水资源短缺问题的严重性。影子价格是资源最优配置条件下水资源的边际效益，而研究（1）得到的边际效益不是资源优化配置条件下的，而是我国实际情况的水资源边际效益。从这个角度而言，我们计算水污染造成的经济损失更接近这个情况。遗憾的是，这项研究仅提供了全国的平均水平，没有按地区或流域的数据。但是，为今后的研究提供了重要的方法论。

11.3.3 计算示例

本节选取南北方各一个省和直辖市举例说明污染型缺水量以及污染型缺水造成的经济损失的计算方法，相关数据见表 11-13。

（1）南方省份污染型缺水经济损失的评价——以江苏省为例。根据江苏省的需水量与供水量，计算得到江苏省的理论缺水量为 21.66 亿 m^3，地下水超采量为 11.75 亿 m^3，理论缺水量大于地下水超采量，则总缺水量为两者中的大者 21.66 亿 m^3，其中淮河流域的缺水量为 15.12 亿 m^3，长江流域的缺水量为 6.54 亿 m^3。对于南方地区，由于水资源量非常丰富，不应该出现缺水，如果出现缺水情况，则可以认为所有的缺水量都为污染型缺水量。根据表 11-10 中 2000

年数据，淮河流域的水资源影子价格为 2.55 元/m^3，长江流域的水资源影子价格为 2.89 元/m^3，由此计算得到的江苏省污染型缺水经济损失为 90.1 亿元。

表 11-13 污染型缺水经济损失计算示例

省份	地下水超采量/亿 m^3	理论缺水量/亿 m^3	V 类和劣 V 类水质的比例/%	水资源量		可开发水资源量/亿 m^3	可提供水资源量/亿 m^3	缺水量		污染型缺水经济损失/亿元
				地表水/亿 m^3	合计/亿 m^3			污染型缺水/亿 m^3	其他原因/亿 m^3	
天津	2.15	2.16	86.9	11.0	15.7	12.56	2.12	1.58	0.58	8.2
山西	5.43	7.61	71.0	81.0	117.8	94.21	68.44	5.41	2.20	25.5
江苏	11.75	21.66	60.9	268.0	325.2	207.29	68.14	21.66	0.0	90.1

（2）北方省份污染型缺水经济损失的评价——以山西省和天津市为例。根据山西省的需水量与供水量，计算得到山西省的理论缺水量为 7.61 亿 m^3，地下水超采量为 5.43 亿 m^3，理论缺水量大于地下水超采量，则总缺水量为两者中的大者 7.61 亿 m^3。山西省的地表水资源为海河和黄河流域，这两条流域的水资源开发利用率已经达到 80%～90%。根据北方地区的污染型缺水确定原则，首先需要确定山西省的可开发水资源量和可提供水资源量，其中，可开发水资源量（Q_e）=水资源总量×合理的水资源开发利用率，山西省的水资源量为 117.8 亿 m^3，对于黄、淮海流域，由于现状水资源开发利用率已经达到 80%，短期内也不可能降低，因此山西省合理的水资源开发利用率暂定为 80%，由此计算得到山西省可开发的水资源量为 94.21 亿 m^3；山西省的可开发水资源量 94.21 亿 m^3 大于已供水量 71.70 亿 m^3，则可提供水资源量=可开发水资源量－已供水量（Q_s）+地表水资源量×地表水水质超标比例－不满足水源水水质要求的供水量，山西省 2003 年不满足水源水水质要求的供水量为 11.58 亿 m^3，由此得到山西省 2003 年可提供的水资源量为 68.44 亿 m^3；由于山西省的可提供水资源量大于计算得到的总缺水量，即有水可供，则污染型缺水量为总缺水量与超标水量的比例，山西省 2003 年的污染型缺水量为 5.41 亿 m^3，其中海河流域的缺水量为 1.25 亿 m^3，黄河流域的缺水量为 4.16 亿 m^3。海河和黄河流域的水资源影子价格分别为 5.22 元/m^3 和 4.56 元/m^3，由此计算得到的山西省污染型缺水经济损失为 25.5 亿元。

根据天津市的需水量与供水量，计算得到天津市的理论缺水量为 2.16 亿 m^3，地下水超采量为 2.15 亿 m^3，两者基本相等。天津市的地表水资源为海河流域，海河的水资源开发利用率已经达到 80%～90%。根据北方地区的污染型缺水确定原则，首先需要确定天津市的可开发水资源量和可提供水资源量，其中，可开发水资源量（Q_e）=水资源总量×合理的水资源开发利用率，天津市的水资源量为 12.5 亿 m^3，海河流域的现状水资源开发利用率已经达到 80%，短期内也不可能降低，因此天津市的合理水资源开发利用率也暂定为 80%，由此计算得到天津市可开发的水资源量为 12.56 亿 m^3；山西省的可开发水资源量已经大于已供水量 26.4 亿 m^3，说明除了被污染的水外已经无水可用，可提供水资源量 Q_a=地表水资源量×地表水水质超标比例－不满足水源水水质要求的供水量，天津市 2003 年不满足水源水水质要求的供水量为 7.74 亿 m^3，由此得到天津市 2003 年可提供的水资源量为 1.82 亿 m^3；由于天津市的可提供水资源量小于计算得到的总缺水量，即天津根本没有多余的水资源可供，则污染型缺水量=可提供水资源量×超标水量比例，天津市 2003 年的污染型缺水量为 1.58 亿 m^3，根据海河的水资源影子价格，计算得到天津市 2003 年的污染型缺水经济损失为 8.2 亿元。

11.4 污染型缺水经济损失估算的不确定性

11.4.1 原始数据的不确定性

污染型缺水量的确定涉及需水量、供水量、地下水超采量、水资源量、地表水资源量等多项指标，同时，污染型缺水量的确定还和水资源的合理和现状开发利用率、超标水量比例等参数有关，每一项指标和参数的确定都会对污染型缺水量的评价带来一定的不确定性，估算时应对其进行敏感性分析。

以超标水量比例为例，受原始数据的制约，只能以超标河长比例取代超标水量比例进行评价；同时，评价的也只是有水质监测能力的地表水部分，即以地表水超标河长比例取代了所有水资源的超标水量比例。

11.4.2 计算单元的影响

在进行大尺度地域范围的指标计算时，计算单元越小，评价结果越精确，计算单元越大，计算结果越粗糙，一般来说，计算单元大会使评价结果偏小。以污染型缺水量的计算来说，如果计算单元到地级市，则基本能反映出一个地区的缺水情况及缺水的原因；如果只算到省一级，则部分水资源充沛的地区可能把水资源匮乏的地区的缺水量平衡掉，评价结果为不缺水。

11.4.3 影子价格对评价结果的影响

正如世界银行经济专家艾德里安·伍德所言："据我所知，世界上还没有完全由理论计算得出的影子价格"，上面介绍的水资源影子价格都是在一定假设条件下得到的。水资源的影子价格与水资源的稀缺程度、生产效益以及水价等许多因素有关，水资源影子价格的确定是评价水污染经济损失的一个难点，对评价结果有较大的影响。

11.4.4 评价范围缺项

超量开采地下水资源带来的直接影响就是地下水位下降，在我国的西北干旱地区，大区域的地下水位下降，除造成水量严重减少外，还相继出现极为严重的水质变咸、农业减产、林木植被破坏等环境生态问题；此外，深层地下水超采带来的地面沉降和塌陷等地质灾害也极为严重，而地质灾害反过来又会进一步加剧了地下水的污染；与此同时，在某些滨海地区，过量抽吸地下淡水造成的海水入侵也带来极大的危害，由于缺少统计数据，这些损失本文没有涉及。

参考文献

[1] 钱正英，张光斗．中国可持续发展水资源战略研究综合报告及各专题报告[R]．北京：中国水利水电出版社，2001：45-57．

[2] GB 50282—1998，城市给水工程规划规范[S]．

[3] 聂梅生，等．水工业工程设计手册——水资源和水处理[M]．北京：中国建筑工业出版社，2001：263-264．

[4] 曾肇京，石海峰．中国水情分析研究报告[R]．2000：14．

[5] GB/T 50095—1998，水文基本术语和符号标准[S]. 北京：中国计量出版社，1997.

[6] 冉茂玉. 我国水资源区域开发利用现状及对策[J]. 四川师范大学学报：自然科学版，2001，4（24）：416-419.

[7] 陈锡康. 经济数学方法与模型[M]. 北京：中国财政经济出版社，1985.

[8] 刘秀丽，陈锡康. 投入产出分析在我国九大流域水资源影子价格计算中的应用[J]. 管理技术与方法，2003，15（1）：35-39.

[9] 何静，陈锡康. 水资源影子价格动态投入产出优化模型研究[J]. 系统工程理论与实践，2005，5：49-54.

[10] 陈锡康，杨翠红，许健. 中国水资源的相对稀缺日益加剧：每吨工业用水对工业增加值的边际效应迅速增长[R]. 中国水情分析研究报告，2002，5.

[11] JEREMY BERKOFF.中国南水北调项目的可行性探讨. 石秋池，朱威，戴苏，译. 南水北调与水利科技，2004，1.

[12] 中华人民共和国环境保护部. 2007 中国环境状况公报.

第12章 固体废物污染造成的经济损失

12.1 固体废物污染特征

固体废物对环境的污染主要表现为对大气、水体和土壤的污染以及占用土地。

12.1.1 污染大气

固体废物在收运、贮存、排放处理过程中都对大气环境造成污染。有的经日晒、风吹、雨淋、焚化等作用，挥发了大量废气、粉尘；有的发酵分解后产生了有毒气体，向大气中飘散。如粉煤灰、尾矿产生的扬尘污染，煤矸石自燃产生的有毒气体，垃圾堆放造成的沼气散发、焚烧产生的二噁英污染以及危险废物焚烧产生的有毒气体等，对人体健康造成严重危害。

12.1.2 污染水体

固体废物对水体污染主要表现为直接倾倒入水体、经雨淋等作用进入水体和堆放过程中浸出液、渗滤液对水体造成的污染。目前，固体废物直接排入水体已逐渐减少，主要表现为浸出液、渗滤液对地表水、地下水和海洋水环境的影响。

12.1.3 污染土壤

固体废物对土壤造成的污染主要表现为造成土壤渣化、碱化、杀死土壤微生物、破坏土壤结构以及带入病菌、寄生虫卵和重金属污染物等进入土壤，导致土壤质量下降，农作物生产减产和品质下降或污染物超标。

12.1.4 占用土地

我国固体废物由于综合利用和无害化处理率不高，大量固体废物采取了贮存、排放、堆放等形式处置，造成了大量土地被侵占。根据统计，我国现堆积的工业固体废物达60亿t，生活垃圾达5亿t之多，城市周边垃圾堆存造成垃圾围城严重，固体废物占地造成巨大的土地资源和经济损失。

固体废物污染造成的损失及其严重程度经常在相当长的时间后才表现出来，而且除占地直接污染外，其他大部分表现为转移对其他介质的污染影响。因此，固体废物污染具有显著的滞后性、长期性和转移性特点，固体废物污染损失是与其他因素综合作用的结果，给其损失的计量带来困难。本书主要针对固体废物占地造成的污染损失进行核算。

12.2 固体废物占地污染损失核算

12.2.1 土地资源的特征

土地在国民经济中是一种特殊的投入物，国民经济的发展和人民生活离不开土地。从土地经济学的角度分析，土地具有以下特征：

（1）土地资源的不可移动性。土地资源是不可移动的，固定在它所在的地域而不能变更，从而决定了土地市场的竞争是区位性质的竞争，即土地的可替代品只能是相邻土地之间的竞争，而不可能是全部土地的竞争。土地的不可移动性决定了土地价格的地域性，不同地区土地的影子价格不同，有些地区土地的影子价格相差很多。例如，2000 年城市住宅土地的影子价格，天津市接近 6 000 元/m^2，而湖北通山县仅为 200 元/m^2。

（2）土地资源的稀缺性。土地资源的稀缺性表现在土地不可再生，其总量是不能增加的，特别是对我们这样一个人口众多、人均耕地稀少的国家，更是如此。然而，由于我国经济的快速发展和人口不断增加，对土地资源的需求却在不断增加，土地供需矛盾十分尖锐，因而我国执行世界上最为严格的耕地总量控制政策。

12.2.2 土地的影子价格与占地当年损失计算方法

当土地被固体废物堆存就失去了土地其他使用的机会，固体废物堆存造成的经济损失就是占用面积与其影子价格的乘积，计算公式为：

$$L_{当年}=\sum_{i=1}^{n}E_i\cdot S_i$$

式中：$L_{当年}$——固体废物占地当年造成的经济损失，万元；

E_i——第 i 种土地类型的影子价格，万元/hm^2；

S_i——当年固体废物贮存、排放占用第 i 种土地类型的面积，hm^2；

i——占用土地的种类，如耕地、园地、林地等。

固体废物占用土地具有长期性，因此其带来的损失需要考虑长期效应。在此，假定土地被占用后就永远丧失了其作为生产作物使用功能的机会。计算时假设未来每年的经济损失不变，仅考虑价值贴现，则占地总损失计算方法为：

$$L_{总}=L_{当年}+\frac{L_{当年}}{1+\gamma}+\frac{L_{当年}}{(1+\gamma)^2}+\cdots+\frac{L_{当年}}{(1+\gamma)^\infty}$$

式中：$L_{总}$——固体废物占地损失的长期累积现值，万元；

γ——贴现率。

设 $\alpha=\dfrac{1}{1+\gamma}$，则

$$L_{总}=L_{当年}+\alpha L_{当年}+\alpha^2L_{当年}+\cdots+\alpha^\infty L_{当年}$$

根据等比级数求和公式，

$$L_{总}=\frac{L_{当年}}{1-\alpha}=\frac{1}{1-\alpha}\cdot\sum_{i=1}^{n}(E_i\cdot S_i)$$

根据我国颁布的建设项目经济评估参数，社会贴现率为 10%。2003 年中国货币政策报告中，6 个月期贷款利率为 5.04%。目前我国正在对建设项目经济评估参数，建议稿建议贴现率 γ 从 10%改为 8%。据此，假定贴现率取为 8%。则固体废物占地造成的损失长期累积现值为：

$$L_{总}=13.5\cdot\sum_{i=1}^{n}E_i\cdot S_i$$

根据资源的影子价格定义，土地的影子价格严格地讲应该是，土地被使用时能够得到最优利用时的边际收益价值。但是，因为土地的不可移动性特征，目前国际上的流行做法是，将土地的机会成本视为土地的影子价格，即农业用地的影子价格（单位面积的净收益）等于土地现实的不同用途中，能够取得最大收益用途的土地净收益，农用土地影子价格的测算思路如下：

➢ 根据农业不同用途的土地的产量以及相应产品的价格，测算不同地区农业不同用途的土地的产值。在土地作为耕地使用时，计算年产量要考虑各地的耕作制度，中国的耕作制度有间种、混种、复种、套种等。因此，按耕地面积计算单位面积的年产量时，需要考虑复种指数。

复种指数=（某作物同一年内播种总面积－绿肥作物播种面积）/某作物占用耕地总面积

某作物单位面积年产量=某作物单位播种面积产量×复种指数

➢ 根据投入物的数量及其价格，测算不同地区农业不同用途土地的投入。

➢ 不同用途的土地单位面积净收益等于单位面积的总收益减去单位面积的总成本，根据产值和投入物的成本测算农业不同用途的土地的净效益与机会成本。

➢ 从不同用途的土地的净效益与机会成本中，选择最大者就是该农用土地的影子价格。

根据中国农用土地的利用现状，农用土地的分类见表 12-1。

建设部标准定额研究所在修订 1993 年颁布的《建设项目解决评价方法与参数》（第二版）的研究中，对我国不同地区的农用土地影子价格按以上思路进行的测算。我国 2001 年不同地区不同农作物和蔬菜每亩的年净效益见表 12-2、表 12-3、表 12-4 和表 12-5，摘自建设部标准定额研究所编的《建设项目经济评价参数研究》（中国计划出版社，2004 年）。

表 12-1 中国农业用地分类（试行）

一级	二级	三级	一级	二级	三级
农用地	耕地	灌溉水田	农用地	牧草地	天然草地
		望天田			改良草地
		水浇地旱地			人工草地
		菜地		其他农用地	兽禽饲养地
	园地	果园			设施农业用地
		桑园			农村道路
		茶园			坑塘水面
		橡胶园			养殖水面
		其他园地			农田水利用地
	林地	有林地			田坎
		灌木林地			晒谷场等用地
		疏林地			
		未成林造林地			
		迹地			
		苗圃			

表 12-2 2001 年不同地区不同农作物每亩的年净效益（一） 单位：元/亩

地区	早籼稻	中籼稻	晚籼稻	粳稻	小麦
浙 江	135.47	—	179.52	250.23	65.72
安 徽	43.97	129.86	151.28	179.7	73.21
福 建	—	218.83	114.58	—	—
江 西	1.17	—	132.39	—	—
湖 北	70.21	150.77	105.41	—	—
湖 南	27.05	—	165.57	—	—
广 东	38.01	—	120.7	—	—
广 西	29.44	—	78.51	—	—
海 南	53.28	—	29.11	—	—
江 苏	—	192.31	—	328.27	78.81
河 南	—	135.99	—	—	—
四 川	—	85.7	—	—	—
贵 州	—	103.54	—	—	—
重 庆	—	88.69	—	—	—
陕 西	—	93.48	—	—	—

地区	早籼稻	中籼稻	晚籼稻	粳稻	小麦
天　津	—	—	—	277.12	52.4
河　北	—	—	—	35.45	39.33
山　西	—	—	—	169.62	—
辽　宁	—	—	—	221.56	—
吉　林	—	—	—	240.1	—
黑龙江	—	—	—	175.99	—
上　海	—	—	—	314.34	69.58
北　京	—	—	—	—	—
内蒙古	—	—	—	—	28.07
山　东	—	—	—	—	24.84

注：$1hm^2$=15 亩，下同。

表 12-3　2001 年不同地区不同农作物每亩的年净效益（二）　　单位：元/亩

地　区	玉米	谷子	大豆	花生	油菜籽
北　京	124.21	—	—	—	—
天　津	186.93	—	—	—	—
河　北	100.28	17.26	117.01	98.19	—
山　西	59.64	—	—	—	—
内蒙古	130.23	—	14.39	—	—
辽　宁	125.11	—	94.6	145.21	—
吉　林	60.76	—	91.91	—	—
黑龙江	78.4	—	39.9	—	—
江　苏	174.66	—	105.37	200.23	51.25
安　徽	121.52	—	93.33	122.41	34.62
山　东	166.81	—	114.41	89.89	—
河　南	—	—	—	24.43	29.68
陕　西	—	—	—	—	—
甘　肃	—	—	—	—	—
福　建	—	—	—	220.44	—
湖　北	—	—	—	35.67	—
广　东	—	—	—	127.88	—
上　海	—	—	—	—	—
浙　江	—	—	—	—	17.01
江　西	—	—	—	—	—
湖　南	—	—	—	—	25.71

表 12-4　2001 年不同地区不同蔬菜每亩的年净效益（一）　单位：元/亩

地　区	陆地西红柿	大棚西红柿	陆地黄瓜	大棚黄瓜	茄子
北京	1 711	2 522	1 402	3 184	2 683
天津	1 850	1 401	—	4 036	3 114
石家庄	2 704	4 846	1 240	4 887	1 146
太原	924	8 517	1 094	9 600	1 905
呼和浩特	3 722	3 878	3 474	5 986	3 107
沈阳	518	2 305	454	2 383	1 111
哈尔滨	2 501	4 586	196	1 015	1 025
大连	2 724	4 782	1 583	5 422	1 555
合肥	2 074	6 686	1 829	6 551	1 078
福州	3 675	—	1 301	—	1 250
南昌	2 660	—	458	—	—
济南	1 491	4 668	2 034	4 850	799
厦门	3 203	—	672	—	1 130
青岛	3 898	5 431	1 303	2 588	2 732
郑州	2 104	—	1 463	—	—
武汉	582	1 981	578	1 470	1 083
广州	2 321	—	1 747	—	1 530
南宁	1 872	—	60	—	0
海口	1 443	—	2 659	—	2 858
贵阳	331	—	1 948	—	1 049
昆明	2 253	—	263	1 037	504
重庆	3 531	—	1 430	—	2 588
西安	1 128	1 981	2 097	1 112	1 135
银川	619	1 564	582	−50	279
乌鲁木齐	564	3 390	1 464	912	1 974
上海	—	2 723	—	2 649	3 786
南京	—	3 109	—	938	0
杭州	—	3 679	—	2 061	4 252
宁波	—	2 118	—	1 963	2 275
兰州	—	3 014	2 222	3 365	2 221
西宁	—	2 971	—	1 104	—
长沙	—	—	2 047	—	—
成都	—	—	—	—	465

表 12-5　2001 年不同地区不同蔬菜每亩的年净效益（二）　单位：元/亩

地　区	圆白菜	菜椒	大白菜	马铃薯
北京	—	2 113	651	—
天津	655	—	964	1 185
石家庄	—	1 138	493	1 284
太原	—	121	473	286
呼和浩特	989	3 301	794	153
沈阳	187	118	314	—
哈尔滨	353	696	347	—
大连	801	1 931	487	—
合肥	—	292	—	—
福州	1 389	1 118	724	—
南昌	1 191	—	296	—
济南	868	1 334	274	267
厦门	624	625	519	—
青岛	1 396	1 411	222	1 327
郑州	—	1 633	284	—
武汉	255	646	434	308
海口	—	2 114	—	—
贵阳	—	858	1 038	—
昆明	1 126	3 159	1 490	—
重庆	865	782	1 198	532
西安	80	139	818	—
银川	329	504	—	—
乌鲁木齐	889	484	—	510
上海	164	1 579	379	—
南京	437	—	—	—
杭州	1 033	2 667	—	—
宁波	801	1 538	2 066	—
兰州	1 207	1 661	515	109
长沙	—	2 020	—	—
成都	559	886	566	—

除了各地耕地的年净效益之外，《建设项目经济评价参数研究》（中国计划出版社，2004 年）中还给出了我国各地 2001 年园地和牧草地的年净效益，可供有园地和牧草地用途的地区计算农用土地影子价格参考。

12.2.3 计算的举例——某县生活垃圾堆放占用耕地的经济损失

辽宁省某县生活垃圾永久堆存，占用农田面积 S =2 000 亩，计算生活垃圾占用农田的经济损失 L。

假设，根据当地的种植条件和种植习惯，可行的土地利用用途为：粳稻、玉米、大豆、花生、陆地西红柿、大棚西红柿、陆地黄瓜、大棚黄瓜、茄子、圆白菜、菜椒、大白菜。参照表 12-2～表 12-5 的净效益，该县可能用途的单位面积净效益见表 12-6。

表 12-6　某县可能用途的单位面积净效益　　单位：元/亩

用途	粳稻	玉米	大豆	花生	陆地西红柿	大棚西红柿
净效益	222	125	95	145	518	2 305
用途	陆地黄瓜	大棚黄瓜	茄子	圆白菜	菜椒	大白菜
净效益	454	2 383	1 111	187	118	314

表 12-6 中单位面积净效益最大的用途为大棚黄瓜，为此该县农田的影子价格 E =2 383 元/亩。

L=13.5×E×S =13.5×2 383×2 000=64 341 000（元）

辽宁省某县生活垃圾占用农田面积的经济损失为 643.41 万元。

参考文献

[1] 建设部标准定额研究所. 建设项目经济评价参数研究[M]. 北京：中国计划出版社，2004.

[2] 张慧勤，过孝民. 环境经济系统分析——规划方法与模型[M]. 北京：清华大学出版社，1993.